建设工程安全资料员培训教材

本书编写组　编

中国建材工业出版社

图书在版编目(CIP)数据

建设工程安全资料员培训教材/《建设工程安全资料员培训教材》编写组编.—北京:中国建材工业出版社,2010.3

ISBN 978-7-80227-687-1

Ⅰ.①建… Ⅱ.①建… Ⅲ.①建筑工程-工程施工-安全管理-技术档案-档案管理-技术培训-教材 Ⅳ.①TU714②G275.3

中国版本图书馆CIP数据核字(2010)第021065号

建设工程安全资料员培训教材

本书编写组 编

出版发行:中国建材工业出版社

地 址:北京市西城区车公庄大街6号

邮 编:100044

经 销:全国各地新华书店

印 刷:北京鑫正大印刷有限公司

开 本:787mm×1092mm 1/16

印 张:20.5

字 数:551千字

版 次:2010年3月第1版

印 次:2010年3月第1次

书 号:ISBN 978-7-80227-687-1

定 价:42.00**元**

本社网址:www.jccbs.com.cn **网上书店**:www.kejibook.com

本书如出现印装质量问题,由我社发行部负责调换。电话:(010)88386906

对本书内容有任何疑问及建议,请与本书责编联系。邮箱:dayi51@sina.com

内容提要

本书依据建设工程安全资料编制与管理相关标准规范编写，详细阐述了建设工程安全资料员的工作职责及工作要求。全书主要包括：建设工程安全资料概述，建设工程安全管理资料，建设单位施工现场安全资料，监理单位施工现场安全资料，施工单位施工现场安全资料，伤亡事故报告及调查处理，施工现场卫生与文明施工，工程资料编制、组卷与归档等。本书结构清晰，语言简洁，且收集整理了大量安全资料表格填写实例，便于读者直观、快捷地编制安全资料。

本书可作为建设工程安全资料员的上岗培训教材，也可供工程建设技术管理人员、工程建设监理人员与工程质量监督人员使用和参考。

建设工程安全资料员培训教材

编写组

主　编：李良因
副主编：张青立　梁　允
编　委：许斌成　卢晓雪　张　迪　陈有杰
王　冰　代洪卫　葛红艳　徐梅芳
宋延涛　畅艳慧　蒋林君　张家驹
焦安华　王　委　闫文杰　李　慧
王洁蕾　窦连涛　于　钊　苗　旺
崔奉卫　黄志安

前　言

工程资料是工程建设过程中形成的各种形式记录，是按一定原则分类、组卷，最后移交城建档案部门归档的整个建设工程的历史记录。建设工程安全资料主要是建设工程现场施工中建设单位、监理单位、施工单位形成的各种安全资料，包括前期策划的各种计划、制度，安全管理部门资料，临时用电安全资料，机械安全资料，保卫、消防安全管理资料，安全防护资料等。建设工程安全资料是施工现场安全管理的真实记录，是对企业安全管理检查和评价的重要依据。

现在有许多想从事工程建设行业的人士，很想在短时间内对工程建设资料的编制与管理有全面的了解，但他们又很少有直接接触工程施工的机会，也就很难在较短的时间里掌握工程资料管理的知识和组卷的方法。而且现在有很多工程施工企业，乃至建设单位、监理单位的工程资料管理水平极不平衡，仍存在严重的偏差，例如：对种类繁多、数量巨大、来源广泛的工程资料无法科学地分类；对现行标准规范的了解程度不够，缺乏灵活运用的方式方法；缺乏必要的工程资料管理经验等。

因此，如何使读者掌握完整地收集、积累建设工程中形成的安全资料，并科学地管理这些资料的技能就成为本书主要诠释的要义。为了满足我国建设工程安全资料员填报各种资料表格的需要，满足工程建设单位、监理单位、施工企业对安全资料进行科学归档、管理的需要，我们组织有关专家学者编写了本培训教材。

与市面上同类书籍相比较，本教材具有以下几方面特点：

(1)本教材把看似纷乱复杂的工程资料问题梳理成有机的条文，将会成为工程管理人员工作时的得力工具。通俗地说，本教材实际上是回答了这样一些工程建设过程中的实际问题：建设工程安全资料包括哪些内容；这些安全资料由哪些单位积累、收集、完成；如何收集这些资料；对这些资料如何立卷、归档；安全资料积累过程中应注意哪些问题，以及各参建单位在安全资料管理过程中的职责。

(2)本教材紧贴现场，以具体填表式样为例，联系实际回答了：谁来填写表格；填写哪些表格；如何填写这些表格（包括：根据什么填写这些表格；填表的流程是什么；填表的要求是什么）；表格还需要哪些附件；填写完成的表格送交哪里；以及填写表格的注意事项等，具有很强的指导性和实用性。

(3)本教材对工程安全资料填写内容与要求力求做到标准化。工程资料作为体现工程建设各个相关单位执行标准规范程度的载体，必须保证内容与要求达到现行规范的规定，同时必须不断地完善。因此，本教材的编写以国家颁布的最新的施工技术、安全技术规范为依据，并参照相关地方标准进行，如《建设工程资料管理规程》(DBJ 01-51—2003)、《建设工程文件归档整理规范》(GB/T 50328—2001)、《施工企业安全生产评价标准》(JGJ/T 77—2003)、《施工现场临时用电安全技术规范》(JGJ 46—2005)、《建筑施工现场环境与卫生标准》(JGJ 146—2004)等，力求做到工程安全资料填写内容与要求标准、务实与最新。

本教材在编写过程中，得到了广大专家的指导和支持，在此表示衷心的感谢，同时由于工程建设中资料系统庞杂，涉及面广，书中错误及不妥之处在所难免，诚请广大读者批评指正，以便我们不断地改正和完善。

本书编写组

目　录

第一章　建设工程安全资料概述

第一节　建设工程安全资料管理

一、安全资料管理相关名词解释

1. 安全管理

安全管理，是指以国家的法律、规定和技术标准为依据，采取各种手段，对企业生产的安全状况实施有效制约的一切活动。

2. 安全管理资料

安全管理资料是项目部对施工现场安全生产实施全过程管理的主要记录，是安全监督部门对工程项目进行安全检查、安全生产管理考核的主要依据，也是平时安全监督活动中的具体对象，是处理安全生产事故必不可少的资料。

3. 安全生产

安全生产，是指在施工过程中，要努力改善施工条件，克服不安全因素，防止伤亡事故发生，使施工生产在保护施工人员的安全健康及国家财产和人民生命财产不受损失的前提下顺利进行，其涵盖对象、范围和目的三方面。

4. 班前安全活动

班前安全活动，是指在上班前由组长组织并主持，根据本班目前工作内容，重点介绍安全注意事项、安全操作重点，以便于组员在班前掌握安全操作要领，提高安全防范意识，减少事故发生的活动。

5. 安全标志

安全标志，由安全色、几何图形和图形符号构成，以此表达特定的安全信息。其目的是引起人们对不安全因素的注意，预防发生事故。安全标志分为禁止标志、警告标志、指令标志、提示标志四类。

6. 安全技术措施

安全技术措施是指为防止工伤事故和职业病的危害，从技术上采取的措施。在工程施工中，是指针对工程特点、环境条件、劳力组织、作业方法、施工机械、供电设施等制定的确保安全施工的措施。

7. "三宝"、"四定"

"三宝"是指安全帽、安全带、安全网；"四定"是指在施工项目发现事故隐患后，采取定隐患整改负责人、定隐患整改措施、定隐患整改完成时间、定隐患整改验收人。

8. 安全生产责任制

安全生产责任制是建筑生产中最基本的安全管理制度，是所有安全规章制度的核心。

安全生产责任制包括行业主管部门建立的保障建筑安全生产的监督管理体系、制定的建筑安全生产监督管理工作制度，组织落实各级领导分工负责的建筑安全生产责任制，参与建筑活动的各方建设单位、设计单位、建筑施工企业的安全生产责任制以及施工现场的安全责任制。

9. 特种作业

特种作业是指劳动过程中易发生伤亡事故，对操作者本人，尤其对他人和周围设施的安全有重大危害因素的作业。

二、安全资料管理的内容

安全资料管理的内容主要包括以下几方面：

1. 岗位资格证书

项目安全组织机构各级管理人员及特殊工种必须按相应法律、法规的要求做到持证上岗。

2. 安全生产管理规章制度

安全生产管理规章制度主要包括安全检查，安全教育、培训，现场管理，安全管理奖罚，现场急救，消防，事故调查、处理、统计、报告，班组安全活动，文明施工管理，工地宿舍卫生，料具管理，环保，环卫，治安保卫，门卫等方面规定的制度。

3. 安全管理机构

人员的安全生产岗位责任制及各工种的操作规程指项目经理、工长、施工员、安全员、班组长、特殊工种、工人、门卫、材料保管员、炊事员等人员的安全生产岗位责任制及各工种的操作规程必须制定齐全、具体，可操作性强。

4. 安全生产目标管理

安全生产目标管理包括安全生产目标（项目职工年度伤亡控制指标，施工现场安全生产、文明施工的目标），安全生产目标的分解（上一级的措施即为下一级的目标，按照系统的原则层层分解总目标），安全生产目标的考核规定及其考核落实的情况记录。

5. 安全教育、培训记录

安全教育、培训记录包括新入场工人的教育，正常的安全三级教育（通常由企业的安全、教育、劳动、技术等部门配合进行），特殊工种专业安全技术教育，对操作人员进行新技术、新岗位的安全教育，触电、中毒、外伤后现场急救方法和消防器材的使用方法的教育等。建立三级教育，特殊工种花名册等管理制度。

6. 安全技术交底

安全技术交底是指导工人安全施工的技术措施，是项目安全技术方案的具体落实手段。其一般由技术管理人员根据分部分项工程的具体要求、特点和危险因素编写，是操作者的指令性文件。

7. 安全技术措施

安全技术措施应在工程开工前编制，并经过审批；编制安全技术措施要有针对性（因工程结构特点、施工方法、场地环境、作业条件等而异）；安全技术措施要具体、全面；对爆破、土方开挖、基坑支护、施工现场临时用电、吊装、模板安拆、垂直运输机具(械)安拆、脚手架工程等特殊工程,要编制单项安全技术方案;此外,还要编制季节性施工安全技术措施夏季防暑降温,雨期防雷、防触电、防坍塌,冬期防风、防滑、防煤气和亚硝酸中毒。

8. 安全检查

安全检查主要包括职工思想,制度建设,施工机具(机械),施工用电,脚手架,文明施工,安装设施,环境保护,环境卫生,防火措施,"三宝"使用,"四口"、"五临边"围护,操作规程的落实,伤亡事故的处理等方面的检查。

9. 班组安全活动

班组安全活动主要包括学习项目部下达的安全生产文件和规定;回顾上周(本周)安全生产情况,提出本周(下周)安全生产要求;分析班组工人安全思想动态及现场安全生产形势;表扬(或批评)好人好事(违纪违规),从中接受教育。

10. 奖罚资料

奖罚资料与安全检查前后呼应,如实记录在安全检查中表现积极,勇于检举、批评违规(纪)现象,安全生产管理到位的个人或班组,并结合项目部的相关规定给予奖励。同样,对不安全操作、违纪违规的个人或班组按项目部的规定给予惩罚。

11. 施工现场安全标志布置图

包括总平面布置图,各阶段的平面布置图,安全标志及平面布置图,消防设施布置图,"五牌一图"。

12. 有关文件、会议记录

包括企业文件、政府有关部门、社会相关单位下发的文件,企业检查、政府职能部门检查、项目部自检等会议记录。

13. 其他有关资料

总、分包单位之间形成的安全资料,如应急预案、安全责任书等,现场使用的"三宝"的合格证、准用证、安鉴证,施工机具配件(附件)的合格证,钢管、扣件买租的质量证明文书等。

三、安全资料管理职责

1. 通用职责

(1)工程的参建各方应该将工程资料的形成和积累纳入工程管理的各个环节和相关人员的职责范围。

(2)工程安全资料应该实行分级管理,由建设、勘察、设计、监理、施工等单位的主管(技术)负责人组织各自单位的安全资料管理的全过程工作。

(3)工程安全资料应该随着工程进度同步收集、整理和立卷,按照有关规定进行移交,并保存到竣工。

2. 建设单位管理职责

(1)建设单位应当向施工单位提供施工现场及毗邻区域内的供水、排水、供电、供气、供热、通信、广播电视等地上、地下管线资料,气象和水文观测资料,毗邻建筑物和构筑物、地下工程的有关资料。

(2)在编制工程概算时,应确定建设工程安全作业环境及文明安全施工措施所需费用,并负责统计费用支付的情况。

(3)在申请领取施工许可证时,建设单位应负责提供工程安全施工措施的资料。

(4)监督、检查各参建单位工程施工现场安全资料的建立和积累。

3. 监理单位管理职责

(1)负责监理单位施工现场安全资料的管理工作。

(2)对工程施工现场安全资料的形成、积累、组卷进行监督、检查。

(3)对施工单位报送的施工现场安全资料进行审核,并予以签认。

4. 施工单位管理职责

(1)主要负责施工单位施工现场安全资料的管理工作。

(2)总包单位督促检查各分包单位编制施工现场安全资料。分包单位负责其分包范围内施工现场安全资料的编制、收集和整理,向总包单位提供备案。

第二节 施工项目安全管理

一、施工项目安全管理概述

1. 安全生产管理基本概念

建筑工程安全生产管理是指建设行政主管部门、建筑安全监督管理机构、建筑施工企业及有关单位对建筑安全生产过程中的安全工作,进行计划、组织、指挥、控制、监督、调节和改进等一系列致力于满足生产安全的管理活动。

2. 建筑施工的特点

(1)作业环境局限性。建筑产品的固定性决定了其作业环境的局限性,必须在有限的场地和空间上集中大量的人力、物资、机具进行交叉作业,易造成事故发生。

(2)施工作业高空性。建筑产品的体积十分庞大,操作工人大多在十几米,甚至几百米上空进行高空作业,易造成高空坠落的伤亡事故。

(3)施工作业安全管理难度高。施工作业时,施工人员流动性大,素质较差,要求安全管理举措必须及时、到位,提高了施工安全管理的难度。

(4)多工种交叉作业。施工现场的空间小,致使施工场地与施工条件要求的矛盾日益突出,多工种交叉作业增加,导致机械伤害、物体打击事故增多。

二、安全生产责任制

为贯彻落实党和国家有关安全生产的政策法规,明确施工项目各级人员、各职能部门安全生产责任,保证施工生产过程中的人身安全和财产安全,必须根据国家及上级有关规定制定施工项目安全生产责任制,其具体内容见表1-1所示。

表 1-1 各级安全生产责任制

制度名称	人员	内容
安全资料员安全生产责任	安全资料员	(1)安全资料员在项目经理、施工员、质检员、技术员的积极配合下,做好安全资料工作。 (2)协助做好施工组织设计、安全技术交底及各种制度、纪律、规定的执行工作。 (3)准备好各种安全技术档案、安全检查、安全教育的有关资料,及时做好班前安全活动记录。 (4)对安全施工中采用的新技术、新产品、新工艺或某些新的安全施工方法,要及时写出总结,以便吸取经验教训,提高施工技术和安全管理水平。 (5)资料员必须忠于职守,不断总结提高本身的业务能力,更好地做好本职工作
公司安全经理安全生产责任	公司安全经理	(1)公司安全经理对安全生产统一领导,公司安全科负责日常安全业务,安全科在安全经理的领导下开展工作,各项目部必须成立以项目经理为首,安全员、安全监管员、施工员、质检员、材料员、机管员等参加的安全生产领导小组,具体负责本项目部和项目工程的安全生产工作。 (2)各项目部必须配备1至2名责任心强、专业素质过硬的专职安全人员,专职安全员要保持相对稳定。项目部根据项目工程的规模,在施工现场设立安全机构,配备安全管理人员。 (3)各级安全领导机构要建立例会制度,定期召开安全会议,分析安全生产情况,掌握安全生产动态,研究解决安全生产中的突出问题。 (4)所有生产班组均设兼职安全员,并在班组长的领导下,负责本班的安全生产工作。 (5)对所有项目部的安全生产采取定期或不定期的安全检查活动。各项目部每月组织两次安全检查,各项目工程每周组织一次安全检查,各班组每天作业前必须进行安全检查
施工管理人员安全生产责任	施工管理人员	(1)认真贯彻"安全第一,预防为主"的方针,切实落实安全生产各项规章制度和措施,协助项目经理抓好安全生产工作。 (2)要积极参加安全生产工作会议,并对安全工作提出合理化建议,协助项目经理组织好安全生产活动和安全检查。 (3)在值班期间要及时上岗,不脱岗,并对自己当班时发现的问题做好记录,及时上报,并提出解决问题的办法,妥善解决问题。 (4)在工作中要做到认真负责,大胆管理,带头并督促使用好个人防护用品,不违章指挥,随时纠正违章作业。 (5)协助项目经理做好安全生产的宣传、教育和管理工作,及时总结推广安全管理的先进经验和具体措施,确保安全工作的顺利进行。 (6)对上级有关部门提出的隐患和不安全因素应及时督促有关人员整改。 (7)对冒险蛮干和违章作业者应及时制止和教育
项目部各级人员安全生产责任	1. 工程项目经理	(1)工程项目经理是项目工程安全生产的第一责任人,对项目工程经营生产全过程中的安全负全面领导责任;工程项目经理必须经过专门的安全培训考核,取得项目管理人员安全生产资格证书,方可上岗 (2)贯彻落实各项安全生产规章制度,结合工程项目特点及施工性质,制定有针对性的安全生产管理办法和实施细则,并落实实施。 (3)在组织项目施工、聘用业务人员时,要根据工程特点、施工人数、施工专业等情况,按规定配备一定数量和素质的专职安全员,确定安全管理体系;明确各级人员和分承包方的安全责任和考核指标,并制定考核办法。 (4)健全和完善用工管理手续,录用外协施工队伍必须及时向人事劳务部门、安全部门申报,必须事先审核注册、持证等情况,对工人进行三级安全教育后,方准入场上岗。 (5)负责施工组织设计、施工方案、安全技术措施的组织落实工作,组织并督促工程项目安全技术交底制度、设施设备验收制度的实施。 (6)领导、组织施工现场每旬一次的定期安全生产检查,发现施工中的不安全问题,组织制定整改措施及时解决;对上级提出的安全生产与管理方面的问题,要在限期内定时、定人、定措施予以解决;接到政府部门安全监察指令书和重大安全隐患通知单,应立即停止施工,组织力量进行整改。隐患消除后,必须报请上级部门验收合格,才能恢复施工。 (7)在工程项目施工中,采用新设备、新技术、新工艺、新材料,必须编制科学的施工方案、配备安全可靠的劳动保护装置和劳动防护用品,否则不准施工。 (8)发生因工伤亡事故时,必须做好事故现场保护与伤员的抢救工作,按规定及时上报,不得隐瞒、虚报和故意拖延不报。积极组织配合事故的调查,认真制定并落实防范措施,吸取事故教训,防止发生重复事故

（续一）

制度名称	人员	内容
项目部各级人员安全生产责任	2.工程项目生产经理	(1)对工程项目的安全生产负直接领导责任，协助工程项目经理认真贯彻执行国家安全生产方针、政策、法规，落实各项安全生产规范、标准和工程项目的各项安全生产管理制度。 (2)组织实施工程项目总体和施工各阶段安全生产工作规划以及各项安全技术措施、方案，组织落实工程项目各级人员的安全生产责任制。 (3)组织领导工程项目安全生产的宣传教育工作，并制定工程项目安全培训实施办法，确定安全生产考核指标，制定实施措施和方案，并负责组织实施，负责外协施工队伍各类人员的安全教育、培训和考核审查的组织领导工作。 (4)配合工程项目经理组织定期安全生产检查，负责工程项目各种形式的安全生产检查的组织、督促工作和安全生产隐患整改“三落实”的实施工作，及时解决施工中的安全生产问题。 (5)负责工程项目安全生产管理机构的领导工作，认真听取、采纳安全生产的合理化建议，支持安全生产管理人员的业务工作，保证工程项目安全生产保证体系的正常运转。 (6)工地发生伤亡事故时，负责事故现场保护、职工教育、防范措施落实，并协助做好事故调查分析的具体组织工作
	3.工程项目安全总监	(1)在现场经理的直接领导下履行项目安全生产工作的监督管理职责。 (2)宣传贯彻安全生产方针政策、规章制度，推动项目安全组织保证体系的运行。 (3)督促实施施工组织设计、安全技术措施；实现安全管理目标；对项目各项安全生产管理制度的贯彻与落实情况进行检查与具体指导。 (4)组织分承包商安全专兼职人员开展安全监督与检查工作。 (5)查处违章指挥、违章操作、违反劳动纪律的行为和人员，对重大事故隐患采取有效的控制措施，必要时可采取局部直至全部停产的非常措施。 (6)督促开展周一安全活动和项目安全讲评活动。 (7)负责办理与发放各级管理人员的安全资格证书和操作人员安全上岗证。 (8)参与事故的调查与处理
	4.工程项目技术负责人	(1)对工程项目生产经营中的安全生产负技术责任。 (2)贯彻落实国家安全生产方针、政策，严格执行安全技术规程、规范、标准；结合工程特点，进行项目整体安全技术交底。 (3)参加或组织编制施工组织设计，在编制、审查施工方案时，必须制定、审查安全技术措施，保证其可行性和针对性，并认真监督实施情况，发现问题及时解决。 (4)主持制定技术措施计划和季节性施工方案的同时，必须制定相应的安全技术措施并监督执行，及时解决执行中出现的问题。 (5)应用新材料、新技术、新工艺，要及时上报，经批准后方可实施，同时必须组织对上岗人员进行安全技术的培训、教育；认真执行相应的安全技术措施与安全操作工艺要求，预防施工中因化学药品引起的火灾、中毒或在新工艺实施中可能造成的事故。 (6)主持安全防护设施和设备的验收。严格控制不符合标准要求的防护设备、设施投入使用；对使用中的设施、设备，要组织定期检查，发现问题及时处理。 (7)参加安全生产定期检查，对施工中存在的事故隐患和不安全因素，从技术上提出整改意见和消除办法。 (8)参加或配合工伤及重大未遂事故的调查，从技术上分析事故发生的原因，提出防范措施和整改意见
	5.工长、施工员	(1)工长、施工员是所管辖区域范围内安全生产的第一责任人，对所管辖范围内的安全生产负直接领导责任。 (2)认真贯彻落实上级有关规定，监督执行安全技术措施及安全操作规程，针对生产任务特点，向班组（外协施工队伍）进行书面安全技术交底，履行签字手续，并对规程、措施、交底要求的执行情况经常检查，随时纠正违章作业。 (3)负责组织落实所管辖施工队伍的三级安全教育、常规安全教育、季节转换及针对施工各阶段特点等进行的各种形式的安全教育，负责组织落实所管辖施工队伍特种作业人员的安全培训工作和持证上岗的管理工作

（续二）

制度名称	人员	内　　容
项目部各级人员安全生产责任	6.外协施工队负责人	(1)本队安全生产的第一责任人，对本队安全生产负全面领导责任。 (2)认真执行安全生产的各项法规、规定、规章制度及安全操作规程，合理安排组织施工班组人员上岗作业，对本队人员在施工生产中的安全和健康负责。 (3)严格履行各项劳务用工手续，做到证件齐全，特种作业持证上岗。做好本队人员的岗位安全培训、教育工作，经常组织学习安全操作规程，监督本队人员遵守劳动、安全纪律，做到不违章指挥，制止违章作业。 (4)必须保持本队人员的相对稳定，人员变更须事先向用工单位有关部门报批，新进场人员必须按规定办理各种手续，并经入场和上岗安全教育后，方准上岗。 (5)组织本队人员开展各项安全生产活动，根据上级的交底向本队各施工班组进行详细的书面安全交底，针对当天施工任务、作业环境等情况，做好班前安全讲话，施工中发现安全问题，应及时解决。 (6)定期和不定期组织检查本队施工的作业现场安全生产状况，发现不安全因素，及时整改，发现重大事故隐患应立即停止施工，并上报有关领导，严禁冒险蛮干。 (7)发生因工伤亡或重大未遂事故，组织保护好事故现场，做好伤者抢救工作和防范措施，并立即上报，不准隐瞒、拖延不报
	7.班组长	(1)班组长是本班组安全生产的第一责任人，认真执行安全生产规章制度及安全技术操作规程，合理安排班组人员的工作，对本班组人员在施工生产中的安全和健康负直接责任。 (2)经常组织班组人员开展各项安全生产活动和学习安全技术操作规程，监督班组人员正确使用个人劳动防护用品和安全设施、设备，不断提高安全自保能力。 (3)认真落实安全技术交底要求，做好班前交底，严格执行安全防护标准，不违章指挥，不冒险蛮干。 (4)经常检查班组作业现场的安全生产状况和工人的安全意识、安全行为，发现问题及时解决，并上报有关领导。 (5)发生因工伤亡及未遂事故，保护好事故现场，并立即上报有关领导
	8.工人	(1)工人是本岗位安全生产的第一责任人，在本岗位作业中对自己、对环境、对他人的安全负责。 (2)认真学习，严格执行安全操作规程，模范遵守安全生产规章制度。 (3)积极参加各项安全生产活动，认真执行安全技术交底要求，不违章作业，不违反劳动纪律，虚心服从安全生产管理人员的监督、指导。 (4)发扬团结友爱精神，在安全生产方面做到互相帮助，互相监督，维护一切安全设施、设备，做到正确使用，不准随意拆改，对新工人有传、带、帮的责任。 (5)对不安全的作业要求要提出意见，有权拒绝违章指令。 (6)发生因工伤亡事故，要保护好事故现场并立即上报。 (7)在作业时要严格做到“眼观六面、安全定位；措施得当、安全操作”
项目部各职能部门安全生产责任	1.安全部	(1)是项目安全生产的责任部门，是项目安全生产领导小组的办公机构，行使项目安全工作的监督检查职权。 (2)协助项目经理开展各项安全生产业务活动，监督项目安全生产保证体系的正常运转。 (3)定期向项目安全生产领导小组汇报安全情况，通报安全信息，及时传达项目安全决策，并监督实施。 (4)组织、指导项目分包安全机构和安全人员开展各项业务工作，定期进行项目安全性测评
	2.工程管理部	(1)在编制项目总工期控制进度计划、年季月计划时，必须树立“安全第一”的思想，综合平衡各生产要素，保证安全工程与生产任务协调一致。 (2)对于改善劳动条件、预防伤亡事故的项目，要视同生产项目优先安排；对于施工中重要的安全防护设施、设备的施工要纳入正式工序，予以时间保证。 (3)在检查生产计划实施情况的同时，检查安全措施项目的执行情况。 (4)负责编制项目文明施工计划，并组织具体实施。 (5)负责现场环境保护工作的具体组织和落实。 (6)负责项目大、中、小型机械设备的日常维护、保养和安全管理

（续三）

制度名称	人员	内容
项目部各职能部门安全生产责任	3. 工程技术部	(1)负责编制项目施工组织设计中安全技术措施方案，编制特殊、专项安全技术方案。 (2)参加项目安全设备、设施的安全验收，从安全技术角度进行把关。 (3)检查施工组织设计和施工方案的实施情况的同时，检查安全技术措施的实施情况，对施工中涉及的安全技术问题，提出解决办法。 (4)对项目使用的新技术、新工艺、新材料、新设备，制定相应的安全技术措施和安全操作规程，并负责工人的安全技术教育
	4. 物资部	(1)重要劳动防护用品的采购和使用必须符合国家标准和有关规定，执行本系统重要劳动防护用品定点使用管理规定。同时，会同项目安全部门进行验收。 (2)加强对在用机具和防护用品的管理，对自有及协力自备的机具和防护用品定期进行检验、鉴定，对不合格品及时报废、更新，确保使用安全。 (3)负责施工现场材料堆放和物品储运的安全
	5. 机电部	(1)选择机电分承包方时，要考核其安全资质和安全保证能力。 (2)平衡施工进度，交叉作业时，确保各方安全。 (3)负责机电安全技术培训和考核工作
	6. 合约部	(1)分包单位进场前签订总分包安全管理合同或安全管理责任书。 (2)在经济合同中应分清总分包安全防护费用的划分范围。 (3)在每月工程款结算单中扣除由于违章而被处罚的罚款
	7. 设计部	(1)坚持安全生产的“三同时”原则，在设计项目中同时涵盖职业安全卫生的设备和设施。 (2)在施工详图设计中确保各个项目的安全可靠性
	8. 办公室	(1)负责项目全体人员安全教育培训的组织工作。 (2)负责现场CI管理的组织和落实。 (3)负责项目安全责任目标的考核。 (4)负责现场文明施工与各相关方的沟通

三、安全检查与验收制度

1. 安全生产检查制度

(1)安全检查的方式。

1)主管部门(包括中央、省、市级建设行政主管部门)对下属单位进行的安全检查，此类检查能针对本行业的特点、共性和主要问题进行检查，有针对性、调查性，也有批评指导。同时通过检查总结，积累安全生产经验，对基层推动作用较大。

2)定期安全检查。

企业内部必须建立定期分级安全检查制度，由于企业规模、内部建制等不同，要求也不能千篇一律。一般中型以上的企业(公司)，每季度组织一次安全检查；工程处(项目处、附属厂)每月或每周组织一次安全检查。

3)专业性安全检查。

专业安全检查应由企业有关业务部门组织有关人员对某项专业(如：垂直提升机、脚手架、电气、塔吊、压力容器、防尘防毒等)的安全问题或在施工(生产)中存在的普遍性安全问题进行单项检查。

4)经常性的安全检查。

在施工(生产)过程中进行经常性的预防检查。通常有:

①班组进行班前、班后岗位安全检查;

②各级安全员及安全值班人员日常巡回安全检查;

③各级管理人员在检查生产的同时进行安全检查。

5)施工现场应进行自检、互检、交接检查。

①自检:班组作业前、后对自身所处的环境和工作程序进行安全检查,可随时消除不安全隐患。

②互检:班组之间开展的安全检查。可以做到互相监督、共同遵守纪律。

③交接检查:上道工序完毕,给下道工序使用前,应由工地负责人组织工厂、安全员、班组及其他有关人员参加,进行安全检查或验收,确认无误或合格后,方能交给下道工序使用。

6)季节性安全检查。季节性安全检查是针对气候特点(如:冬期、夏季、雨期、风季等)可能给施工(生产)带来危害而组织的安全检查。

7)节假日安全检查。节假日(特别是重大节日,如:元旦、劳动节、国庆节)前、后防止职工纪律松懈、思想麻痹等进行的检查。检查应由单位领导组织有关部门人员进行。

对查出的隐患,由职能部门发出指令整改书,整改完成后由整改单位负责人签意见,及时返回存档,逐步建立登记、整改、检查、销项制度。

8)安全生产日检表的形成见表1-2所示。

表1-2　安全生产日检表

施工单位		检查日期		气象	
工程名称		检查员		负责人	

序号	项目	检查内容	处理情况
1	各种脚手架	间距、拉接、脚手板、栽种、卸荷	
2	吊篮架子	保险绳、就位固定、升降工具、吊点	
3	插口架子(挂架)	吊钩保险、安全装置、升降工具	
4	桥架	立柱垂直、安全装置、升降工具	
5	杭槽边坡	边壁状况、放坡或支撑、边缘荷载(堆物情况)	
6	临边防护	槽(坑)边和屋面、进出料口、楼梯、阳台、平台、框架结构四周防护及安全网支搭	
7	孔洞	电梯井口、预留洞口	
8	电气	漏电保护器、各种闸具、导线、接线、照明	
9	垂直运输机械	吊具、钢丝绳、防护设施、信号指挥	
10	中小型机械	防护装置、接零、接地	
11	构件存放	大模板、中、小型构件	

(2)安全生产检查制度。为确保施工项目安全目标的实现,督促施工项目各级人员、各业务岗位履行安全职责,保证安全技术措施的执行和落实,应制定施工项目安全生产检查制度。

1)施工项目实行安全生产逐级检查制度。

①项目经理部每月(或每半月)由项目经理(或执行经理)牵头,组织区域责任经理、各相关业务人员(技术、机械、物资、机电、劳资、工长等)、分包队伍负责人、安全总监,开展安全生产大检查。

②区域责任经理每半个月(或每周)组织专业责任工程师、分包商、行政和技术负责人、工长对所管辖的区域进行安全大检查。

③责任工程师(工长)、安全员执行日巡检制度。

④分包队伍、班组实行安全随检制度。

⑤工人进入作业岗要进行岗前、作业中、离岗时安全设施和安全环境的自检、自查。

⑥安全总监监督各项检查活动的实施和落实。

2)根据施工变化和工作需要,项目经理部或单位工程区域工程师组织不定期的安全生产大检查,如巡回检查、专项检查等。

3)冬期、雨期、高温和强风天气,及时开展季节性专项安全检查,并加强日常安全巡检。

4)节假日期间和节假日前后,进行全面安全检查。

5)月度全面安全大检查的主要内容:

①查领导,是否认真贯彻了“安全第一、预防为主”的方针,是否正确处理了安全和施工生产进度的关系等。

②查教育,在时间、内容、人员上是否落实安全教育。

③查防护,各种现场防护是否达到了标准要求,安全防护技术措施是否得到落实。

④查制度,各项管理制度是否健全,是否得以真正落实。

⑤查隐患,工地各方面是否存在隐患。

⑥查整改,上级部门或项目经理部检查中所发现的安全隐患是否已经整改完毕。

6)周检或日检的主要内容:工人教育、安全措施、安全技术交底、防护状况、设备设施的验收和安全性、遵章守纪和文明施工等具体项目。

7)对查出的事故隐患要做到“四定”,即定整改责任人、定整改措施、定整改完成时间、定整改验收人。

8)认真开展安全检查的考核和评比,安全检查结果要与项目岗位效益考核挂钩,好的要予以表扬、给予奖励;差的要批评、给予处罚。

9)建立安全生产检查记录和隐患整改档案,及时发现、诊断安全通病和管理缺陷,有效予以纠正,并制定预防措施。

2. 安全生产验收制度

为确保安全方案和安全技术措施的实施和落实,施工项目应建立安全生产验收制度,其内容见表 1-3 所示。

表 1-3　安全生产验收制度

名称	内容
1. 安全技术方案实施情况的验收	(1)项目的安全技术方案由项目总工程师牵头组织验收。 (2)交叉作业施工的安全技术措施由区域责任工程师组织验收。 (3)分部分项工程安全技术措施由专业责任工程师组织验收。 (4)一次验收严重不合格的安全技术措施应重新组织验收。 (5)安全总监要参与以上验收活动,并提出自己的具体意见或见解,对需重新组织验收的项目要督促有关人员尽快整改

（续）

名 称	内 容
2. 防护设施与设备验收	(1)一般防护设施和中小型机械设备由项目经理部专业责任工程师会同分包有关责任人共同进行验收。 (2)整体防护设施以及重点防护设施由项目总(主任)工程师组织区域责任工程师、专业责任工程师及有关人员进行验收。 (3)区域内的单位工程防护设施及重点防护设施由区域责任工程师组织专业责任工程师、分包商施工和技术负责人及工长进行验收。 (4)项目经理部安全总监及相关分包安全员参加验收,其验收资料分专业归档。 (5)如下防护设施、临电设施、大型设备需在自检自验基础上报请公司安全监督部(大型设备报请项目管理部)验收: 1)20m 以上高大外脚手架、满堂红架。 2)吊篮架、挑架、外挂脚手架、卸料平台。 3)整体式提升架。 4)20m 以上的物料提升架。 5)施工用电梯。 6)塔吊。 7)临电设施。 8)钢结构吊装吊索具等配套防护设施。 9)$30m^3/h$ 以上的搅拌站。 10)其他大型防护设施

此外,应注意因设计方案变更,重新安装、架设的大型设备及高大防护设施须重新进行验收。

安全验收必须严格遵照国家标准、规定,按照施工方案和安全技术措施的设计要求,严格把关,并办理书面签字手续,验收人员对方案、设备、设施的安全保证性能负责。

四、安全生产教育和技术管理制度

1. 安全生产教育制度

为加强对员工劳动保护、安全生产基本知识的教育和安全技术的培训,不断提高员工的安全意识、法制水平,使之自觉遵守企业安全生产的规章制度和安全技术操作规程,减少和消除不安全行为,保证项目实现安全生产,必须制定施工项目安全生产教育制度。

(1)工程项目经理、主管生产的副经理、技术负责人、安全负责人必须参加规定课时和规定内容的安全教育培训及年审考核,并持有有效的安全生产资格证件上岗。

(2)分包队伍负责人、分包技术管理人员、安全员必须参加规定课时和规定内容的安全教育培训及年审考核,并持有有效的安全生产资格证件上岗。

(3)新工人(外协施工人员、农民工)进入施工现场必须进行三级安全教育,教育时间为 40 小时,并经考试合格后持有效证件上岗作业。

(4)特种作业人员必须经过专门的安全技术培训,考核合格后,持有效证件上岗作业。

(5)各分包单位要认真开展班前安全讲话和周一安全活动,活动内容要有针对性,并做好教育记录。

(6)对转场或变换工种的工人必须进行转场和变换工种的安全教育,教育时间不得少于 4 小时。

(7)工程项目出现以下几种情况时,工程项目经理应及时安排有关部门和人员对施工工人进行安全生产教育,时间不少于 2 小时。

1)因故改变安全操作规程。

2)实施重大和季节性安全技术措施。

3)更新仪器、设备和工具,推广新工艺、新技术。

4)发生因工伤亡事故、机械损坏事故及重大未遂事故。

5)出现其他不安全因素,安全生产环境发生了变化。

(8)认真开展日常的安全教育和安全活动(如安全周、安全月、百日安全无事故活动),坚持经常化、形式多样化(如录像、讲座、板报、知识竞赛等),讲究实际效果。

(9)施工项目必须建立各级、各类人员安全教育培训档案,坚持全体人员的安全继续教育,确保关键岗位和关键人员持证上岗。

2. 安全技术管理制度

项目施工组织设计或施工方案中须有针对性的安全技术措施,必须制定安全技术管理制度。

(1)安全技术措施中必须有施工总平面图,在图中必须对危险品油库、易燃材料库,变电设备,以及材料、构件的堆放位置,塔式起重机、井字架或龙门架、搅拌台的位置等按照施工需要和安全要求明确定位,并提出具体要求。

(2)特殊和危险性大的工程必须单独编制安全技术方案。

1)深坑桩基施工与土方开挖方案。

2)±0.000 以下结构施工方案。

3)工程临时用电技术方案。

4)结构施工临边、洞口及交叉作业、施工防护安全技术措施。

5)塔吊、施工外用电梯、垂直提升架等安装与拆除安全技术方案(含基础方案)。

6)大模板施工安全技术方案(含支撑系统)。

7)大型脚手架、整体式爬升(或提升)脚手架及卸料平台安全技术方案。

8)特殊脚手架——吊篮架、悬挑架、挂架等安全技术方案。

9)钢结构吊装安全技术方案。

10)防水施工安全技术方案。

11)设备安装安全技术方案。

12)新工艺、新技术、新材料施工安全技术措施。

13)冬、雨期施工安全技术措施。

14)临街防护、临近外架供电线路、地下供电、供气、通风、管线,毗邻建筑物防护等安全技术措施。

15)主体结构、装修工程安全技术方案。

16)群塔作业安全技术措施。

(3)单独的安全技术方案,必须有设计、有计算、有详图、有文字要求。

(4)安全技术措施和安全技术方案要有编制、有审核、有审批。

(5)为落实安全技术方案和措施,施工项目实行逐级安全技术交底制度:

1)工程开工前,公司(厂、院)总工程师将工程概况、施工方法、安全技术措施等情况,向工地负责人、工长进行详细交底,并向工程项目全体职工进行交底。

2)两个以上施工队(分包单位)或工种配合施工时,工程项目经理、工长要按工程进度定期或不定期地向有关施工单位和班组进行交叉作业的安全书面交底。

3)工长安排班组长工作前进行书面的安全技术交底。

4)班组长每天要对工人进行施工要求、作业环境等的书面安全交底(班前安全讲话)。

(6)安全技术交底的内容：

1)本工程项目施工作业的特点。

2)本工程项目施工作业中的危险。

3)针对危险点的具体防范措施。

4)施工中应注意的安全事项。

5)有关的安全操作规程和标准。

6)一旦发生事故后应及时采取的避难和急救措施。

(7)各级书面安全技术交底必须有交底时间、内容及交底人和接受交底人的签字。交底书要按单位工程分部分项归档存放。

(8)出现以下几种情况时，工程项目经理、技术负责人或工长应及时对班组进行安全技术交底。

1)因故改变安全操作规程。

2)实施重大和季节性安全技术措施。

3)更新仪器、设备和工具，推广新工艺、新技术。

4)发生因工伤亡事故、机械损坏事故及重大未遂事故。

5)出现其他不安全因素、安全生产环境发生了变化。

(9)施工项目应严格执行安全验收制度。

五、安全生产奖罚与值班制度

1. 安全生产奖罚制度

为进一步落实安全生产责任制，提高安全管理水平，必须制定项目安全生产奖罚制度，其内容见表1-5所示。

表1-5　　安全生产奖罚制度

名　称	内　　容
对工程项目部的奖罚规定	(1)工程项目部的各级管理人员的安全生产奖罚与公司季度奖金挂钩，其中项目经理的奖罚由公司领导负责考核，项目经理以下管理人员的奖罚由工程项目经理负责考核。 (2)凡发生因工重伤、火警事故或因工死亡、火灾事故，按照事故严重程度和事故责任大小，扣除事故责任者和事故责任领导的季度奖金30%～100%。 (3)项目部凡有下列情况之一，公司嘉奖项目经理；项目管理人员可按贡献大小，奖励奖金的30%～100%： 1)公司每月安全文明检查或综合考评检查中名列第一名。 2)在省(市)及上级机关组织的安全文明施工检查、综合考评检查或抽查中名列全省(市)前三名。 3)施工现场安全防护、临电、消防、文明施工达到省(市)标准化、规范化要求，现场杜绝“三违”现象。 4)在安全生产管理上和安全技术应用上有创新，效果显著并得到上级机关或部门认可。 5)在争创省(市)安全文明工地活动中能按计划达标，并能保持高水平稳标工作。 6)在上级机关、公司组织的各项安全、消防活动竞赛中成绩突出，积极配合上级部门开展工作。 (4)项目部凡有下列情况之一，对项目经理进行处罚，项目管理人员的奖金扣除30%～50%： 1)在公司每月文明安全检查或综合考评检查中平均分低于85分或单项评分低于80分。 2)在上级机关组织的检查、抽查中安全、消防、文明施工或综合考评工作受到批评或处罚。 3)对于执行公司各项安全管理制度不严格、现场管理混乱。 4)在争创省(市)安全文明工地活动中未能按计划达标，或达标后不能保持较高稳标水平

（续）

名　称	内　　　　　　容
对分包单位的奖罚规定	(1)严格执行地方政府及公司安全生产奖罚标准。 (2)分包单位有如下情况之一，将给予300～5000元的嘉奖： 1)能按总包计划要求成为安全文明工地，并能在承包过程中保持较高管理水平。 2)在上级组织的安全、文明、消防检查中为总包赢得声誉，并经上级机关(部门)检查认可。 3)在公司的安全文明施工综合考评检查中连续三个月获得第一名。 4)在安全、文明、消防管理上有创新，在安全技术上有革新创造并得到上级机关(部门)认可。 (3)分包单位有如下情况之一，将给予300～5000元的处罚： 1)施工现场存在安全管理认定的违章、隐患中的一项。 2)对现场(责任区)安全生产管理不到位，防护、临电机械、消防不断出现重大重复隐患。 3)不认真执行总包方的有关规定和要求，对提出的问题不能及时消项整改。 4)现场(责任区)管理混乱被上级检查或抽查给予通报批评或罚款，造成不良影响。 5)违章指挥、违章作业造成重大未遂事故。 6)对本责任区现场管理混乱，总包督促整改无效果。 7)对发现事故险情，既不采取防范措施又不及时报告。 8)各分包在交叉施工中不经责任方同意任意拆动防护设施(如电梯井门、护栏、安全网、洞口盖板等)。 (4)对于不认真执行总包的有关规定，不服从管理、现场管理混乱、重大隐患严重，又不能限期整改，以至造成事故的分包单位，除承担一切后果和经济责任外，可解除分包合同，限期清除出场

2. 安全生产值班制度

为加强对安全生产工作的领导，保证安全信息的沟通，必须制定安全生产值班制度。

(1)项目经理部经理、副经理、行政、生产、技术负责人作为值班领导，均要轮流值班。

(2)每日安排1～2人值班，遇有特殊任务或日夜多班作业时，要增加值班人员。

(3)值班人员必须认真履行职责：经常进行安全教育，及时进行安全检查，将了解到的情况向领导或负责人汇报，并提出整改意见，负责处理日常安全生产事务和发生事故的现场处理工作。

(4)认真填写安全值班记录，搞好交接班，移交时，必须填写本班已经做到的工作和已经解决的问题以及下一班应该注意的事项和需要继续解决的问题，并要明确列项交代清楚。

(5)值班人员在必要时，有权暂停冒险作业人员的工作，有权决定制止“三违”作业现象和对其处以一定数额的罚款。

(6)安全生产值班应填写《安全值班记录》，其格式见表1-5所示。

表1-5　　安全值班记录

值班人	××	起止时间	××—××
值班情况及处理意见： 值班人：×××			

六、重要劳动防护用品管理制度

为确保项目安全防护工作的可靠性，必须制定重要劳动防护用品管理制度。

(1)重要劳动防护用品范围：安全网、安全带、安全帽、漏电断路器、配电箱、开关箱、临时用电的电缆、电源线、脚手架扣件、安全标志。

(2)重要防护用品由公司实行认定厂家、认定产品的监督控制办法，公司每年发布相关信息1～2次，项目经理部、各分包企业可从中选择认定厂家的认定产品。

(3)项目部要求各定点厂家提供所购认定产品的合格证、技术检测报告书，并予以存档。

(4)项目部不定期对重要防护品进行检查，对使用中损坏的产品及时通报厂家进行维修；对超过使用期限的失效产品，及时予以报废和更换。

七、消防、保卫管理制度

(1)项目经理全面负责本单位的消防、治安保卫管理工作。主管副经理具体负责消防、治安保卫责任制的组织落实与实施。同时应设一人负责项目的日常消防、治安保卫工作。

(2)对本项目职工及外协队伍要经常进行法制宣传教育，提高法制观念、加强防范意识。

(3)配足守卫力量，成立消防、治安保卫领导小组，建立健全群众性的群防群治组织，做到人员落实，组织落实，责任落实。

(4)定期或不定期地听取和研究本单位消防、治安保卫情况，及时解决消防、治安隐患。

(5)对本项目发生的案件，要保护好现场，及时上报有关领导和部门，并为其提供情况，协助侦破案件。

(6)施工现场严禁吸烟。

(7)施工现场严格控制火源，严禁随便动用明火。

(8)施工现场及生活区必须按规定配足灭火器材及消防设施，并保证各类消防器材的完好。

(9)施工现场及生活区严禁支搭易燃建筑，如需支搭临时建筑，要经工程部和保卫部审批，审批后方可实施。

(10)乙炔发生器、氧气瓶一律不准存放在在施工程内。

(11)重点工种、电气焊工、电工、油漆工、防水工等要严格按照操作规程施工。

(12)项目经理、工长、班长，在下达任务时，要逐级下达书面的防火安全交底，否则造成火灾事故要依法追究责任。

(13)在施工现场内，严禁住人及堆放易燃物资，也不得使用电炉以及电暖气等大功率电器，违者限期整改并处以重罚。

八、安全技术资料管理制度

1. 施工安全技术资料总体要求

建筑施工现场安全技术资料是指建筑施工企业按规定要求，在施工管理过程中所建立与形成的应当归档保存的资料。施工安全技术资料总体要求见图1-1所示。

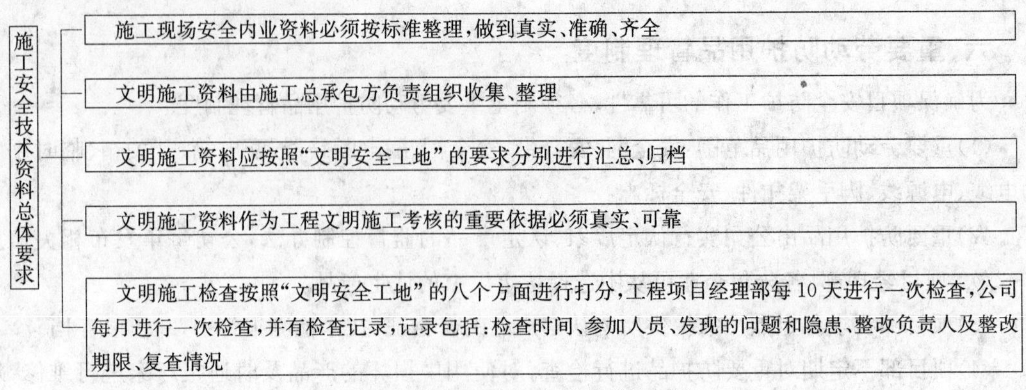

图 1-1　施工安全技术资料总体要求

2. 安全技术资料管理制度的主要内容

(1)施工现场应有各级管理人员和各工种的安全、质量、计量、防汛、防火、卫生小组人员名单以及施工进度表、安全值日表，还应有与总公司签定的经济承包合同，经济承包合同中应有安全生产指标。

(2)施工现场的所有人员尤其是工地招用的临时工(包括外包工程施工人员)，进场前必须进行三级安全教育，凡不经过安全教育的职工不得进入施工现场工作，并做好教育档案。必须签订临时用工合同(包括分项外包工程合同)，用工合同中必须有安全目标责任。

(3)做好工程分部(分项)安全技术交底，及各工种安全技术交底，交底时应做好交接签字手续。

(4)工地使用特殊工种，都必须经过上级主管部门专门培训，持证上岗。因特殊需要工地招用临时特殊工种，必须由工程负责人持招用人员的特殊作业人员上岗证书及用工合同到公司安全科备案。

(5)工地按制度进行至少每周一次的工地安全自检，并有自查整改记录。对公司职能部门和上级主管部门检查出的隐患，应按隐患单的整改内容进行整改，并向检查部门提出整改报告书。

(6)应按时进行班前活动，并做好安全活动记录。

(7)施工现场主要入口处应有六牌二图，即：工程概况牌、管理人员名单和监督电话牌、消防保卫牌、安全生产牌、文明施工牌、入场须知牌、施工现场平面图、工程立体效果图。标志牌规格统一并亮化。施工现场警戒牌必须符合标准要求，悬挂位置与内容适当，并与施工平面图位置相符，其数量按建筑面积 $2000m^2$ 以下的工程不少于 8 块，$2000m^2$ 及以上的每增加 $500m^2$ 加设 1 块。

(8)施工单位应根据工作分工情况，制定安全管理目标(伤亡控制指标、安全达标和文明施工目标)，并根据上述指标进行详细的安全责任目标分解，并按规定对所定目标进行落实与考核。

(9)施工单位应建立工伤事故档案，按时报月报表，建立施工现场工伤事故统计、调查报告制度，对发生的事故按事故调查分析规定进行处理。施工现场各种安全技术资料应由安全资料员专门负责管理。

九、工程安全施工措施

1. 安全生产方针及目标

(1)安全生产方针：安全第一，预防为主。

(2)安全生产管理原则：管生产必须管安全。

(3)安全生产管理职责：安全员负责下的分级管理。

(4)安全生产目标：杜绝因工死亡和重伤责任事故，轻伤负伤率控制在2.5%以内；无火灾、交通、中毒事故的发生；隐患整改：一般隐患整改率达到95%以上，重大隐患整改率达到100%。

(5)积极开展各种安全生产活动。

(6)认真执行国家和市政府有关噪声的控制措施。

(7)扬尘、噪声控制在国家标准范围以内。

(8)有针对性地制定出施工生产中的安全管理点。

(9)签定施工生产的安全协议书。

2. 施工现场安全措施

施工现场一般安全技术措施有：

(1)施工现场应该合乎安全卫生的要求。

(2)在施工现场周围用钢管搭设围护栏杆，安全栏杆上设置“禁止接近，不许靠”、“危险”、“注意坠落”等标牌。

(3)工地内的沟、坑填平，或者设围护、盖板。

(4)施工现场设交通标志，危险地区悬挂“危险”、“禁止通行”等明显标志，夜间设红灯警示。

(5)工地内架设的电线，其悬挂高度和工作地点的水平距离应按当地电业局的规定办理。

(6)工地内设适当排水沟，通过运输道路的沟渠搭设能确保安全的桥板。

(7)基槽、坑、沟的防护，洞口、临边防护，料具存放安全要求，临时用电安全防护，施工机械安全防护，操作人员个人防护等安全防护基本标准参见《建筑施工现场安全防护基本标准》。

3. 安全技术管理

(1)安全技术管理措施和方案。

1)安全技术措施在施工前必须编制好，并经审批后正式下达。

2)在施工过程中，如设计发生变更，安全技术措施也必须做出相应改变。

3)施工条件发生变化时，必须变更安全技术措施内容，并及时经原编制、审批人员办理变更手续，不得擅自变更。

4)针对施工中有毒、有害、易燃、易爆等作业可能给施工人员造成的危害，制定相应的防范措施。

5)安全技术措施及方案必须由工程项目技术负责人进行编制，编制人员必须掌握工程概况、施工方法、环境安全生产的法规、标准。

(2)安全技术交底。

1)各工序施工前要由安全员进行安全技术交底。

2)安全技术交底与工程技术交底一样须分级进行。

3)安全验收、施工人员管理、安全教育管理、安全检查、隐患整改与违章行为的处罚等具体做法参见《公司安全管理手册》。

4. 安全生产责任制执行情况考核

(1)公司每季度对项目经理部的责任制落实情况进行一次考核评比，考核的主要内容是施工现场的安全管理，安全防护设施的投入和文明卫生情况。

(2)项目部每月对项目管理人员的责任制执行情况进行一次考核评比。

(3)项目部施工人员每十天对班组责任制的执行情况、班组活动情况进行考核，发现不执行者进行处罚。

(4)对不执行安全生产责任制的管理人员视情节轻重，予以罚款50～100元。

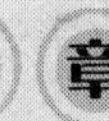

1. 安全资料管理的含义是什么？内容有哪些？
2. 简述工程项目各方对工程安全资料管理的职责。
3. 施工项目安全管理应建立哪些方面的制度？
4. 施工现场安全技术资料的总体要求有哪些？

第二章　建设工程安全管理资料

第一节　总分包合同和安全协议

一、总分包单位的职责

1. 总包单位的职责

(1)项目经理是项目安全生产的第一负责人，必须认真贯彻执行国家和地方有关安全法规、规范、标准，严格按文明安全工地标准组织施工生产，确保实现安全控制指标和实现文明安全工地达标计划。

(2)建立健全安全生产保证体系，根据安全生产组织标准和工程规模设置安全生产机构，配备安全检查人员，并设置5～7人(含分包)的安全生产委员会或安全生产领导小组，定期召开会议(每月不少于一次)，负责对本工程项目安全生产工作的重大事项及时做出决策，组织督促检查实施，并将分包的安全人员纳入总包管理，统一活动。

(3)在编制、审批施工组织设计或施工方案及冬、雨期施工措施时，必须同时编制、审批安全技术措施，如改变原方案时必须重新报批，并经常检查措施、方案的执行情况，对于无措施、无交底或针对性不强的施工方案，不准组织施工。

(4)工程项目经理部的有关负责人、施工管理人员、特种作业人员必须经当地政府安全培训，年审取得资格证书、证件的才有资格上岗，凡在培训、考核范围内未取得安全资格的施工管理人员、特种作业人员不准直接组织施工管理和从事特种作业。

(5)强化安全教育，除对全员进行安全技术知识和安全意识教育外，要强化分包、新入场人员的"三级安全教育"，教育面必须达到100%，经教育培训考核合格，做到持证上岗，同时要坚持转场和调换工种的安全教育，并做好记录、登记建档工作。

(6)根据工程进度情况，除进行不定期、季节性的安全检查外，工程项目经理部每半月由项目执行经理组织一次检查，每周由安全部门组织各分包进行专业(或全面)检查。对查出的隐患，责成分包和有关人员立即或限期进行消项整改。

(7)工程项目部(总包方)与分包方应在工程实施之前或进场的同时及时签订含有明确安全目标和职责条款划分的经营(管理)合同或协议书；当不能按期签订时，必须签订临时安全协议。

(8)根据工程进展情况和分包进场时间，应分别签订年度或一次性的安全生产责任书或责任状，做到总分包在安全管理上责任划分明确，有奖有罚。

(9)项目部实行"总包方统一管理，分包方各负其责"的施工现场管理体制，负责对发包方、分包方和上级各部门或政府部门的综合协调管理工作。工程项目经理对施工现场的管理工作负全面领导责任。

(10)项目部有权限期责令分包将不能尽责的施工管理人员调离本工程，重新配备符合总包要求的施工管理人员。

2. 分包单位的职责

(1)分包的项目经理、主管副经理是安全生产管理工作的第一责任人，必须认真贯彻执行总包的有关规定、标准、决定和指示，按总包的要求组织施工。

(2)建立健全安全保证体系。根据安全生产组织标准设置安全机构，配备安全检查人员，每50人要配备一名专职安全人员，不足50人的要设兼职安全人员，并接受工程项目安全部门的业务管理。

(3)分包单位在编制分包项目或单项作业的施工方案或冬、雨期方案措施时，必须同时编制安全消防技术措施，并经总包单位审批后方可实施，如改变原方案时必须重新报批。

(4)分包单位必须执行逐级安全技术交底制度和班、组长班前安全讲话制度，并跟踪检查管理；分包单位必须按规定执行安全防护设施、设备验收制度，并履行书面验收手续，建档存查。

(5)分包单位必须接受总包及其上级主管部门的各种安全检查并接受奖罚。在生产例会上应先检查、汇报安全生产情况。在施工生产过程中切实把好安全教育、检查、施工、交底、防护、文明、验收等七关，做到预防为主。

(6)强化安全教育，除对全体施工人员进行经常性的安全教育外，对新入场人员必须进行三级安全教育培训，做到持证上岗，同时要坚持转场和调换工种的安全教育；特种作业人员必须经过专业安全技术培训考核，持有效证件上岗。

(7)分包单位必须按总包单位的要求实行重点劳动防护用品定点厂家采购制度，对个人劳动防护用品实行定期、定量供应制，并严格按规定要求佩戴。

(8)凡因分包单位管理不严而发生的因工伤亡事故，所造成的一切经济损失及后果由分包单位自负。

(9)分包单位发生因工伤亡事故，要立即用最快捷的方式向总包单位报告，并积极组织抢救伤员，保护好现场，如因抢救伤员必须移动现场设备、设施者要做出记录或拍照。

(10)对安全管理纰漏多，施工现场管理混乱的分包单位除进行罚款处理外，对问题严重、屡禁不改，甚至不服管理的分包单位，予以解除经济合同。

二、总分包安全合同

总分包安全合同应涵盖下列内容：

1. 管理目标

(1)现场杜绝重伤、死亡事故的发生；负轻伤频率控制在6‰以内。

(2)现场安全隐患整改率必须保证在规定时限内达到100%，杜绝现场重大隐患的出现。

(3)现场发生火灾事故，火险隐患整改率必须保证在规定时限内达到100%。

(4)保证施工现场创建为当地省(市)级文明安全工地。

2. 用工制度

(1)分包方须严格遵守当地政府的相关法律、法规及条例。任何因为分包方违反上述条例造成的案件、事故、事件等的经济责任及法律责任均由分包方承担，因此造成总包方的经济损失由分包方承担。

(2)分包方的所有工人必须同时具备上岗许可证、人员就业证以及暂住证(或必须遵守当地政府的相关法律、法规及条例)。任何因为分包方违反上述条例造成的案件、事故、事件等的经济责任及法律责任均由分包方承担，因此造成总包方的经济损失由分包方承担。

(3)分包方应遵守总包方上级制定的有关协力队伍的管理规定以及总包方的其他的关于分包管理的所有制度及规定。

(4)分包方须具有独立的承担民事责任能力的法人，或能够出具其上级主管单位(法人单位)

的委托书，并且只能承担与自己资质相符的工程。

3. 安全生产要求

(1)分包方应按有关规定，采取严格的安全防护措施，否则由于自身安全措施不力而造成的事故责任或因此而发生的费用由分包方承担。非分包方责任造成的伤亡事故，由责任方承担责任和有关费用。

(2)分包方应熟悉并能自觉遵守、执行《建筑施工安全检查标准》以及相关的各项规范；自觉遵守、执行地方政府有关文明安全施工的各项规定，并且积极参加各种有关促进安全生产的各项活动，切实保障施工作业人员的安全与健康。

(3)分包方必须尊重并且服从总包方现行的有关安全生产的各项规章制度和管理方式，并按经济合同有关条款加强自身管理，履行己方责任。

4. 安全管理制度

(1)安全技术方案报批制度。分包方必须执行总包方总体工程施工组织设计和安全技术方案。分包方自行编制的单项作业安全防护措施，须报总包方审批后方可执行，若改变原方案必须重新报批。

(2)分包方必须执行安全技术交底制度、周一安全例会制度与班前安全讲话制度，并做好跟踪检查管理工作。

(3)分包方必须执行各级安全教育培训以及持证上岗制度。

1)分包方项目经理、主管生产经理、技术负责人须接受安全培训，考试合格后办理分包单位安全资格审查认可证后，方可组织施工。

2)分包方的工长，技术员，机械、物资等部门负责人以及各专业安全管理人员须接受安全技术培训、参加总包方组织的安全年审考核，合格者办理"安全生产资格证书"，持证上岗。

3)分包方工人入场一律接受三级安全教育，考试合格并取得"安全生产考核证"后方准进入现场施工，如果分包方的人员需要变动，必须提出计划并报告总包方，按规定进行教育、考核合格后方可上岗。

4)分包方的特种作业人员的配置必须满足施工需要，并持有有效证件(原籍地、市级劳动部门颁发)，经考试合格者，持证上岗(或按照当地政府或行业主管部门的要求办理)。

5)分包方工人变换施工现场或工种时，要进行转场和转换工种教育。

6)分包方必须执行周一安全活动制度。

7)进入施工现场的任何人员必须佩带安全帽和其他安全防护用品。任何人不得住在施工的建筑物内。进出工地人员必须佩带标志牌上岗。无证人员，由总包单位负责清除出场。

(4)分包方必须执行总包方的安全检查制度。

1)分包方必须接受总包方及其上级主管部门和各级政府、各行业主管部门的安全生产检查，否则造成的罚款等损失均由分包方承担。

2)分包方必须按照总包方的要求建立自身的定期和不定期的安全生产检查制度，并且严格贯彻实施。

3)分包方必须设立专职安全人员，实施日常安全生产检查制度及工长、班长跟班检查制度和班组自检制度。

(5)分包方必须严格执行检查整改消项制度。

分包方对总包单位下发的安全隐患整改通知单，必须在限期内整改完毕，逾期未改或整改标准不符合要求的，总包有权予以处罚。

(6)分包方必须执行安全防护措施、设备验收制度和施工作业转换后的交接检验制度：

1)分包方自带的各类施工机械设备，必须是国家正规厂家的产品，且机械性能良好、各种安全防护装置齐全、灵敏、可靠。

2)分包方的中小型机械设备和一般防护设施执行自检后报总包方有关部门验收，合格后方可使用。

3)分包方的大型防护设施和大型机械设备，在自检的基础上申报总包方，接受专职部门(公司级)的专业验收；分包方必须按规定提供设备技术数据，防护装置技术性能，设备履历档案以及防护设施支搭(安装)方案，其方案必须满足总包方施工所在地地方政府有关规定。

(7)分包方须执行安全防护验收和施工变化后交接检验制度。

(8)分包方必须执行总包方重要劳动防护用品的定点采购制度(外地施工时，还要满足当地政府行业主管部门规定)。

(9)分包方必须执行个人劳动防护用品定期、定量供应制度。

(10)分包方必须预防和治理职业伤害与中毒事故。

(11)分包方必须严格执行企业职工因工伤亡报告制度。

1)分包方职工在施工现场从事施工过程中所发生的伤害事故为工伤事故。

2)如果发生因工伤亡事故，分包方应在1小时内，以最快捷的方式通知总包方的项目主管领导，向其报告事故的详情。由总包方通过正常渠道及时逐级上报上级有关部门，同时积极组织抢救工作，采取相应的措施，保护好现场，如因抢救伤员必须移动现场设备、设施，要做好记录或拍照，总包方应为抢救提供必要的条件。

3)分包方要积极配合总包方主管单位、政府部门对事故的调查和现场勘查。凡因分包方隐瞒不报、做伪证或擅自损毁事故现场，所造成的一切后果均由分包方承担。

4)分包方须承担因为自己的原因造成的安全事故的经济责任和法律责任。

5)如果发生因工伤亡事故，分包方应积极配合总包方做好事故的善后处理工作，伤亡人员为分包方人员的，分包方应直接负责伤亡者及其家属的接待善后工作，因此发生的资金费用由分包方先行支付，因不能积极配合总包方对事故进行善后处理而产生的一切后果由分包方自负。

(12)分包方必须执行安全工作奖罚制度。分包方要教育和约束自己的职工严格遵守施工现场安全管理规定，对遵章守纪者给予表扬和奖励，对违章作业、违章指挥、违反劳动纪律和规章制度者给予处罚。

(13)分包方必须执行安全防范制度。

1)分包方要对分包工程范围内工作人员的安全负责。

2)分包方必须采取一切严密的、符合安全标准的预防措施，确保所有工作场所的安全，不得存在危及工人安全和健康的危险情况，并保证建筑工地所有人员或附近人员免遭工地可能发生的一切危险。

3)分包方的专业分包商和他在现场雇佣的所有人员都应全面遵守各种适用于工程的相关法律或临时规定的安全施工条款。

4)施工现场内，分包方必须按总包方的要求，在工人可能经过的每一个工作场所和其他地方均应提供充足和适用的照明，必要时要提供手提式照明设备。

5)总包方有权要求立刻撤走现场内的任何分包队伍中没有适当理由而又不遵守、不执行相关安全条例和指令的人员，无论在什么情况下，此人不得再被雇佣于现场，除非事先有总包方的书面同意。

6)施工现场必须严格按国家、政府规定的安全生产、文明施工标准搞好防护工作，保证工人有安全可靠、卫生的工作环境，严禁违章作业、违章指挥。

7)对不符合安全规定的，总包方安全管理人员有权要求停工和强行整改，使之达到安全标准，所需费用从工程款中加倍扣除。

8)凡重要劳动防护用品，必须从总包方指定的厂家购买，如：安全帽、安全带、安全网、漏电保护器、电焊机二次线保护器、配电箱、五芯电缆、脚手架扣件等。

9)分包方必须给所属职工提供配备有效的安全用品，如：安全帽、安全带等，必要时还须佩戴面罩、眼罩、护耳、绝缘手套等其他个人人身防护工具。

10)分包方应在合同签约后15天内，呈送安全管理防范方案，详述将要采取的安全措施和对紧急事件处理的方案以及自身的安全管理条例，报总包方批准，但此批准并不减轻因分包方原因引起的安全责任。

11)已获批准的安全管理方案及条例的副本，由分包方编制并且分发至所有分包方施工的工作场所，业主指示或法律要求的其他文件、标语、警示牌等物品，具体由总包方实施。

12)分包方应指定至少一名合格的且有经验的安全员负责安全方案和措施的实施。

5. 消防保卫工作要求

(1)分包方必须认真遵守国家的有关法律、法规及建设部、当地政府、建委颁发的有关治安、消防、交通安全管理规定及条例，分包方应严格按总包方消防保卫制度以及总包方施工现场消防保卫的特殊要求组织施工，并接受总包方的安全检查；对总包方所签发的隐患整改通知，分包方应在总包方指定的期限内整改完毕，逾期不改或整改不符合总包方的要求，总包方有权按规定对分包方进行经济处罚。

(2)分包方须配备至少一名专(兼)职消防保卫管理人员，负责本单位的消防保卫工作。

(3)凡由于分包方管理以及自身防范措施不力或分包方工人责任造成的案件、火灾、交通事故(含施工现场内)等灾害事故，事故经济责任、事故法律责任以及事故的善后处理均由分包方独自承担，因此给总包方造成的经济损失由分包方负责赔偿，总包方可对其处罚。

6. 现场文明施工要求

(1)分包方必须遵守现场安全文明施工的各项管理规定，在设施投入、现场布置、人员管理等方面要符合总包方文明安全的要求，按总包方的规定执行，在施工过程中，对其全体员工的服饰、安全帽等进行统一管理。

(2)分包方应采取一切合理的措施，防止其劳务人员发生任何违法或妨碍治安的行为，保持安定局面并且保护工程及周围人员和财产不受上述行为的危害，否则由此造成的一切损失和费用均由分包方自己负责。

(3)分包方应按照总包方要求建立健全工地有关文明施工、消防保卫、环保卫生、料具管理和环境保护等方面的各项管理规章制度，同时必须按照要求，采取有效的防扰民、防噪声、防空气污染、防道路遗撒和防垃圾清运等措施。

(4)分包方必须严格执行保卫制度、门卫管理制度，工人和管理人员要举止文明、行为规范、遵章守纪、对人有礼貌，切忌上班喝酒、寻衅闹事。

(5)分包方在施工现场应按照国家、地方政府及行业管理部门有关规定，配置相应数量的专职安全管理人员，专门负责施工现场安全生产的监督、检查以及因工伤亡事故的处理工作，分包方应赋予安全管理人员相应的权利，坚决贯彻“安全第一、预防为主”的方针。

(6)分包方应严格执行国家的法律、法规，对于具有职业危害的作业，提前告知工人；在作业场所采取适当的预防措施，以保证其劳务人员的安全、卫生、健康；在整个合同期间，自始至终在工人所在的施工现场和住所配有医务人员、紧急抢救人员和设备;并且采取适当的措施预防传染病,并提供应有的福利以及卫生条件。

7. 争议的处理

当合约双方发生争议时,可以通过协商解决或申请施工合同管理机构有关部门调解,不愿通过调解或调解不成的可以向工地所在地或公司所在地人民法院起诉或向仲裁机关提出仲裁解决。

三、总分包安全协议

总分包安全协议是为保证施工项目安全生产工作的顺利开展,本着总包对分包管理负责的态度而制定。总分包安全协议一般应包括下列内容。

1. 具体要求

(1)各项目经理部、各分包单位、安全总监为现场安全工作的最高管理者,分包单位必须服从管理,对不服从者导致的现场管理混乱,处罚违约金 300～3000 元。

(2)进入施工现场的各分包单位使用的劳动保护用品及临时设施必须经总包单位检验并验收合格后方可投入使用。

(3)所有分包单位必须遵守国家、当地政府主管部门、总包单位的有关规定。所有施工人员要经过"三级"教育,管理人员要经过公司教育,做到持证上岗。

(4)所有分包单位必须持有政府主管部门颁发的安全生产资质证书;特种作业人员必须持证上岗,并将复印件报安全总监备案。

(5)各分包单位自带的机械设备、搭设的施工棚架及线路架设,必须严格按照部颁标准,并经过验收后方可使用。

(6)分包单位要设有专职安全人员,并纳入项目安全管理之中,按时参加项目安全会议及所组织的安全检查。

(7)项目安全目标管理,要求各分包单位必须服从项目安排,做好各项安全工作,对于影响安全目标完成的分包单位,视情节轻重扣除违约金 500～3000 元。

(8)现场内的安全设施、用电设备、电箱、防护设施、脚手架搭设等不得随意拆改,一经发现,处以分包单位 1000 元罚款,个人 100 元罚款。

(9)施工现场所有电焊、气焊工作必须有用火证及看火员,电焊机一、二次线和焊钳、氧气瓶、乙炔瓶要符合国家标准。

(10)施工中用的临电及机械设备必须经常检查,严防漏电,所有电器设备必须绝缘良好,漏电保护要灵敏,安全可靠。

(11)各分包单位要严格用工管理,不得跨地区使用人员。

(12)各分包单位要严格执行职业安全健康和环境保护管理体系的各项管理要求。

2. 事故经济责任

(1)凡由于分包单位违章指挥、违章操作、违反劳动纪律造成事故(包括未注册、未进行安全教育、无上岗证、特殊工种无操作证等),事故经济损失自负。

(2)两个分包单位交叉事故按事故责任大小以责论处。

(3)对于全额分包的施工单位,事故经济损失和行政责任自负。

3. 现场处罚

(1)分包单位有下列情况之一,项目安全总监可依照合同或协议约定扣罚分包队伍违约金

500～2000元,直至责令停工。

1)事故隐患严重,直接危及生命安全。

2)接到各级安全监督人员下发的重大隐患通知单但未及时整改。

3)施工现场自带的机械设备、各种架子未经验收就投入使用。

4)忽视安全生产,不按安全规程组织施工,违章指挥、违章作业现象严重。

(2)职工违反安全纪律,违章作业,按规定罚款5～100元。

第二节　项目安全生产责任制

安全生产责任制,是企业安全生产各项规章制度的核心。建立健全各级领导的安全生产责任制和各职能部门的安全生产责任制,是从组织制度上明确各级领导、各职能部门在安全生产方面责任的安全管理制度之一。

一、项目部安全生产责任制的内容(范本)

1. 管理人员安全生产责任制

(1)企业经理。对本企业的劳动保护和安全生产负总责任。认真贯彻执行劳动保护和安全生产政策、法令和规章制度;定期向企业职工代表会议报告企业安全生产情况和措施;制定企业各级干部的安全责任制等制度;定期研究解决安全生产中的问题;组织审批安全技术措施计划并贯彻实施;定期组织安全检查和开展安全竞赛等活动;对职工进行安全和遵章守纪教育;督促各级领导干部和职工做好本职范围内的安全工作;总结与推广安全生产先进经验;主持重大伤亡事故的调查分析,提出处理意见和改进措施,并督促实施。

(2)生产副经理。在企业经理领导下,在生产管理过程中对企业职工的劳动保护和安全生产的组织、管理、指挥、协调负具体责任;认真贯彻执行劳动保护和安全生产政策、法令和规章制度;定期向企业职工代表汇报安全生产情况和改进措施;组织安全生产检查及安全工作会议,定期研究解决安全生产中的具体问题;负责审批安全技术措施并贯彻实施;对职工进行安全和遵章守纪教育,提高员工安全素质;总结和推广安全生产先进经验;组织重大伤亡事故的调查、分析与处理工作。

(3)企业总工。负责本企业劳动保护和安全生产的技术工作。在组织编制和审批施工组织设计(施工方案)和采用新技术、新工艺、新设备时,制定相应的安全技术措施;负责提出改善劳动条件的项目和实施措施,并付诸实现;对职工进行安全技术教育;及时解决施工中的安全技术问题;参加重大伤亡事故的调查分析,提出技术鉴定意见和改进措施。

(4)项目经理。对本项目劳动保护和安全生产工作负第一责任。认真执行安全生产规章制度,不违章指挥;组织制定和实施本项目的安全技术措施;经常进行安全检查,消除事故隐患,制止违章作业;对各级安检部门提出的安全隐患积极组织整改;对现场职工进行安全技术和安全纪律教育;发生伤亡事故及时上报,并认真分析事故的原因,提出和实施改进措施。

(5)项目工长。对所管工程的安全生产负直接责任。组织实施安全技术措施,进行安全技术交底;对施工现场搭设的脚手架和机械设备等安全防护装置组织验收,合格后方能使用;不违章指挥;组织工人学习安全操作规程,教育工人不违章作业;认真消除事故隐患,发生工伤事故要立即上报,保护好现场,参加事故的调查与处理。

(6)项目技术负责人。对本项目安全技术负直接责任。协助项目经理贯彻执行安全生产规章制度;编制施工组织设计(施工方案)及安全技术措施,并负责组织实施与监督检查;负责向工长进行重大或关键部位的安全技术交底；组织职工学习安全技术操作规程；及时解决施工中的安全技术问题；参加工伤事故的调查分析，负责制定、改进安全技术措施。

(7)班组长(工段长)。贯彻执行企业和项目对安全生产的规定和要求，全面负责本班组(工段)的安全生产；组织职工学习并贯彻执行企业、项目各项安全生产规章制度和安全技术操作规程，教育职工遵纪守法，制止违章行为；组织并参加安全活动，坚持班前讲安全、班中检查安全、班后总结安全；负责对新工人(包括实习、代培人员)进行岗位安全教育；负责班组安全检查，发现不安全因素及时组织力量消除，并报告上级；发生事故立即报告，并组织抢救，保护好现场，做好详细记录；搞好生产设备、安全装备、消除设施、防护器材和急救器具的检查维护工作，使其经常保持完好和正常运行，督促教育职工合理使用劳动保护用品、用具，正确使用灭火器材。

(8)操作工人。认真学习和严格遵守各项规章制度，不违反劳动纪律，不违章作业，对本岗位的安全生产负直接责任；精心操作，严格执行施工工艺；做好各项记录，交接班必须交接安全情况；正确分析、判断和处理各种事故隐患，把事故消灭在萌芽状态；如发生事故，要正确处理，及时、如实地向上级报告，并保护现场，作好详细记录；按时认真进行巡回检查，发现异常情况及时处理和报告；正确操作、精心维护设备，保持作业环境整洁，搞好文明生产；上岗必须按规定着装，妥善保管和正确使用各种防护器具和灭火器材；积极参加各种安全活动；有权拒绝违章作业的指令，对他人违章作业加以劝阻和制止。

2. 部门安全生产责任制

(1)生产部门。合理组织生产；贯彻安全规章制度和施工组织设计(施工方案)；加强现场平面管理，建立安全生产、文明施工秩序。

(2)技术质量部门。严格按照国家有关安全技术规程、标准编制设计施工工艺等技术文件，提出相应的安全技术措施；编制安全技术规程；负责安全设备、仪器仪表等的技术鉴定和安全技术科研项目的研究工作。

(3)机械部门。对现场机电设备，必须配齐安全防护保险装置；加强机电设备、锅炉和压力容器的经常检查、维修、保养，确保安全运转；培训机械操作人员。

(4)材料部门。对实现安全技术措施所需材料，保障供应；对脚手架、安全网、安全带、安全帽等安全防护用品要定期检查，不合格的要报废更新。

(5)财务部门。要按照规定提供实现安全技术措施的经费，并督促其合理使用。

(6)教育部门。负责将教育纳入全员培训计划，组织职工的安全技术培训。

(7)劳动工资部门。配合安全部门做好新工人、调换岗位工人、特殊工种人员的培训、考核、发证工作；贯彻劳逸结合，严格控制加班加点；对因工伤残和患职业病的职工及时安排适合的工作。

(8)卫生部门。对职工进行定期健康检查；做好现场劳动卫生工作；监测有毒有害作业场所的尘毒浓度；提出职业病预防和改善卫生条件的措施。

(9)安全机构和专职安全人员。

1)贯彻执行安全生产工作条例及有关安全技术劳动保护法规；做好安全生产的宣传教育和管理工作，总结交流推广先进经验。

2)经常深入基层，指导下级安全技术人员的工作；掌握安全生产情况，调查研究生产中的不安全问题，提出改进意见和措施；组织安全活动和定期安全检查；参加审查施工组织设计(施工方案)和编制安全技术措施计划，并对贯彻执行情况进行督促检查。

3)与有关部门共同做好新工人、特殊工种工人的安全技术培训、考核、发证工作；进行工伤事故统计、分析和报告，参加工伤事故的调查和处理；制止违章指挥和违章作业，遇有严重险情有权暂停生产，并报告领导处理；对违反安全生产工作条例和有关安全技术劳动法规的行为，经说服劝阻无效时，有权越级上告。

(10)工会部门。

1)贯彻国家总工会有关安全卫生的方针、政策，并监督执行，对忽视安全生产和违反劳动保护的现象及时提出批评和建议，督促和配合有关部门及时改进。

2)监督劳动保护费用的使用情况，对有碍安全生产、危害职工安全健康和违反安全操作规程的行为有权抵制、纠正和控告。

3)做好安全生产宣传教育工作，教育职工自觉遵纪守法，执行安全生产各项规程、规定，支持行政部门对安全生产做出突出贡献的单位和个人给予表彰和奖励，对违反安全生产规定的单位和个人给予批评和惩罚。

4)参加企业有关安全生产规章制度制订；协助行政搞好班组安全建设。

5)会同有关部门认真开展安全生产合理化建议活动。

6)关心职工劳动条件的改善，保护职工在劳动中的安全与健康，组织从事有毒有害作业人员进行预防性健康检查和疗养。

7)发动和依靠广大职工群众有效地搞好安全生产；参加安全生产检查和对新装置、新工程的"三同时"监督，参加事故的调查处理。

8)工会是企业安全生产委员会的成员，工会也要把安全生产列入职工代表大会的议题。

二、项目安全生产责任制考核办法(范本)

1. 考核目的

考核项目管理人员安全生产责任制的执行情况，督促项目安全生产责任制的贯彻落实，激励项目安全管理机制的正常运行。

2. 考核对象

项目部各级管理人员，即项目经理、技术负责人、工长、安全员、质检员、材料员、消防保卫员、机械管理员、班组长等人员。

3. 考核办法

(1)采用评定表打分办法，应得分为100分，依据考核项目的完成情况和评分标准打分(详见考核评分表)。实得80分及其以上者为优良，70～80分为合格，70分以下为不合格。

(2)考核时间：每月月底进行一次考核。

(3)实行逐级考核，分公司接受总公司考核，项目部项目经理接受分公司考核，项目部由项目经理对项目所属管理人员进行考核。

4. 奖惩办法

(1)对实得分80分及其以上达优良标准者，给予100～200元奖励，并作为年终经济兑现、评选先进的重要依据之一。

(2)对实得分为70分以下的管理人员视其情节轻重，给予罚款100～200元、警告批评、以观后效或调离工作岗位等。

(3)安全生产责任制的考核奖惩均在月份工资中及时兑现。

5. 考核记录

项目各类管理人员安全生产责任制考核记录见表2-1～表2-10。

表 2-1　　项目管理人员安全生产责任制考核记录汇总表

单位名称：×× 建筑公司　　工程名称：××大厦　　考核日期：××年×月×日

序号	姓　名	职　务	考　核　结　果	奖　惩	备　注
1	×××	项目经理	优良	奖励	
2	×××	项目工长	优良	奖励	
3	×××	技术负责人	优良	奖励	
4	××	安全员	合格		
5	××	质检员	不合格	警告批评，以观后效	
6	××	保卫消防员	合格		
7	×××	材料员	优良	奖励	
8	××	机械管理员	优良	奖励	
9	××	班组长	优良	奖励	

填表人：×××　　审核人：××

表 2-2　　**项目经理安全生产责任制考核记录**

单位名称：××建筑公司　　工程名称：××大厦　　姓名：×××

考核日期：××年×月×日

序号	考核项目	扣　分　标　准	应得分	扣减分	实得分
1	贯彻安全生产制度、规程、规定	上级有关的安全生产规程、规定、制度未传达扣 15 分； 未及时传达扣 10 分	15 分	**0**	**15**
2	项目安全技术审查与贯彻	项目的安全技术措施未组织审查扣 5 分； 未呈报批准扣 4 分； 未负责贯彻实施扣 10 分	10 分	**0**	**10**
3	周安全制度活动落实	每周未计划、布置安全生产工作扣 5 分； 每周未检查扣 5 分； 每周未总结评比扣 5 分	15 分	**5**	**10**
4	周安全专业会议	每周无安全专业会议扣 10 分； 对检查出现的隐患未按“四定”原则解决扣 8 分； 未及时解决安全生产中存在的问题扣 15 分 未严格执行“管生产必须同时管安全”原则扣 15 分	15 分	**0**	**15**
5	三级教育周一教育	未进行职工“三级”教育扣 15 分； 未进行周一教育扣 5 分； 未进行职工思想教育扣 5 分； 奖惩未兑现扣 5 分	10 分	**0**	**10**
6	工伤事故处理	发生工伤事故未及时上报扣 10 分； 发生事故而未能保护好现场扣 5 分； 未能提出改进措施扣 10 分； 未对责任人提出处理意见扣 10 分	15 分	**0**	**15**
7	隐患整改	未能及时整改安检部门提出的问题扣 10 分； 安全生产不在受控状态扣 10 分； 不支持安全员工作扣 5 分	10 分	**0**	**10**
8	安全资料	安全资料未及时整理归档扣 10 分	10 分	**0**	**10**
考核项目合计			100 分	**5**	**95**
考核结果		**优良**	处理意见	**奖励**	
被考核人签字		×××	考核人签字	×××	

表 2-3　　项目工长安全生产责任制考核记录

单位名称：××建筑公司　　工程名称：××大厦　　姓名：×××

考核日期：××年×月×日

序号	考核项目	扣 分 标 准	应得分	扣减分	实得分
1	贯彻安全生产制度、规程、规定	上级有关的安全生产规程、规定、制度未落实扣 15 分； 落实不及时扣 5 分； 组织生产违章指挥扣 15 分	15 分	**0**	**15**
2	安全技术交底	未组织实施安全技术措施扣 10 分； 未向班组进行安全交底扣 10 分； 未监督小组实施扣 5 分	20 分	**0**	**20**
3	安全保护装置验收	施工现场搭设的脚手架、龙门架、安全网，安装的电气机械安全保护装置，对其中一项未进行验收扣 20 分； 验收不合格使用扣 20 分	20 分	**0**	**20**
4	违章处理	违章指挥扣 10 分； 不经常检查施工现场安全设施扣 5 分； 发现隐患不及时消除扣 10 分	15 分	**5**	**10**
5	周一教育周六检查班前安全教育	未坚持周一教育扣 5 分； 未进行周六检查扣 5 分； 未坚持新工人入厂教育扣 20 分； 未坚持班组班前安全教育扣 5 分	20 分	**0**	**20**
6	工伤事故处理	工伤事故未及时上报扣 10 分； 现场未能保护好扣 5 分	10 分	**0**	**10**
考核项目合计			100 分	**5**	**95**

考核结果	**优良**	处理意见	**奖励**
被考核人签字	××	考核人签字	××

表 2-4　　项目技术负责人(员)安全生产责任制考核记录

单位名称:××建筑公司　　工程名称:××大厦　　姓名:×××

考核日期:××年×月×日

序号	考核项目	扣分标准	应得分	扣减分	实得分
1	贯彻执行安全生产方针、规定、制度	未能协助项目经理贯彻安全生产方针扣 20 分; 对项目的安全技术未执行扣 20 分	20 分	**0**	**20**
2	编制方案与安全技术措施	未组织编制一般工程施工组织设计扣 10 分; 未向项目技术员、工长及有关人员进行书面安全技术交底扣 10 分; 未编制冬、雨期安全技术措施扣 10 分; 未组织实施扣 5 分; 未监督检查扣 5 分	20 分	**0**	**20**
3	安全规章制度学习	未能组织职工学习有关安全技术规程规章制度扣 5～20 分	20 分	**0**	**20**
4	事故调查分析	未参加事故调查分析扣 10 分; 未制定防范措施扣 20 分	20 分	**10**	**10**
5	劳动条件的改善	未组织有关人员研究机具设备,消除粉尘,噪声、改善劳动条件,扣 20 分	20 分	**0**	**20**
考核项目合计			100 分	**10**	**90**
考核结果		**优良**	处理意见	**奖励**	
被考核人签字		××	考核人签字	××	

表 2-5　　项目安全员安全生产责任制考核记录

单位名称：××建筑公司　　工程名称：××大厦　　姓名：×××

考核日期：××年×月×日

序号	考核项目	扣 分 标 准	应得分	扣减分	实得分
1	业务知识	经考试业务知识不合格扣 20 分； 不努力学习业务技术知识扣 10 分	20 分	**0**	**20**
2	贯彻执行安全生产规章制度	未认真贯彻安全生产政策、有关条例、各项规章制度扣 20 分	20 分	**0**	**20**
3	监督、指导、检查	未监督实施各项安全措施，未安全交底，扣 10 分； 未制止违章指挥和违章作业扣 10 分； 未指导检查班组班前、班后安全活动扣 10 分； 未及时总结、推广、交流安全生产经验扣 10 分	30 分	**10**	**20**
4	安全设施验收	未参加各种安全设施验收工作扣 15 分	15 分	**0**	**15**
5	事故处理	未参与事故调查扣 10 分； 未提出处理意见扣 15 分	15 分	**0**	**15**
考核项目合计			100 分	**10**	**90**
考核结果	**优良**	处理意见	**奖励**		
被考核人签字	×××	考核人签字	×××		

表 2-6 **项目质检员安全生产责任制考核记录**

单位名称：××建筑公司　　工程名称：××大厦　　姓名：×××

考核日期：××年×月×日

序号	考核项目	扣 分 标 准	应得分	扣减分	实得分
1	贯彻安全生产制度	未认真贯彻安全生产制度扣 20 分	20 分	**0**	**20**
2	监督验收	对基坑支护、模板工程未进行监督验收扣 10 分； 未对安全装置、现场设备进行验收扣 10 分	20 分	**0**	**20**
3	违章处理	未对违章作业、违章指挥进行制止扣 15 分	15 分	**0**	**15**
4	季节施工	未对冬、雨期施工措施进行审查扣 10 分； 未监督实施扣 10 分	20 分	**10**	**10**
5	“四新”应用	未对“四新”监督实施扣 10 分	10 分	**0**	**10**
6	事故处理	未参加安全事故分析、调查、处理扣 15 分	15 分	**0**	**15**
考核项目合计			100 分	**10**	**90**
考核结果		**优良**	处理意见	**奖励**	
被考核人签字		×××	考核人签字	×××	

表 2-7　　　　项目保卫消防员安全生产责任制考核记录

单位名称：××建筑公司　　　工程名称：××大厦　　　姓名：×××

考核日期：××年×月×日

序号	考核项目	扣 分 标 准	应得分	扣减分	实得分
1	执行安全保卫制度	未认真执行安全保卫工作制度扣 15 分	15 分	**0**	**15**
2	宣传教育	未协同有关部门做好法制、消防宣传工作扣 10 分； 未教育职工群众做好以“四防”为中心的安全防范工作扣 10 分	15 分	**0**	**15**
3	维护治安	工地出现打架、斗殴扣 5 分； 发生治安事故未协助侦破扣 10 分	15 分	**15**	**0**
4	消防学习	未组织消防法规和灭火知识学习扣 10 分	10 分	**0**	**10**
5	消防技能	不懂防火工作计划及灭火方案扣 15 分； 不懂消防器材的性能、使用与保养方法扣 15 分	15 分	**0**	**0**
6	火险处理	发现火险隐患未及时向有关部门提出整改意见扣 15 分	15 分	**0**	**0**
7	火灾扑救	发生火灾隐患未带领职工进行扑救并保护现场扣 10 分； 未协助有关部门调查起火原因扣 5 分	15 分	**0**	**0**
考核项目合计			100 分	**15**	**85**
考核结果		**优良**	处理意见	**奖励**	
被考核人签字		×××	考核人签字	×××	

表 2-8 项目材料员安全生产责任制考核记录

单位名称：××建筑公司 工程名称：××大厦 姓名：×××

考核日期：××年×月×日

序号	考核项目	扣 分 标 准	应得分	扣减分	实得分
1	材料供应	项目安全设施、材料未及时供应扣 20 分	20 分	**0**	**20**
2	建立供应商名录	未建立合格供应商名录扣 15 分	15 分	**0**	**15**
3	安全防护用品的保管	未对安全防护用品进行验收、取证、记录扣 20 分； 未做好验收状态标识扣 10 分； 未储藏保管好安全防护用品扣 10 分	20 分	**0**	**20**
4	材料堆放	未按平面布置图堆放材料扣 10 分	10 分	**10**	**0**
5	安全设施的检查试验	进入现场的脚手架、安全帽、安全网等安全设施和配件质量不合格扣 20 分； 未定期检查和试验扣 10 分； 对不合格和破损的未及时更换扣 10 分	20 分	**0**	**20**
6	施工工具	租用的周转工具不安全扣 15 分	15 分	**0**	**15**
考核项目合计			100 分	**10**	**90**
考核结果	**优良**	处理意见	**奖励**		
被考核人签字	×××	考核人签字	×××		

表 2-9　　　　项目机械管理员安全生产责任制考核记录

单位名称：××建筑公司　　工程名称：××大厦　　姓名：×××

考核日期：××年×月×日

序号	考核项目	扣　分　标　准	应得分	扣减分	实得分
1	管理制度	未认真落实公司有关机械管理制度扣 15 分； 未组织好机械施工扣 15 分	15 分	**0**	**15**
2	设备操作保养	未监督、指导操作人员正确操作和保养设备扣 15 分	15 分	**0**	**15**
3	机械检修	未正确判断机械故障并组织检修扣 15 分	15 分	**0**	**15**
4	设备验收	未组织进行设备基础、机位、机棚施工及验收扣 15 分	15 分	**0**	**15**
5	进出场验收	未组织设备进出场验收扣 10 分	10 分	**10**	**0**
6	设备隐患处理	未参与设备检查扣 5 分； 对查出的问题未纠正落实并反馈信息扣 10 分	15 分	**0**	**15**
7	机械资料	未填写、整理、保管各种机械资料扣 15 分	15 分	**0**	**15**
考核项目合计			100 分	**10**	**0**

考核结果	**优良**	处理意见	**奖励**
被考核人签字	×××	考核人签字	×××

表 2-10　　　　　　**项目班组长安全生产责任制考核记录**

单位名称：××建筑公司　　　工程名称：××大厦　　　姓名(工种)：×××

考核日期：××年×月×日

序号	考核项目	扣分标准	应得分	扣减分	实得分
1	学习与遵守规章制度、安全操作规程	未严格遵守、执行规章制度扣 10 分	10 分	**0**	**10**
2	安全交底	班前不开安全交底会扣 10 分； 安全交底不全面、不详细、不清楚扣 5 分； 违章作业、违章指挥扣 15 分	15 分	**0**	**15**
3	学习安全操作规程、安全制度	未经常组织学习安全规程、规章制度扣 5 分； 新工人入组未做“三级”教育扣 10 分； 未严禁违章指挥、违章作业扣 10 分	25 分	**0**	**25**
4	安全检查	班前未对所用用具、设备、防护用品及作业环境进行安全检查扣 5 分； 检查后发现问题未处理而继续作业扣 10 分	10 分	**0**	**10**
5	事故隐患	对现场安全隐患不解决扣 10 分； 不申报扣 5 分	10 分	**0**	**10**
6	工伤事故处理	对工伤事故不按规定处理扣 10 分； 工伤事故未组织分析原因吸取教训扣 20 分	20 分	**0**	**20**
7	奖惩制度	不积极推广改进安全技术经验扣 5 分； 未严厉制止坏人坏事，鼓励优秀扣 5 分	10 分	**10**	**0**
考核项目合计			100 分	**10**	**90**
考核结果	**优良**		处理意见	**奖励**	
被考核人签字	×××		考核人签字	×××	

第三节　特种作业人员管理

一、特种作业人员基本要求

特种作业人员主要包括电工、焊工、架子工、塔吊司机、起重工、信号工、外用电梯操作工、机械操作工、卫生急救员、安全技术资料员。

从事特种作业的人员，须经过规定部门的培训并须持证上岗。

(1)年满 18 周岁以上。从事爆破作业和煤矿井下瓦斯检验的人员的年龄不得低于 20 周岁。

(2)身体健康、无妨碍从事本工种作业的疾病和生理缺陷，若有下列疾病或生理缺陷者，则不能从事特种作业。

1)器质性心脏血管病。其风湿性心脏病、先天性心脏病(治愈者除外)、心肌病、心电图明显异常者。

2)血压超过 160/90mmHg(21.3/12.0kPa)，低于 86/55mmHg(11.5/7.5kPa)。

3)精神病、癫痫。

4)重症神经官能症及脑外伤后遗症。

5)晕厥(近一年有晕厥发作)。

6)血红蛋白男性低于 90g/L，女性低于 80g/L。

7)慢性骨髓炎。

8)肢体残废，肢体功能受限。

9)厂内机动车驾驶类，大型车：身高不足 155cm，小型车：身高不足 150cm。

10)耳全聋及发音不清者。厂内机动车驾驶听力不足 5m 者。

11)活性肺结核(包括肺外结核)。

12)色盲。

13)双眼裸眼视力低于 0.4，矫正视力不足 0.7 者。

14)支气管哮喘(反复发作)。

15)支气管扩张病(反复感染、咳血)。

(3)工作认真负责，身体健康，没有其他妨碍从事本作业的疾病和生理缺陷。

(4)具有本种作业所需的文化程度和安全、专业技术知识及实践经验。

二、特种作业人员岗位安全职责

(1)严格遵守有关的规章制度，遵守劳动纪律。

(2)努力学习本工种专业技术和安全操作技术，提高预防事故和职业危害的能力。

(3)正确使用、保管各种安全防护用具及劳动保护用品。

(4)积极采纳有利于安全作业的意见，对违章指挥作业者能及时予以指出，必要时向有关领导部门报告。

三、特种作业人员培训与复审

1. 特种作业人员培训

(1)从事特种作业的人员，必须接受安全教育和安全技术培训。

(2)培训方法主要有企事业单位自行培训，考核、发证部门或指定的单位培训。

(3)培训的时间和内容。根据国家(或部)颁发的特种作业《安全技术考核标准》和有关规定而定。培训内容主要以本工种的安全操作规程为主,同时学习国家颁发的有关劳动保护法规,以及本公司的有关安全生产的规章制度。

(4)专业(技工)学校的毕业生,已按国家(或部)颁发的特种作业《安全技术考核标准》和有关规定进行教学、考核的,可不再进行培训。

2. 特种作业人员复审

取得操作证的特种作业人员,必须定期接受复审。

(1)复审内容:复试本种作业的安全技术理论和实际操作;进行体格检查;对事故责任者进行检查。

(2)复审周期:除机动车驾驶人员按国家有关规定执行外,其他特种作业人员两年进行一次。

(3)复审由考核发证部门或其他指定的单位组织进行。

(4)复审不合格者,可在两个月内再进行一次复审,仍不合格者,收缴操作证。凡未经复审者,不得继续独立作业。

(5)在两个月的复审期间,做到安全无事故的特种作业人员,经所在单位审查,报经发证部门批准后可以免试,但不得连续免试。

(6)对于每次复审情况,负责复审的部门(单位)要在操作证上登记、签章。

四、特种作业人员持证上岗

特种作业人员持证上岗必须实行动态管理,应整理特种作业人员上岗证复印件,并对应编排序号,便于核实。特种作业人员名册登记表如表 2-11 所示。

表 2-11　　特种作业人员名册登记表

序号	姓　名	工　种	所　在　单　位	证　号	进场时间
1	×××	电工	××××	××××	××年×月×日
2	×××	焊工	××××	××××	××年×月×日
3	×××	架子工	××××	××××	××年×月×日
4	×××	塔吊司机	××××	××××	××年×月×日
5	×××	起重工	××××	××××	××年×月×日
6	×××	信号工	××××	××××	××年×月×日
7	×××	外用电梯操作工	××××	××××	××年×月×日
8	×××	机械操作工	××××	××××	××年×月×日
9	×××	卫生急救员	××××	××××	××年×月×日
10	×××	资料员安全技术	××××	××××	××年×月×日

填表人:×××

第四节 安全教育记录

一、安全教育的意义

安全是生产赖以正常进行的前提,安全教育又是安全管理工作的重要环节,是提高全员安全素质、安全管理水平和防止事故,从而实现安全生产的重要手段。

安全教育是提高全员安全素质,实现安全生产的基础。通过安全教育,提高企业各级生产管理人员和广大职工安全工作的责任感和自觉性,增强安全意识,掌握安全生产的科学知识,不断提高安全管理水平和安全操作技术水平,增强自我防护能力。

二、安全教育的内容

1. 安全思想教育

安全思想教育主要包括安全生产思想教育与劳动纪律教育两种。

(1)安全生产思想教育。安全生产思想教育是为提高各级领导和全体员工对安全生产重要意义的认识,使员工正确理解国家的方针、规范、严格执行法律法规及各项制度。

(2)劳动纪律教育。其主要是使广大职工懂得严格执行劳动纪律对实现安全生产的重要性,企业的劳动纪律是劳动者进行共同劳动时必须遵守的法则和程序。反对违章指挥,反对违章作业,严格执行安全操作规程,遵守劳动纪律是贯彻安全生产方针,减少伤害事故、实现安全生产重要保证。

2. 安全知识教育

每年按规定学时对职工进行培训。安全基本知识教育的主要内容有企业的生产经营概况,施工生产流程,主要施工方法,施工生产危险区域及其安全防护的基本知识和注意事项,机械设备场内运输知识,电气设备(动力照明)、高处作业、有毒有害原材料等安全防护基本知识,以及消防器件的使用和个人防护器具的使用知识等。

3. 安全技能教育

安全技能教育,就是结合各工种专业特点,实现安全操作、安全防护所须具备的基本技能知识要求。每个员工都要熟悉本工种、本岗位专业安全技能和知识。国家规定,建筑业从事登高架设、起重、焊接、电气、爆破、压力容器、锅炉等特种作业的人员必须接受专门的安全技能培训,经考试合格持证上岗。

4. 法制教育

法制教育就是要采取各种教育形式,对员工进行安全生产法律法规、行政法规和规章制度方面的教育,提高全体员工学法、知法、懂法、守法的自觉性,以达到安全生产的目的。

三、安全教育记录资料

1. 安全教育培训规定

(1)建筑企业职工每年必须接受一次专门的安全培训。

1)企业法定代表人、项目经理每年接受安全培训的时间不得小于30学时。

2)企业专职安全管理人员除按照建教[1991]522号文《建筑企事业单位关键岗位持证上岗管理规定》的要求,取得岗位合格证书并持证上岗外,每年还必须接受安全专业技术业务培训,时间不得少于 40 学时。

3)企业其他管理人员和技术人员每年接受安全培训的时间不得少于 20 学时。

4)企业特殊工种(包括电工、焊工、架子工、司炉工、爆破工、机械操作工、起重工、塔吊司机及指挥人员、人货两用电梯司机等)在通过专业技术培训并取得岗位操作证后,每年仍须接受有针对性安全培训,时间不得少于 20 学时。

5)企业其他职工每年接受安全培训的时间不得少于 15 学时。

6)企业待岗、转岗、换岗的职工,在重新上岗前,必须接受一次安全培训,时间不得少于 20 学时。

(2)建筑企业新进场的工人,必须接受公司、项目(或区、工程处、施工队,下同)、班组的三级安全培训教育,经考核合格后,方能上岗。

1)公司安全培训的主要内容是:国家、省市及有关部门制定的安全生产的方针、政策、法规、标准、规程和企业的安全规章制度等。教育的时间不得少于 15 学时。

2)项目安全培训教育的主要内容:工地安全制度、文明工地标准、施工现场环境、工程施工特点及可能存在的不安全因素。教育的时间不得少于 15 学时。

3)班组安全培训教育的主要内容:本工种的安全操作规程、事故案例剖析、劳动纪律和岗位讲评等。教育的时间不得少于 20 学时。

2. 安全教育培训制度

(1)广泛开展安全生产教育,特别要加强施工高峰、雨期、署季、夜间施工和节假日前后的安全生产教育和“安全在我心中”的教育。

(2)凡新工人、民工、临时参加劳动的人员进场时,必须接受三级安全教育,方能上岗。

(3)项目部每旬进行一次安全知识教育,班组每周开一次安全活动例会,并做到班组天天有安全活动,同时做好活动记录,经理部每月检查一次。

(4)在采用新工艺、新设备、新材料或新工人调换新的工作岗位,必须进行新操作方法和新岗位教育。

(5)凡是自然条件变化,大风、大雪、暴雪、冰冻或雪雨期时,要抓好气候性安全教育。

(6)项目部每月不少于两次安全生产会议,进行安全工作分配,制定防范措施,杜绝各类事故的发生。

(7)凡是特殊工作人员,必须经过培训、考核、取得劳动部门颁发操作证,方准独立操作。

3. 安全教育记录台账

安全教育记录台账见表 2-12。

表 2-12　　安全教育记录台账

教育类别:三级安全教育(变换工种教育或其他教育)

姓名	性别	出生年月	工种	文化程度	家庭住址	入厂时间	受教育时间	教育内容	考核结果
×××	男	××年××月	电工	中专	×××	××年××月	××年××月	××	合格
×××	男	××年××月	爆工	高中	×××	××年××月	××年××月	××	合格
×××	男	××年××月	起重工	高中	×××	××年××月	××年××月	××	合格
×××	男	××年××月	司炉工	大专	×××	××年××月	××年××月	××	合格
×××	男	××年××月	爆破工	大工	×××	××年××月	××年××月	××	合格

4. 职工三级安全教育记录卡

职工三级安全教育记录卡见表 2-13。

表 2-13　　　　　　　　　　职工三级安全教育记录卡

姓名：×××　　　　　　　　　　出生年月：××年×月×日　　　　　文化程度：

部门：项目部　　　　　　　　　工　　种：××工　　　　　　　　入场日期：××年×月×日

家庭地址：××市××区××街××号　　　　　　　　　　　　　　　编　　号：×××

<table>
<tr><th colspan="2">三级安全教育内容</th><th>教育人</th><th>受教育人</th></tr>
<tr><td rowspan="2">公司教育</td><td rowspan="2">进行安全基本知识、法规、法制教育，主要内容是：
(1)国家的安全生产方针、政策。
(2)相关的安全生产法规、标准和法制观念。
(3)本单位施工过程及安全生产制度、安全纪律。
(4)本单位安全生产形势及历史上发生的重大事故及应吸取的教训。
(5)发生事故后如何抢救伤员、排险、保护现场和及时进行报告。</td><td>签名：
×××</td><td>签名：
×××</td></tr>
<tr><td colspan="2">××年×月×日</td></tr>
<tr><td rowspan="2">工程处(队、项目)教育</td><td rowspan="2">进行现场规章制度和遵章守纪教育，主要内容是：
(1)本单位施工特点及施工安全基本知识。
(2)本单位(包括施工、生产现场)安全生产制度、规定及安全注意事项。
(3)本工种安全技术操作规程。
(4)高处作业、机械设备、电气安全基础知识。
(5)防火、防毒、防尘、防爆知识及紧急情况安全处置和安全疏散知识。
(6)防护用品发放标准及使用基本知识。</td><td>签名：
×××</td><td>签名：
×××</td></tr>
<tr><td colspan="2">××年×月×日</td></tr>
<tr><td rowspan="2">班组教育</td><td rowspan="2">进行本工种安全操作规程及班组安全制度、纪律教育，主要内容是：
(1)本班组作业特点及安全操作规程。
(2)班组安全活动制度及纪律。
(3)爱护和正确使用安全防护装置(设施)及个人劳动防护用品。
(4)本岗位易发生事故的不安全因素及防范对策。
(5)本岗位作业环境及使用的机械设备、工具的安全要求。</td><td>签名：
×××</td><td>签名：
×××</td></tr>
<tr><td colspan="2">××年×月×日</td></tr>
</table>

5. 安全教育记录

安全教育记录见表 2-14。

表 2-14　　　　　　　　安全教育记录

教育类别:公司级教育(三级安全教育或其他教育)　　　　　　××年×月×日

主讲单位(部门)		主讲人	×××
受教育工种(部门)	电工	人　数	××
教育内容: 记录教育过程中的全部具体内容。 通常有以下内容:国家、省市及有关部门制订的安全生产方针、政策、法规和企业的安全规章制度等。 比如:《建筑法》有关"安全生产管理"部分。 《建筑施工安全检查标准》(JGJ 59—1999)。 企业安全生产教育制度。 记录人:××			
受教育者(签名):×××			

6. 变换工种安全教育记录

变换工种安全教育记录见表2-15。

表2-15 变换工种安全教育记录

<table>
<tr><td>原工种</td><td>混凝土</td><td>变换工种</td><td>钢筋</td><td>人数</td><td>3</td></tr>
<tr><td colspan="6">安全教育内容：
变换工种到钢筋班组后，首先应学习钢筋班组的各种操作技能，熟悉钢筋加工的各种机械的使用性能和安全操作规程。做到遵守各项制度，掌握安全知识。
在使用各种机械前，首先检查机械各部件是否完好、灵活、可靠，试运转无问题后才能操作使用，在操作中应注意以下事项：
(1)使用切断机时手不能距刀口太近，机械运转中严禁用手直接清理刀口附近的短料和杂物。短料不得用手直接送料。
(2)弯曲机在操作时有专人负责。有两人配合，一人扶料，并站在钢筋弯曲方向的外面，互相配合，不得拖拉；调头弯曲防止碰撞人和物，更换插头和加油清理时，必须停机后进行。
(3)调直机等机械上不准放物件，以防机械振动落入机体内。钢筋装入压滚，手与滚筒应保持一定距离，机械运转中不得调整滚筒，严禁戴手套操作。认真做到定期检查、维护、保养，按时加换润滑油脂，经常清理周围环境，成品半成品堆放整齐，设备不得带病运转。严禁违章作业，电气设备不得随便拆除和安装。</td></tr>
<tr><td>教育人签名</td><td colspan="2">×××</td><td colspan="2" rowspan="2">受教育者
签　名</td><td rowspan="2">×××
×××
×××</td></tr>
<tr><td>教育时间</td><td colspan="2">××年×月×日</td></tr>
</table>

注：特种作业人员变换工种须经市级有关部门重新培训考核发证。

7. 周一安全教育记录

周一安全教育记录见表 2-16。

表 2-16　　　　周一安全教育记录

工程名称：××大厦　　　　施工单位：××建筑公司

××年×月×日	星期三	天气：晴
本周注意事项： (1)外沿抹灰操作者上架子前要检查自己操作面的架体是否牢固，搭设是否合理，架板铺设是否严密，有没有探头板，板是否有断裂等，如发现不安全因素，立即通知现场管理人员及时整改，整改后达到安全标准方可进行操作。 (2)室内抹灰工、油漆工等凡高处作业的人员每次上班前都要认真检查自己操作面是否安全，如发现不安全因素，整改完后方可进行操作。 (3)垂直运输机操作人员每天要认真检查各安全装置、部件是否可靠，必须每天试车检查后方可作业，杜绝带病运转。 (4)塔吊司机、挂钩操作者要精力集中，相互配合，指挥人员要精力集中，信号准确、判断准确，不能出现失误。 主讲人：××× 记录人：×××		

8. 建筑企业职工安全教育档案

建 筑 企 业
职 工 安 全 教 育 档 案

施 工 单 位：××建筑公司

工 程 名 称：××大厦

日　　　期：××年×月×日

资料员（章）：××

企 业 名 称：××建筑公司

姓名：×××　性别：男　出生年月　××年×月×日

文化程度：大专　入厂时间：××年×月×日

工种（岗位）：司炉工

籍　　　贯：××市××区××街××号

现家庭住址：××市××区××街××号

身　份　证：××××××××××××××

教 育 类 别：安全教育

记　录　人：×××　××年×月×日

第五节　安全检查

一、安全检查的内容

(1)查思想。主要检查企业的领导和职工对安全生产工作的认识。

(2)查管理。主要检查工程的安全生产管理是否有效。其主要内容包括:安全生产责任制,安全技术措施计划,安全组织机构,安全保证措施,安全技术交底,安全教育,持证上岗,安全设施,安全标识,操作规程,违规行为,安全记录等。

(3)查隐患。主要检查作业现场是否符合安全生产、文明生产的要求。

(4)查事故处理。对安全事故的处理应达到查明事故原因、明确责任并对责任者进行处理、明确和落实整改措施等要求,还应检查对伤亡事故是否及时报告、认真调查、严肃处理。

二、安全检查资料

1. 定期安全检查制度

企业单位对生产中的安全工作,除进行经常检查外,每年还应该定期地进行二至四次群众性的检查,主要包括以下几种检查:

(1)定期检查。公司每季一次,分公司每月一次,项目每周六均应进行安全检查;班组长、班组兼职安全员班前对施工现场、作业场所、工具设备进行检查,班中验证考核,发现问题立即整改。

(2)专业性检查。专业性检查可以突出专业的特点,如施工用电、机械设备等组织的专业性专项检查。

(3)季节性检查。季节性检查可以突出季节性的特点,如雨期安全检查,应以防漏电、防触电、防雷击、防坍塌、防倾倒为重点;冬期安全检查应以防火灾、防触电、防煤气中毒为重点。

企业单位安全生产检查由生产管理部门总负责,企业安全管理部门具体实施,上述几种检查可以结合进行。

安全生产检查应该始终贯彻领导与群众相结合的原则,边检查、边改进,并且及时总结和推广先进经验,抓好典型。

对查出的隐患不能立即整改的,要建立登记、整改、检查、销项制度。要制定整改计划,定人、定措施、定经费、定完成日期。在隐患没有消除前,必须采取可靠的防护措施,如有危及人身安全的险情,应立即停止作业。

2. 安全检查记录

安全检查记录见表 2-17。

表 2-17　　安全检查记录

施工单位:××建筑公司　　日期:××年×月×日

建设单位	×××集团公司	工程名称	××大厦
检查情况记录: **经检查:(1)总配电箱到搅拌站电缆线路埋地深 0.7m。** **(2)搅拌机配电箱内配置齐全,达到安全要求。** **(3)总配电箱到钢筋加工厂线路埋地深 0.7m。** **(4)钢筋加工厂各配电箱符合要求,可以安全有效使用。** **(5)食堂配电箱配置齐全,安全有效。** **(6)在现场发现 3 名工人未戴安全帽**			

接受单位负责人:　　检查人:

3. 事故隐患整改通知单和复查单

事故隐患整改通知单和复查单分别见表 2-18 和表 2-19。

表 2-18　　　　　　　　　　事故隐患整改通知单

工程名称:××大厦　　　　　　　　　　　　　　　　　　　　编号:×××

<table>
<tr><td colspan="2">检查日期</td><td colspan="2">××年×月×日(星期×)</td><td colspan="2">检查部位、项目内容</td></tr>
<tr><td colspan="2">检查人员签名</td><td colspan="2">×××</td><td colspan="2">现场临电、工人佩戴安全帽情况</td></tr>
<tr><td colspan="2">检查发现的违章、事故隐患实况记录</td><td colspan="4">施工现场发现 2 名工人未戴安全帽</td></tr>
<tr><td rowspan="2">整改通知</td><td rowspan="2">对重大事故隐患列项实行“三定”的整改方案</td><td>整改措施</td><td>完成整改的最后日期</td><td>整改责任人</td><td>复查日期</td></tr>
<tr><td>(1)加强职工安全教育,制定相应的奖罚措施。
(2)要求并检查全体人员进入施工现场必须正确佩戴安全帽。</td><td>××年×月×日
(当日)</td><td></td><td>××年×月×日</td></tr>
<tr><td colspan="2" rowspan="3">整改复查记录</td><td colspan="4">项目负责人签名:××　　安全员签名:××　　整改负责人签名:×××</td></tr>
<tr><td>整改记录</td><td>遗留问题的处理</td><td colspan="2" rowspan="2">整改责任人:
复查责任人:
安全生产责任人:

××年×月×日</td></tr>
<tr><td>已按整改措施落实</td><td>无</td></tr>
</table>

表 2-19　　**事故隐患整改复查单**

施工单位：××建筑公司　　日期：××年×月×日

建设单位	×××集团公司	工程名称	××大厦
检查情况记录： **经检查** **(1)施工现场的冬期安全防护及防火措施已按冬期方案要求落实。** **(2)脚手架拆除的准备工作按安全技术要求进行。** **(3)主楼地下室抹灰按安全技术规范要求使用 36V 安全电压，通风良好，未发现违章。** **(4)经抽检施工现场人员佩戴的安全帽、安全带均符合规范要求，未发现违章使用。**			

接受单位负责人：×××　　检查人：××

三、施工项目安全验收

施工项目安全验收是安全检查的一种基本形式，对于施工项目的各项安全技术措施和施工现场新搭设的脚手架、井字架、门式架、爬架等架体、塔吊，以及其他大中小型机械设备、临电线路及电气设施，在使用前要经过详细的安全检查，发现问题及时纠正，确认合格后进行验收签字，并由工长进行使用安全技术交底后，方准使用。

(一)安全技术方案验收

(1)施工项目的安全技术方案的实施情况由项目总工程师牵头组织验收。

(2)交叉作业施工的安全技术措施的实施由区域责任工程师组织验收。

(3)分部分项工程安全技术措施的实施由专业责任工程师组织验收。

(4)一次验收严重不合格的安全技术措施应重新组织验收。

(5)项目安全总监要参与以上验收活动，并提出自己的具体意见或见解，对需重新组织验收的项目要督促有关人员尽快整改。

(二)设施与设备验收

1. 验收的项目

(1)一般防护设施和中小型机械。

(2)脚手架。

(3)高大外脚手架、满堂脚手架。

(4)吊篮架、挑架、外挂脚手架、卸料平台。

(5)整体式提升架。

(6)高 20m 以上的物料提升架。

(7)施工用电梯。

(8)塔吊。

(9)临电设施。

(10)钢结构吊装吊索具等配套防护设施。

(11)$30m^3/h$ 以上的搅拌站。

(12)其他大型防护设施。

2. 验收的程序

(1)一般防护设施和中小型机械设备由项目经理部专业责任工程师会同分包有关责任人共同进行验收。

(2)整体防护设施以及重点防护设施由项目总(主任)工程师组织区域责任工程师、专业责任工程师及有关人员进行验收。

(3)区域内的单位工程防护设施及重点防护设施由区域工程师组织专业责任工程师、分包商施工、技术负责人、工长进行验收，项目经理部安全总监及相关分包安全员参加验收，其验收资料分专业归档。

(4)高度超过 20m 以上的高大架子等防护设施、临电设施、大型设备施工项目在自检自验基础上报请公司安全主管部门进行验收。

3. 验收的内容

(1)对于一般脚手架的验收(20m 及其以下井字架、门式架)。按照验收表格的验收项目、内容、标准进行详细检查，确无危险隐患，达到搭设图要求和规范要求，检查组成员正式签字验收。

(2)20m以上架体(包括爬架)的验收。按照检查表所列项目、内容、标准进行详细检查进行空载运行，检查无误后，进行满载升降运行试验，检查无误，最后进行超载15%～25%和升降运行试验。实验中认真观察安全装置的灵敏状况，试验后，对揽风绳锚桩、起重绳、天滑轮、定向滑轮、转向滑轮、金属结构、卷扬机等进行全面检查，确无损坏且运行正常，检查组成员共同签字验收通过。

(3)塔吊等大中小型机械设备的验收。按照检查表所列项目、内容、标准进行详细检查。进行空载试验，验证无误，进行满负荷动载试验；再次全面检查无误，将夹轨夹牢后，进行超载15%～25%的动载运行试验。试验中，派专人观察安全装置是否灵敏可靠，对轨道机身吊杆起重绳、卡扣、滑轮等详细检查，确无损坏，运行正常，检查组成员共同签字验收通过。

(4)对于临电线路及电气设施的验收。按照临电验收所列项目、内容、标准进行详细检查。针对施工方案中的明确设置、方式、路线等进行检查。确认无误后，由检查组成员共同签字验收通过。

4. 各种验收单

(1)普通架子验收单(表2-20)。

表2-20　　普通架子验收单

项目名称：　　　　搭设部位：

验收项目	验收评定	验收项目	验收评定
地　基		拉　结	
垫　板		脚手架铺板及挡脚板	
材　质		护身栏杆	
扫地杆		剪刀撑	
立　杆		立网及兜网搭设	
大横杆		管理措施及交底	
小横杆			
搭设单位自检： 验收日期：　年　月　日			
搭设负责人		安全员	
项目自检： 验收日期：　年　月　日			
方案制定人		责任师	
安全总监		技术负责人	

(2)高大架子验收单(表 2-21)。

表 2-21 高大架子验收单

项目名称： 搭设部位：

<table>
<tr><td colspan="2">搭设单位</td><td></td><td colspan="2">架子高度</td><td></td></tr>
<tr><td colspan="2">验收项目</td><td>验收评定</td><td colspan="2">验收项目</td><td>验收评定</td></tr>
<tr><td rowspan="2">管理</td><td>施工方案</td><td></td><td rowspan="5">作业面防护</td><td>防护栏杆</td><td></td></tr>
<tr><td>施工交底</td><td></td><td>脚手板</td><td></td></tr>
<tr><td rowspan="3">材质</td><td>钢管</td><td></td><td>挡脚板</td><td></td></tr>
<tr><td>扣件</td><td></td><td>立网</td><td></td></tr>
<tr><td>跳板</td><td></td><td>兜网</td><td></td></tr>
<tr><td rowspan="4">杆件间距</td><td>立杆</td><td></td><td rowspan="4">架体稳固</td><td>基础</td><td></td></tr>
<tr><td>大横杆</td><td></td><td>拉结</td><td></td></tr>
<tr><td>小横杆</td><td></td><td>卸荷措施</td><td></td></tr>
<tr><td>剪刀撑</td><td></td><td></td><td></td></tr>
<tr><td colspan="6">搭设单位自检：

验收日期： 年 月 日</td></tr>
<tr><td colspan="2">搭设负责人</td><td></td><td colspan="2">安全员</td><td></td></tr>
<tr><td colspan="6">项目自检：

验收日期： 年 月 日</td></tr>
<tr><td colspan="2">方案制定人</td><td></td><td colspan="2">责任师</td><td></td></tr>
<tr><td colspan="2">安全总监</td><td></td><td colspan="2">技术负责人</td><td></td></tr>
<tr><td colspan="6">公司验收：

验收负责人： 验收日期： 年 月 日</td></tr>
</table>

(3)挂架验收单(表 2-22)。

表 2-22　　　　　　　　　　　　**挂架验收单**

项目名称：　　　　　　　　　　搭设部位：

<table>
<tr><td colspan="6">搭设安装单位：</td></tr>
<tr><td colspan="2">验收项目</td><td>验收评定</td><td colspan="2">验收项目</td><td>验收评定</td></tr>
<tr><td rowspan="2">管理</td><td>方案</td><td></td><td rowspan="4">架体防护</td><td>立网</td><td></td></tr>
<tr><td>交底</td><td></td><td>兜网</td><td></td></tr>
<tr><td rowspan="2">架体</td><td>材质</td><td></td><td>脚手板</td><td></td></tr>
<tr><td>规格</td><td></td><td>防护栏杆</td><td></td></tr>
<tr><td rowspan="3">挂件</td><td>材质</td><td></td><td rowspan="2">荷载</td><td>设计荷载/(N/m^2)</td><td></td></tr>
<tr><td>规格</td><td></td><td>荷载试验/(N/m^2)</td><td></td></tr>
<tr><td>间距</td><td></td><td colspan="2"></td><td></td></tr>
<tr><td></td><td>防脱措施</td><td></td><td colspan="2"></td><td></td></tr>
<tr><td colspan="6">搭设单位自检：

验收日期：　年　月　日</td></tr>
<tr><td colspan="2">搭设负责人</td><td></td><td colspan="2">安全员</td><td></td></tr>
<tr><td colspan="6">项目自检：

验收日期：　年　月　日</td></tr>
<tr><td colspan="2">方案制定人</td><td></td><td colspan="2">责任师</td><td></td></tr>
<tr><td colspan="2">安全总监</td><td></td><td colspan="2">技术负责人</td><td></td></tr>
<tr><td colspan="6">公司验收：

验收负责人：　　　　　　　　　　验收日期：　年　月　日</td></tr>
</table>

(4)悬挑式脚手架验收单(表 2-23)。

表 2-23　　悬挑式脚手架验收单

项目名称：　　　　搭设部位：

<table>
<tr><td colspan="6">搭设安装单位：</td></tr>
<tr><td colspan="2">验收项目</td><td>验收评定</td><td colspan="2">验收项目</td><td>验收评定</td></tr>
<tr><td rowspan="2">管理</td><td>施工方案</td><td></td><td rowspan="5">作业面防护</td><td>防护栏杆</td><td></td></tr>
<tr><td>施工交底</td><td></td><td>脚手板</td><td></td></tr>
<tr><td rowspan="3">材质</td><td>钢管</td><td></td><td>挡脚板</td><td></td></tr>
<tr><td>扣件</td><td></td><td>立网</td><td></td></tr>
<tr><td>跳板</td><td></td><td>兜网</td><td></td></tr>
<tr><td rowspan="3">杆件间距</td><td>外挑杆</td><td></td><td rowspan="2">荷载</td><td>设计荷载/(N/m²)</td><td></td></tr>
<tr><td>立杆</td><td></td><td>荷载试验/(N/m²)</td><td></td></tr>
<tr><td>横杆</td><td></td><td colspan="2">拉结</td><td></td></tr>
<tr><td colspan="6">搭设单位自检：

验收日期：　年　月　日</td></tr>
<tr><td colspan="2">搭设负责人</td><td></td><td colspan="2">安全员</td><td></td></tr>
<tr><td colspan="6">项目自检：

验收日期：　年　月　日</td></tr>
<tr><td colspan="2">方案制定人</td><td></td><td colspan="2">责任师</td><td></td></tr>
<tr><td colspan="2">安全总监</td><td></td><td colspan="2">技术负责人</td><td></td></tr>
<tr><td colspan="6">公司验收：

验收负责人：　　　　验收日期：　年　月　日</td></tr>
</table>

(5)附着式脚手架(整体爬架)验收单(表 2-24)。

表 2-24　　附着式脚手架(整体爬架)验收单

项目名称：　　　　搭设部位：

<table>
<tr><td colspan="3">出租单位：</td><td colspan="3">搭设安装单位：</td></tr>
<tr><td colspan="2">验收项目</td><td>验收评定</td><td colspan="2">验收项目</td><td>验收评定</td></tr>
<tr><td rowspan="2">施工管理</td><td>方案</td><td></td><td rowspan="2">架体</td><td>材质</td><td></td></tr>
<tr><td>交底</td><td></td><td>架体构造</td><td></td></tr>
<tr><td rowspan="5">安全装置</td><td>附着支撑</td><td></td><td rowspan="4">架体防护</td><td>脚手板</td><td></td></tr>
<tr><td>升降装置</td><td></td><td>防护栏杆</td><td></td></tr>
<tr><td>防坠落装置</td><td></td><td>立网</td><td></td></tr>
<tr><td>导向防倾斜装置</td><td></td><td>兜网</td><td></td></tr>
<tr><td>提升保险装置</td><td></td><td rowspan="2">荷载</td><td>设计荷载/(N/m^2)</td><td></td></tr>
<tr><td colspan="2">出租及搭设资质</td><td></td><td>荷载试验/(N/m^2)</td><td></td></tr>
<tr><td colspan="6">搭设安装单位自检：

验收日期：　年　月　日</td></tr>
<tr><td colspan="2">搭设负责人</td><td></td><td colspan="2">安全员</td><td></td></tr>
<tr><td colspan="6">项目自检：

验收日期：　年　月　日</td></tr>
<tr><td colspan="2">方案制定人</td><td></td><td colspan="2">责任师</td><td></td></tr>
<tr><td colspan="2">安全总监</td><td></td><td colspan="2">技术负责人</td><td></td></tr>
<tr><td colspan="6">公司验收：

验收负责人：　　　　验收日期：　年　月　日</td></tr>
</table>

(6)吊篮架子验收单(表 2-25)。

表 2-25　　　　　　　　　　　　吊篮架子验收单

项目名称：　　　　　　　　　　搭设部位：

<table>
<tr><td colspan="6">搭设安装单位：</td></tr>
<tr><td colspan="2">验收项目</td><td>验收评定</td><td colspan="2">验收项目</td><td>验收评定</td></tr>
<tr><td rowspan="2">管理</td><td>施工方案</td><td></td><td rowspan="2">钢丝绳</td><td>承重绳规格</td><td></td></tr>
<tr><td>施工交底</td><td></td><td>保险绳规格</td><td></td></tr>
<tr><td rowspan="3">材质</td><td>挑梁</td><td></td><td rowspan="3">升降葫芦</td><td>单个起重量</td><td></td></tr>
<tr><td>钢管</td><td></td><td>保险卡</td><td></td></tr>
<tr><td>跳板</td><td></td><td>吊钩保险</td><td></td></tr>
<tr><td rowspan="2">挑梁</td><td>规格</td><td></td><td rowspan="6">作业面防护</td><td>防护栏杆</td><td></td></tr>
<tr><td>固定措施</td><td></td><td>脚手板</td><td></td></tr>
<tr><td rowspan="2">载荷</td><td>设计荷载/(N/m²)</td><td></td><td>挡脚板</td><td></td></tr>
<tr><td>荷载试验/(N/m²)</td><td></td><td>立网</td><td></td></tr>
<tr><td colspan="2" rowspan="3">吊篮规格/m
长×宽×高</td><td></td><td>兜网</td><td></td></tr>
<tr><td></td><td></td><td></td></tr>
<tr><td></td><td colspan="2">里皮与墙间距</td><td></td></tr>
<tr><td colspan="6">搭设单位自检：

验收日期：　　年　　月　　日</td></tr>
<tr><td colspan="2">搭设负责人</td><td></td><td colspan="2">安全员</td><td></td></tr>
<tr><td colspan="6">项目自检：

验收日期：　　年　　月　　日</td></tr>
<tr><td colspan="2">方案制定人</td><td></td><td colspan="2">责任师</td><td></td></tr>
<tr><td colspan="2">安全总监</td><td></td><td colspan="2">技术负责人</td><td></td></tr>
<tr><td colspan="6">公司验收：

验收负责人：　　　　　　验收日期：　　年　　月　　日</td></tr>
</table>

(7)提升式脚手架验收单(表 2-26)。

表 2-26　　　　　　　　提升式脚手架验收单

项目名称：			架体总高/mm		
验收项目		验收评定	验收项目		验收评定
管理	施工方案		吊盘	两侧防护	
	施工交底			导靴间隙	
基础	基础做法		安全装置	吊盘停靠装置	
	水平偏差			超高限位	
架体	标准节连接		防护门	信号装置	
	垂直度			限重标志	
	缆风和拉结			进料门	
	自由高度			出料门	
				吊盘防护门	
卷扬机	锚固		首层防护	护头棚	
	与地滑轮距离			周边围护	
	机棚			其他	
	钢丝绳过路保护				
钢丝绳	钢丝绳				
出租(安装)单位签字： 年　月　日					
项目验收	机械主管： 年　月　日				
	安全总监： 年　月　日				
公司验收： (20m 以上高架) 验收负责人：　年　月　日					

(8)施工现场临电验收单(表 2-27)。

表 2-27　　施工现场临电验收单

<table>
<tr><td>单位名称</td><td></td><td>工程名称</td><td></td></tr>
<tr><td colspan="4">临时用电时间:自　　年　　月　　日　至　　年　　月　　日</td></tr>
<tr><td>项目</td><td>检查情况</td><td>项目</td><td>检查情况</td></tr>
<tr><td>临时用电
施工组织设计</td><td></td><td>临时用电
责任师</td><td></td></tr>
<tr><td>变配电设施</td><td></td><td>外电防护</td><td></td></tr>
<tr><td>三相五线制
配电线路</td><td></td><td>三级配电
两级保护</td><td></td></tr>
<tr><td>配电箱</td><td></td><td>接地</td><td></td></tr>
<tr><td>闸箱配电盘、
闸具</td><td></td><td>室内外照明
线路及灯具</td><td></td></tr>
<tr><td colspan="4">项目自检:

验收时间:　　年　　月　　日</td></tr>
<tr><td>方案制定人签字</td><td></td><td>安全总监</td><td></td></tr>
<tr><td>临时用电
责任师签字</td><td></td><td colspan="2"></td></tr>
<tr><td colspan="4">公司验收:

验收负责人:　　　　验收日期:　　年　　月　　日</td></tr>
</table>

(9)设备验收会签单(表 2-28)。

表 2-28　　设备验收会签单

项目名称		设备名称		
验收阶段		设备编号		
会签单位	会签人员	会签意见		签字
设备出租方	技术负责人			
安装单位	安装负责人			
	安全监理			
项目经理部	技术负责人			
	现场经理			
	安全总监			
公司总部	项目管理部			
	安全监督部			
备注				
验收日期				

注：1. 本会签表适用于塔吊、施工用电梯验收。

2. 表中验收阶段填写基础阶段、设备安装、顶升附着三个阶段。

3. 单项技术验收表验收合格后，有关各方进行会签。

(10)中小型机械验收单(表 2-29)。

表 2-29　　中小型机械验收单

项目名称：

<table>
<tr><td>机械名称</td><td></td><td>使用单位</td><td></td><td>设备编号</td><td></td></tr>
<tr><td colspan="2">验收项目</td><td>验收评定</td><td colspan="2">验收项目</td><td>验收评定</td></tr>
<tr><td rowspan="3">状　况</td><td>机架、机座</td><td></td><td rowspan="5">电源部分</td><td>开关箱</td><td></td></tr>
<tr><td>动力、传动部分</td><td></td><td>一次线长度</td><td></td></tr>
<tr><td>附件</td><td></td><td>漏电保护</td><td></td></tr>
<tr><td rowspan="5">防护装置</td><td>防护罩</td><td></td><td>接零保护</td><td></td></tr>
<tr><td>轴盖</td><td></td><td>绝缘保护</td><td></td></tr>
<tr><td>刃口防护</td><td></td><td rowspan="2">操作场所空间、安装情况</td><td rowspan="2"></td><td rowspan="2"></td></tr>
<tr><td>挡板</td><td></td></tr>
<tr><td>阀</td><td></td><td></td><td></td><td></td></tr>
<tr><td colspan="2">验收结论</td><td colspan="4"></td></tr>
<tr><td rowspan="2">验收签字</td><td colspan="2">出租单位：</td><td colspan="3">项目安全总监：</td></tr>
<tr><td colspan="2">项目责任师：</td><td colspan="3">项目临电责任师：</td></tr>
<tr><td colspan="6">验收时间：　　年　　月　　日</td></tr>
</table>

第六节　安全目标管理

一、安全目标管理的内容

安全目标管理是施工项目重要的安全管理举措之一。它通过确定安全目标，明确责任，落实措施，实行严格的考核与奖惩，激励企业员工积极参与全员、全方位、全过程的安全生产，严格按照安全生产的奋斗目标和安全生产责任制度要求，落实安全措施，消除人的不安全行为和生产的不安全状态，实现施工生产安全。

1. 安全生产目标管理的基本内容

安全生产目标管理的基本内容包括目标体系的确立、目标的实施及目标成果的检查与考核。

(1)确定切实可行的目标值。采用科学的目标预测法,根据需要和可能,采取系统分析的方法,确定合适的目标值,并研究围绕达到目标应采取的措施和手段。

(2)根据安全目标的要求,制订实施办法。做到有具体的保证措施,并力求量化,以便实施和考核,包括组织技术措施,明确完成程序和时间、承担具体责任的负责人,并签订承诺书。

(3)规定具体的考核标准和奖惩办法。考核标准不仅应规定目标值,而且要把目标值分解为若干具体要求来考核。

(4)制订项目安全生产目标管理的计划时,要经项目分管领导审查同意,由主管部门与实行安全生产目标管理的单位签订责任书,将安全生产目标管理纳入各单位的生产经营或资产经营目标管理计划,主要领导人应对安全生产目标管理计划的制订与实施负第一责任。

(5)安全生产目标管理还要与安全生产责任制挂钩。层层分解,逐级负责,充分调动各级组织和全体员工的积极性,保证安全生产管理目标的实现。

2. 安全责任考核制度

"各级管理人员安全责任考核制度"的具体内容:企业(单位)建立各级管理人员安全责任的考核制度,旨在实现安全目标分解到人,安全责任落实、考核到人。

3. 项目安全管理目标

(1)根据上级安全管理目标的条款规定,制定项目级的安全管理目标。

(2)确定目标的原则:可行性、关键性、一致性、灵活性、激励性、概括性。

(3)下级不能照搬照抄上级的目标,无论从定量或定性上讲,下级的目标总要严于或高于上级的目标,其保证措施要严格得多,否则将起不到自下而上的层层保证作用。

(4)安全管理目标的主要内容:

1)伤亡事故控制目标:杜绝死亡重伤,一般事故应有控制指标。

2)安全达标目标:根据工程特点,按部位制定安全达标的具体目标。

3)文明施工目标:根据作业条件的要求,制定文明施工的具体方案和实现文明工地的目标。

4. 项目安全管理目标责任分解

"项目安全管理目标责任分解"的具体内容:把项目部的安全管理目标按专业管理层层分解到人,安全责任落实到人。

5. 项目安全目标责任考核办法

(1)项目安全目标责任考核。"项目安全目标责任考核"的具体内容及记录:按"项目安全目标责任考核办法"的规定,结合项目安全管理目标责任分解,以评分表的形式按责任分解进行打分,奖优罚劣和经济收入挂钩,及时兑现。

(2)项目安全目标责任考核办法。"项目安全目标责任考核办法"的具体内容:依据公司(分公司)的目标责任考核办法,结合项目的实际情况及安全管理目标的具体内容,对应按月进行条款分解,按月进行考核,制定详细的奖惩办法。

二、安全目标管理资料

1. 各级管理人员安全生产责任考核制度

(1)考核内容。

1)伤亡控制指标(根据国家要求及企业的具体情况制定)。

2)施工现场安全达标目标(合格率、优良率情况)。

3)文明施工目标(创建文明工地等要求)。

(2)考核办法。

(1)实行逐级考核制度,公司接受上级考核;分公司接受公司考核;项目经理接受分公司考核;项目经理负责对项目部管理人员进行考核。

(2)根据各级要求及自己的具体情况制定考核办法,明确奖惩。

(3)考核结果作为评选先进、个人立功的重要依据之一。

2. 项目安全管理目标责任分解

项目安全管理目标责任分解见图 2-1 所示。

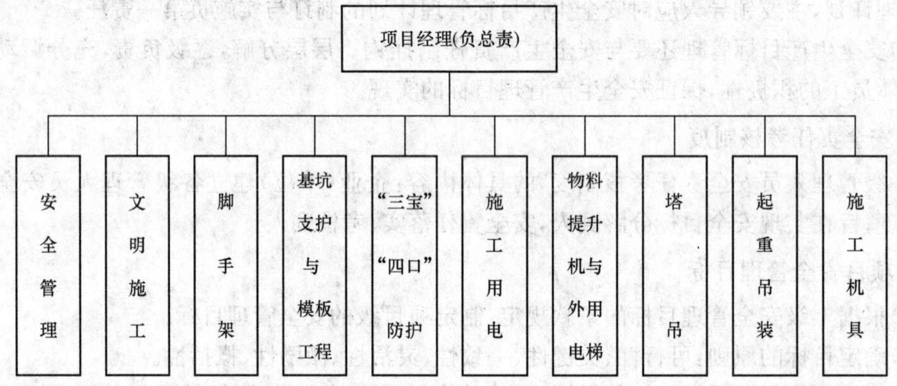

图 2-1 项目安全管理目标责任分解

3. 项目安全目标责任考核办法(范本)

为确保项目安全管理目标的实现,特制定如下考核办法:

(1)项目安全管理目标。

1)杜绝死亡事故及重伤事故,年轻伤少于 3 人。

2)确保每月施工安全及文明施工检查达优良标准。

3)确保实现市级文明工地。

(2)考核细则。

1)用《建筑施工安全检查标准》(JGJ 59—1999)的各分项评分表,对各分项责任人进行打分考核。当分项检查评分表得分在 70 分以下时为不合格,70 分(包括 70 分)至 80 分为合格,80 分及其以上为优良。

2)各分项检查评分表通过汇总所得出的结果用来评价项目经理的安全目标责任落实情况,因为项目经理对项目的安全生产负总责,是第一责任者,各级管理人员目标责任落实的好坏,直接体现了项目经理安全管理的业绩。

3)评分表采用《建筑施工安全检查标准》(JGJ 59—1999)中的相关表格(表 2-30～表 2-39)。

4)评分方法参见《建筑施工安全检查标准》(JGJ 59—1999)中的有关内容。

(3)奖惩办法。

1)达优良等级的奖 100～300 元。

2)达不到合格等级时,罚 200 元;连续三次达不到合格等级的项目管理人员除经济处罚外,将采取下岗处理措施。

表 2-30 项目管理人员安全目标责任考核评定表

单位名称： 施工现场名称： 年 月 日

序号	分项名称	责任人		实得分	经济挂钩		备注
		职务	姓名		奖励	罚款	
1	安全管理(满分 100 分)						
2	文明施工(满分 100 分)						
3	脚手架(满分 100 分)						
4	基坑支护与模板工程(满分 100 分)						
5	“三宝”“四口”防护(满分 100 分)						
6	施工用电(满分 100 分)						
7	物料提升机与外用电梯(满分 100 分)						
8	塔吊(满分 100 分)						
9	超重吊装(满分 100 分)						
10	施工机具(满分 100 分)						
小计							
评语：							

项目经理：

表 2-31　　施工管理人员安全责任目标考核表

序号	安全责任目标考核内容	标准分	实得分
安全管理目标20分	本月安全管理目标：	5	**5**
	上月安全管理目标执行落实情况	15	**15**
保证项目50分	依据法律法规、规范标准组织安全生产，贯彻执行施工组织设计和安全技术措施	5	**5**
	参加项目安全创优计划和安全技术措施的制定，并组织实施	10	**10**
	参加施工用电、外脚手架、建筑施工垂直运输设备等专项方案的编制，并组织实施，确保安全防护设施与进度同步	15	**10**
	参加对设备、设施的检查验收，提出整改意见，组织整改落实	10	**10**
	负责现场的卫生整洁和其他文明施工措施的落实	10	**10**
一般项目20分	组织施工人员开展季节性的安全教育，并有教育内容和记录	5	**5**
	参与对新进场和转岗工人的三级安全教育	5	**5**
	合理安排施工作业，做好交叉流水作业的安全防护	5	**5**
	组织安全技术交底，督促班组长对操作人员进行交底	10	**10**
	参加施工现场安全检查，禁止“三违”的现象发生	5	**5**
安全总结	被考核人：××		
考核评语	合格 安全领导小组组长：×××		
签名	参加考核人员：×××、××		

表 2-32　　　　**建筑施工安全检查评分汇总表**

企业名称：**××建筑集团公司**　　　　经济类型：**国有**　　　　资质等级：**一级**

单位工程（施工现场）名称	建筑面积（m^2）	结构类型	总计得分（满分分值100分）	项目名称及分值									
				安全管理（满分分值为10分）	文明施工（满分分值为20分）	脚手架（满分分值为10分）	基坑支护与模板工程（满分分值为10分）	“三宝”、“四口”防护（满分分值10分）	施工用电（满分分值为10分）	物料提升机与外用电梯（满分分值为10分）	塔吊（满分分值为10分）	起重吊装（满分分值为5分）	施工机具（满分分值为5分）
			94.1	**9.8**	**18.8**	**9.6**		**9.1**	**9.5**	**9.4**			**4.4**

评语：**项目经理安全目标责任考核达优良标准，按规定奖200元。**

检查单位	×××公司	负责人	××	受检项目	×××	项目经理	××

××年×月×日

表 2-33　　　　**安全管理检查评分表**

序号	检查项目		扣分标准	应得分数	扣减分数	实得分数
1	保证项目	安全生产责任制	未建立安全责任制，扣10分； 各级各部门未执行责任制，扣4～6分； 经济承包中无安全生产指标，扣10分； 未制定各工种安全技术操作规程，扣10分； 未按规定配备专（兼）职安全员，扣10分； 管理人员责任制考核不合格，扣5分	10	**0**	**10**
2		目标管理	未制定安全管理目标（伤亡控制指标和安全达标、文明施工目标），扣10分； 未进行安全责任目标分解，扣10分； 无责任目标考核规定，扣8分； 考核办法未落实或落实不好，扣5分	10	**0**	**10**
3		施工组织设计	施工组织设计中无安全措施，扣10分； 施工组织设计未经审批，扣10分； 专业性较强的项目，未单独编制专项安全施工组织设计，扣8分； 安全措施不全面，扣2～4分； 安全措施无针对性，扣6～8分； 安全措施未落实，扣8分	10	**0**	**10**
4		分部（分项）工程安全技术交底	无书面安全技术交底，扣10分； 交底针对性不强，扣4～6分； 交底不全面，扣4分； 交底未履行签字手续，扣2～4分	10	**0**	**10**

（续）

<table>
<tr><th>序号</th><th colspan="2">检查项目</th><th>扣 分 标 准</th><th>应得分数</th><th>扣减分数</th><th>实得分数</th></tr>
<tr><td>5</td><td rowspan="3">保证项目</td><td>安全检查</td><td>无定期安全检查制度，扣5分；
安全检查无记录，扣5分；
检查出事故隐患整改做不到定人、定时间、定措施，扣2～6分；
对重大事故隐患整改通知书所列项目未如期完成，扣5分</td><td>10</td><td>0</td><td>10</td></tr>
<tr><td>6</td><td>安全教育</td><td>无安全教育制度，扣10分；
新入厂工人未进行三级安全教育，扣10分；
无具体安全教育内容，扣6～8分；
变换工种时未进行安全教育，扣10分；
每有一人不懂本工种安全技术操作规程，扣2分；
施工管理人员未按规定进行年度培训，扣5分；
专职安全员未按规定进行年度培训考核或考核不合格，扣5分</td><td>10</td><td>0</td><td>10</td></tr>
<tr><td></td><td>小计</td><td></td><td>60</td><td>0</td><td>60</td></tr>
<tr><td>7</td><td rowspan="5">一般项目</td><td>班前安全活动</td><td>未建立班前安全活动制度，扣10分；
班前安全活动无记录，扣2分</td><td>10</td><td>0</td><td>10</td></tr>
<tr><td>8</td><td>特种作业持证上岗</td><td>一人未经培训从事特种作业，扣4分；
一个未持操作证上岗，扣2分</td><td>10</td><td>2</td><td>8</td></tr>
<tr><td>9</td><td>工伤事故处理</td><td>工伤事故未按规定报告，扣3～5分；
工伤事故未按事故调查分析规定处理，扣10分；
未建立工伤事故档案，扣4分</td><td>10</td><td>0</td><td>10</td></tr>
<tr><td>10</td><td>安全标志</td><td>无现场安全标志布置总平面图，扣5分；
现场未按安全标志总平面图设置安全标志，扣5分</td><td>10</td><td>0</td><td>10</td></tr>
<tr><td></td><td>小计</td><td></td><td>40</td><td>2</td><td>38</td></tr>
<tr><td colspan="3">检查项目合计</td><td></td><td>100</td><td>2</td><td>98</td></tr>
</table>

表 2-34 文明施工检查评分表

序号	检查项目		扣分标准	应得分数	扣减分数	实得分数
1	保证项目	现场围档	在市区主要路段的工地周围未设置高于 2.5m 的围挡,10 分; 一般路段的工地周围未设置高于 1.8m 的围挡,扣 10 分; 围挡材料不坚固、不稳定、不整洁、不美观,扣 5~7 分; 围挡没有沿工地四周连续设置,扣 3~5 分	10	**0**	**10**
2		封闭管理	施工现场进出口无大门,扣 3 分; 无门卫和无门卫制度,扣 3 分; 进入施工现场不佩戴工作卡,扣 3 分; 门头未设置企业标志,扣 3 分	10	**3**	**7**
3		施工场地	工地地面未做硬化处理,扣 5 分; 道路不畅通,扣 5 分; 无排水设施、排水不通畅,扣 4 分; 无防止泥浆、污水、废水外流或堵塞下水道和排水河道措施,扣 3 分; 工地有积水,扣 2 分; 工地未设置吸烟处,有随意吸烟现象,扣 2 分; 温暖季节无绿化布置,扣 4 分	10	**0**	**10**
4		材料堆放	建筑材料、构件、料具不按总平面布局堆放,扣 4 分; 料堆未挂名称、品种、规格等标牌,扣 2 分; 堆放不整齐,扣 3 分; 未做到工完场地清,扣 3 分; 建筑垃圾堆放不整齐、未标出名称、品种,扣 3 分; 易燃易爆物品未分类存放,扣 4 分	10	**0**	**10**
5		现场住宿	在建工程兼作住宿,扣 8 分; 施工作业区与办公、生活区不能明显划分,扣 6 分; 宿舍无保暖和防煤气中毒措施,扣 5 分; 宿舍无消暑和防蚊虫叮咬措施,扣 3 分; 无床铺、生活用品放置不整齐,扣 2 分; 宿舍周围环境不卫生、不安全,扣 3 分	10	**0**	**10**
6		现场防火	无消防措施、制度或无灭火器材,扣 10 分; 灭火器材配置不合理,扣 5 分; 无消防水源(高层建筑)或不能满足消防要求,扣 8 分; 无动火审批手续和动火监护,扣 5 分	10	**0**	**10**
		小计		60	**3**	**57**

（续）

序号	检查项目		扣分标准	应得分数	扣减分数	实得分数
7	一般项目	治安综合治理	生活区未给工人设置学习和娱乐场所，扣 4 分； 未建立治安保卫制度的、责任未分解到人，扣 3～5 分； 治安防范措施不利，常发生失盗事件，扣 3～5 分	8	**0**	**8**
8		施工现场标牌	大门口处挂的五牌一图内容不全，缺一项扣 2 分； 标牌不规范、不整齐，扣 3 分； 无安全标语，扣 5 分； 无宣传栏、读报栏、黑板报等，扣 5 分	8	**3**	**5**
9		生活设施	厕所不符合卫生要求，扣 4 分； 无厕所，随地大小便，扣 8 分； 食堂不符合卫生要求，扣 8 分； 无卫生责任制，扣 5 分； 不能保证供应卫生饮用水，扣 10 分； 无淋浴室或淋浴室不符合要求，扣 5 分； 生活垃圾未及时清理，未装容器，无专人管理，扣 3～5 分	8	**0**	**8**
10		保健急救	无保健医药箱，扣 5 分； 无急救措施和急救器材，扣 8 分； 无经培训的急救人员，扣 8 分； 未开展卫生防病宣传教育，扣 4 分	8	**0**	**8**
11		社区服务	无防粉尘、防噪声措施，扣 5 分； 夜间未经许可施工，扣 8 分； 现场焚烧有毒、有害物质，扣 5 分； 未建立施工不扰民措施，扣 5 分	8	**0**	**8**
		小计		40	**3**	**37**
检查项目合计				100	**6**	**94**

表 2-35　　　　落地式外脚手架检查评分表

序号	检查项目		扣分标准	应得分数	扣减分数	实得分数
1	保证项目	施工方案	脚手架无施工方案，扣10分； 脚手架高度超过规范规定无设计计算书或未经审批，扣10分； 施工方案，不能指导施工，扣5～8分	10	**0**	**10**
2		立杆基础	每10延长米立杆基础不平、不实、不符合方案设计要求，扣2分； 每10延长米立杆缺少底座、垫木，扣5分； 每10延长米无扫地杆，扣5分； 每10延长米木脚手架立杆不埋地或无扫地杆，扣5分； 每10延长米无排水措施，扣3分	10	**0**	**10**
3		架体与建筑结构拉结	脚手架高度在7m以上，架体与建筑结构拉结，按规定要求每少一处，扣2分； 拉结不坚固，每一处扣1分	10	**0**	**10**
4		杆件间距与剪刀撑	每10延长米立杆、大横杆、小横杆间距超过规定要求，每一处扣2分； 不按规定设置剪刀撑，每一处扣5分； 剪刀撑未沿脚手架高度连续设置或角度不符合要求，扣5分	10	**0**	**10**
5		脚手板与防护栏杆	脚手板不满铺，扣7～10分； 脚手板材质不符合要求，扣7～10分； 每有一处探头板，扣2分； 脚手架外侧未设置密目式安全网，或网间不严密，扣7～10分； 施工层不设1.2m高防护栏杆和18cm高挡脚板，扣5分	10	**2**	**8**
6		交底与验收	脚手架搭设前无交底，扣5分； 脚手架搭设完毕未办理验收手续，扣10分； 无量化的验收内容，扣5分	10	**0**	**10**
		小计		60	**2**	**58**

(续)

序号	检查项目		扣 分 标 准	应得分数	扣减分数	实得分数
7	一般项目	小横杆设置	不按立杆与大横杆交点处设置小横杆,每有一处扣2分; 小横杆只固定一端,每有一处扣1分; 单排架子小横杆插入墙内于24cm,每有一处扣2分	10	**2**	**8**
8		杆件搭接	木立杆、大横杆每一处搭接小于1.5m,扣1分; 钢管立杆采用搭接,每一处扣2分	5	**0**	**5**
9		架体内封闭	施工层以下每隔10m未用平网或其他措施封闭,扣5分; 施工层脚手架内立杆与建筑物之间未进行封闭,扣5分	5	**0**	**5**
10		脚手架材质	木杆直径、材质不合要求,扣4~5分; 钢管弯曲、锈蚀严重,扣4~5分	5	**0**	**5**
11		通道	架体不设上下通道,扣5分; 通道设置不符合要求,扣1~3分	5	**0**	**5**
12		卸料平台	卸料平台未经设计计算,扣10分; 卸料台搭设不符合设计要求,扣10分; 卸料平台支撑系统与脚手架连接,扣8分; 卸料平台无限定荷载标牌,扣3分	10	**0**	**10**
		小计		40	**2**	**38**
检查项目合计				100	**4**	**96**

表 2-36　　“三宝”、“四口”防护检查评分表

序号	检查项目	扣分标准	应得分数	扣减分数	实得分数
1	安全帽	有一人不戴安全帽，扣5分； 安全帽不符合标准，每发现一顶扣1分； 不按规定佩戴安全帽，有一人扣1分	20	**3**	**17**
2	安全网	在建工程外侧未用密目安全网封闭，扣25分； 安全网规格、材质不符合要求，扣25分； 安全网未取得建筑安全监督管理部门准用证，扣25分	25	**0**	**25**
3	安全带	每有一人未系安全带，扣5分； 有一人安全带系挂不符合要求，扣3分； 安全带不符合标准，每发现一条扣2分	10	**0**	**10**
4	楼梯口、电梯井口防护	每一处无防护措施，扣6分； 每一处防护措施不符合要求或不严密，扣3分； 防护设施未形成定型化、工具化，扣6分； 电梯井内每隔两层(不大于10m)少一道平网，扣6分	12	**3**	**9**
5	预留洞口、坑井防护	每一处无防护措施，扣7分； 防护设施未形成定型化、工具化，扣6分； 每一处防护措施不符合要求或不严密，扣3分；	13	**3**	**10**
6	通道口防护	每一处无防护棚，扣5分； 每一处防护不严，扣2～3分； 每一处防护棚不牢固、材质不符合要求，扣3分	10	**0**	**10**
7	阳台、楼板屋面等临边防护	每一处临边无防护，扣5分； 每一处临边防护不严、不符合要求，扣3分	10	**0**	**10**
检查项目合计			100	**9**	**91**

表 2-37　　施工用电检查评分表

序号	检查项目		扣分标准	应得分数	扣减分数	实得分数
1	保证项目	外电防护	小于安全距离又无防护措施，扣 20 分； 防护措施不符合要求、封闭不严密，扣 5～10 分	20	**0**	**20**
2		接地与接零保护系统	工作接地与重复接地不符合要求，扣 7～10 分； 未采用 TN－S 系统，扣 10 分； 专用保护零线设置不符合要求，扣 5～8 分； 保护零线与工作零线混接，扣 10 分	10	**0**	**10**
3		配电箱开关箱	不符合“三级配电两级保护”要求，扣 10 分； 开关箱（末级）无漏电保护或保护器失灵，每一处扣 5 分； 漏电保护装置参数不匹配，每发现一处扣 2 分； 电箱内无隔离开关，每一处扣 2 分； 违反“一机、一闸、一漏、一箱”，每一处扣 5～7 分； 安装位置不当、周围杂物多等不便操作，每一处扣 5 分； 闸具损坏、闸具不符合要求，每一处扣 5 分； 配电箱内多路配电无标记，每一处扣 5 分； 电箱下引出线混乱，每一处扣 2 分； 电箱无门、无锁、无防雨措施，每一处扣 2 分	20	**0**	**20**
4		现场照明	照明专用回路无漏电保护，扣 5 分； 灯具金属外壳未作接零保护，每一处扣 2 分； 室内线路及灯具安装高度低于 2.4m 未使用安全电压供电，扣 10 分； 潮湿作业未使用 36V 以下安全电压，扣 10 分； 使用 36V 安全电压照明线路混乱和接头处未用绝缘布包扎，扣 5 分； 手持照明灯未使用 36V 及以下电源供电，扣 10 分	10	**5**	**5**
		小计		60	**5**	**55**

（续）

序号	检查项目		扣分标准	应得分数	扣减分数	实得分数
5	一般项目	配电线路	电线老化、破皮未包扎，每一处扣10分； 线路过道无保护，每一处扣5分； 电杆、横担不符合要求，扣5分； 架空线路不符合要求，扣7～10分； 未使用五芯线（电缆），扣10分； 使用四芯电缆外加一根线替代五芯电缆，扣10分； 电缆架设或埋设不符合要求，扣7～10分	15	**0**	**15**
6		电器装置	闸具、熔断器参数与设备容量不匹配、安装不合要求，每一处扣3分； 用其他金属丝代替熔丝，扣10分	10	**0**	**10**
7		变配电装置	不符合安全规定，扣3分	5	**0**	**5**
8		用电档案	无专项用电施工组织设计，扣10分； 无地极阻值摇测记录，扣4分； 无电工巡视维修记录或填写不真实，扣4分； 档案乱、内容不全、无专人管理，扣3分	10	**0**	**10**
		小计		40	**0**	**40**
检查项目合计				100	**5**	**95**

表 2-38　　外用电梯(人货两用电梯)检查评分表

序号	检查项目		扣 分 标 准	应得分数	扣减分数	实得分数
1	保证项目	安全装置	吊笼安全装置未经试验或不灵敏,扣10分; 门链锁装置不起作用,扣10分	10	**0**	**10**
2	保证项目	安全防护	地面吊笼出入无防护棚,扣8分; 防护棚材质搭设不符合要求,扣4分; 每层卸料口无防护门,扣10分; 有防护门不使用,扣6分; 卸料台口搭设不符合要求,扣6分	10	**6**	**4**
3	保证项目	司机	司机无证上岗作业,扣10分; 每班作业前不按规定试车,扣5分; 不按规定交接班或无交接记录,扣5分	10	**0**	**10**
4	保证项目	荷载	超过规定承载人数无控制措施,扣10分; 超过规定重量无控制措施,扣10分; 未加配重载人,扣10分	10	**0**	**10**
5	保证项目	安装与拆卸	未制定安装拆卸方案,扣10分; 拆装队伍没有取得资格证书,扣10分	10	**0**	**10**
6	保证项目	安装验收	电梯安装后无验收或拆装无交底,扣10分; 验收单上无量化验收内容,扣5分	10	**0**	**10**
	保证项目	小计		60	**6**	**54**
7	一般项目	架体稳定	架体垂直度超过说明书规定,扣7～10分; 架体与建筑结构附着不符合要求,扣7～10分; 架体附着装置与脚手架连接,扣10分	10	**0**	**10**
8	一般项目	联络信号	无联络信号,扣10分; 信号不准确,扣6分	10	**0**	**10**
9	一般项目	电气安全	电气安装不符合要求,扣10分; 电气控制无漏电保护装置,扣10分	10	**0**	**10**
10	一般项目	避雷	在避雷保护范围外无避雷装置,扣10分; 避雷装置不符合要求,扣5分	10	**0**	**10**
	一般项目	小计		40	**0**	**40**
检查项目合计				100	**6**	**94**

表 2-39　　施工机具检查评分表

序号	检查项目	扣分标准	应得分数	扣减分数	实得分数
1	平　刨	平刨安装后无验收合格手续,扣5分; 无护手安全装置,扣5分; 传动部位无防护罩,扣5分; 未做保护接零、无漏电保护器,各扣5分; 无人操作时未切断电源,扣3分; 使用平刨和圆盘锯合用一台电机的多功能木工机具,平刨和圆盘锯两项扣20分	10	**0**	**10**
2	圆盘锯	电锯安装后无验收合格手续,扣5分; 无锯盘护罩、分料器、防护挡板安全装置和传动部位无防护,每缺一项扣5分; 未做保护接零、无漏电保护器,各扣5分; 无人操作时未切断电源,扣3分	10	**3**	**7**
3	手持电动工具	Ⅰ类手持电动工具无保护接零,扣10分; 使用Ⅰ类手持电动工具不按规定戴绝缘用品,扣5分; 使用手持电动工具随意接长电源线或更换插头,扣5分	10	**0**	**10**
4	钢筋机械	机械安装后无验收合格手续,扣5分; 未做保护接零、无漏电保护器,各扣5分; 钢筋冷拉作业区及对焊作业区无防护措施,扣5分; 传动部位无防护,扣3分	10	**0**	**10**
5	电焊机	电焊机安装后无验收合格手续,扣5分; 未做保护接零、无漏电保护器,扣5分; 无二次空载降压保护器或无触电保护器,扣5分; 一次线长度超过规定或不穿管保护,扣5分; 电源不使用自动开关,扣3分; 焊把线接头超过3处或绝缘老化,扣5分; 电焊机无防雨罩,扣4分	10	**5**	**5**
6	搅拌机	搅拌机安装后无验收合格手续,扣5分; 未做保护接零、无漏电保护器,扣5分; 离合器、制动器、钢丝绳达不到要求,每项扣3分; 操作手柄无保险装置,扣3分			

（续）

序号	检查项目	扣 分 标 准	应得分数	扣减分数	实得分数
6	搅拌机	搅拌机无防雨棚和作业台不安全，扣4分； 料斗无保险挂钩或挂钩不使用，扣3分； 传动部位无防护罩，扣4分； 作业平台不平稳，扣3分	10	**0**	**10**
7	气瓶	各种气瓶无标准色标，扣5分； 气瓶间距小于5m、距明火小于10m又无隔离措施，各扣5分； 乙炔瓶使用或存放时平放，扣5分； 气瓶存放不符合要求，扣5分； 气瓶无防震圈和防护帽，每缺一个扣2分	10	**4**	**6**
8	翻斗车	翻斗车未取得准用证，扣5分； 翻斗车制动装置不灵敏，扣5分； 无证司机驾车，扣5分； 行车载人或违章行车，每发现一次扣5分	10	**0**	**10**
9	潜水泵	未做保护接零、无漏电保护器，各扣5分； 保护装置不灵敏、使用不合理，扣5分	10	**0**	**10**
10	打桩机械	打桩机未取得准用证和安装后无验收合格手续，扣5分； 打桩机无超高限位装置，扣5分； 打桩机行走路线地耐力不符合说明书要求，扣5分； 打桩作业无方案，扣5分； 打桩操作违反操作规程，扣5分	10	**0**	**10**
检查项目合计			100	**12**	**88**

第七节 安全技术交底

一、安全技术交底的内容

安全技术交底是指导工人安全施工的技术措施，是项目安全技术方案的具体落实。其具体内容包括各工种（特殊工种）分部分项工程作业前的安全技术交底，各专项方案实施前安全技术交底，新设备、新工艺（技术）操作前的安全技术交底等。

二、安全技术交底记录填写示例

1. 现场临时用电安全技术交底（表 2-40）

表 2-40　　现场临时用电技术交底记录

工程名称：××大厦　　日期：××年×月×日

<table>
<tr><td colspan="6">主要内容：
1. 一般规定
(1)电工必须按国家现行标准考核合格后，持证上岗工作；其他用电人员必须通过相关安全教育培训和技术交底，考核合格后方可上岗工作。
(2)安装、巡检、维修或拆除临时用电设备和线路，必须由电工完成，并应有人监护。电工等级应同工程的难易程度和技术复杂性相适应。
(3)各类用电人员应掌握安全用电基本知识和所用设备的性能，并应符合下列规定：
1)使用电气设备前必须按规定穿戴和配备好相应的劳动防护用品；并应检查电气装置和保护设施，严禁设备带“缺陷”运转。
2)保管和维护所用设备，发现问题及时报告解决。
3)暂时停用设备的开关箱必须切断电源隔离开关，并应关门上锁。
4)移动电气设备时，必须经电工切断电源并做妥善处理后进行。
(4)电工接受施工现场暂设电气安装任务后，必须认真领会落实临时用电安全施工组织设计（施工方案）和安全技术措施交底的内容，施工用电线路架设必须按施工图规定进行，凡临时用电使用超过六个月（含六个月）以上的，应按正式线路架设。改变安全施工组织设计规定，必须经原审批单位领导同意签字，未经同意不得改变。
(5)电工作业时，必须穿绝缘鞋、戴绝缘手套，酒后不准操作。
(6)所有绝缘、检测工具应妥善保管，严禁他用，并应定期检查、校验。保证正确可靠接地或接零。所有接地或接零处，必须保证可靠电气连接。保护线 PE 必须采用绿/黄双色线，严格与相线、工作零线相区别，不得混用。
(7)电气设备的设置、安装、防护、使用、维修必须符合《施工现场临时用电安全技术规范》(JGJ 46-2005)的要求。
(8)在施工现场专用的中性点直接接地的电力系统中，必须采用 TN-S 接零保护。
(9)电气设备不带电的金属外壳、框架、部件、管道、金属操作台和移动式碘钨灯的金属柱等，均应做保护接零。
(10)定期和不定期对临时用电工程的接地、设备绝缘和漏电保护开关进行检测、维修，发现隐患及时消除，并建立检测维修记录。
(11)建筑工程竣工后，临时用电工程拆除，应按顺序先断电源，后拆除。不得留有隐患。
2. 三级配电两级保护
(1)三级配电，配电箱根据其用途和功能的不同，一般可分为三级：
1)总配电箱（又称固定式配电箱）。总配电箱用符号“A”表示。总配电箱是控制施工现场全部供电的集中点，应设置在靠近电源地区。电源由施工现场用电变压器低压侧引出的电缆线接入，并装设电流互感器、有功电度表、无功电度表、电流表、电压表及总开关、分开关。总配电箱内的开关均应采用自动空气开关（或漏电保护开关）。引入、引出线应穿管并有防水弯。
2)分配电箱（又称移动式配电箱）。分配电箱用符号“B”表示。其中 1、2、3 表示序号。分配电箱是总配电箱的一个分支，控制施工现场某个范围的用电集中点，应设在用电设备负荷相对集中的地区。箱内应设总开关和分开关。总开关应采用自动空气开关，分开关可采用漏电开关或刀闸开关并配备熔断器。
3)开关箱。直接控制用电设备。开关箱与所控制的固定式用电设备的水平距离不得大于 3m，与分配电箱的距离不得大于 30m。开关箱内安装漏电开关、熔断器及插座。电源线采用橡套软电缆线，从分配电箱引出，接入开关箱上闸口。</td></tr>
<tr><td>交底人</td><td>×××</td><td>审核人</td><td>×××</td><td>接收人</td><td>×××</td></tr>
</table>

现场临时用电技术交底记录

工程名称:××大厦　　日期:××年×月×日

<table>
<tr><td colspan="6">主要内容:

4)配电箱及其内部开关、器件的安装应端正牢固。安装在建筑物或构筑物上的配电箱为固定式配电箱,其箱底距地面的垂直距离应大于1.3m,小于1.5m。移动式配电箱不得置于地面上随意拖拉,应固定在支架上,其箱底与地面的垂直距离应大于0.6m,小于1.5m。
5)配电箱内的开关、电器,应安装在金属或非木质的绝缘电器安装板上,然后整体紧固在配电箱体内,金属箱体、金属电器安装板以及箱内电器不带电的金属底座,外壳等,必须做保护接零。保护零线必须通过零线端子板连接。
6)配电箱和开关箱的进出线口,应设在箱体的下面,并加护套保护。进、出线应分路成束,不得承受外力,并做好防水弯。导线束不得与箱体进、出线口直接接触。
7)配电箱内的开关及仪表等电器排列整齐,配线绝缘良好,绑扎成束。熔丝及保护装置按设备容量合理选择,三相设备的熔丝大小应一致。三个及其以上回路的配电箱应设总开关,分开关应标有回路名称。三相胶盖闸开关只能作为断路开关使用,不得装设熔丝,应另加熔断器。各开关、触点应动作灵活、接触良好。配电箱的操作盘面不得有带电体明露。箱内应整洁,不得放置工具等杂物,箱门应有锁,并用红色油漆喷上警示标语和危险标志,喷写配电箱分类编号。箱内应设有线路图。下班后必须拉闸断电,锁好箱门。
8)配电箱周围2m内不得堆放杂物。电工应经常巡视检查开关、熔断器的接点处是否过热。各接点是否牢固,配线绝缘有无破损,仪表指示是否正常等。发现隐患立即排除。配电箱应经常清扫除尘。
9)每台用电设备应有各自专用的开关箱,必须实行“一机一闸一漏一箱”制,严禁同一个开关电器直接控制2台及2台以上用电设备(含插座)。
(2)两级漏电保护。总配电箱和开关箱中两级漏电保护器的额定漏电动作电流应合理配合,使之具有分级、分段保护的功能。
施工现场的总配电箱、分配电箱上安装的漏电保护开关的漏电动作电流应为50～100mA,保护该线路;开关箱安装的漏电保护开关的漏电动作电流应为30mA以下。
漏电保护开关不得随意拆卸和调换零部件,以免改变原有技术参数。并应经常检查试验,发现异常,必须立即查明原因,严禁带病使用。</td></tr>
<tr><td>交底人</td><td>×××</td><td>审核人</td><td>×××</td><td>接收人</td><td>×××</td></tr>
</table>

2. 施工机械安全技术交底

本节中因限于篇幅，主要只介绍塔式起重机、挖掘机、混凝土搅拌机的安全技术交底。

(1)塔式起重机安全技术交底(表 2-41)。

表 2-41　　安全交底记录

编号：×××

工程名称	××大厦		
施工单位	×××建筑公司		
交底项目(部位)	塔式起重机安全技术交底	交底日期	××年×月×日

交底内容(安全措施与注意事项)：

(1)操作前检查。

1)上班必须进行交接班手续，检查机械履历书及交接班记录等的填写情况及记载事项。

2)操作前应松开夹轨器，按规定的方法将夹轨器固定。清除行走轨道的障碍物，检查路轨两端行走限位止挡离端头不小于 2～3m，并检查道轨的平直度、坡度和两轨道的高差，应符合塔机的有关安全技术规定，路基不得有沉陷、溜坡、裂缝等现象。

3)轨道安装后，必须符合下列规定：

①两轨道的高度差不大于 1/1000。

②纵向和横向的坡度均不大于 1/1000。

③轨距与名义值的误差不大于 1/1000，其绝对值不大于 6mm。

④钢轨接头间隙在 2～4mm 之间，接头处两轨顶高度差不大于 2mm，两根钢轨接头必须错开 1.5m。

4)检查各主要螺栓的紧固情况，焊缝及主角钢有无裂纹、开焊等现象。

5)检查机械传动的齿轮箱、液压油箱等的油位是否符合标准。

6)检查各部制动轮、制动带(蹄)有无损坏，制动灵敏；吊钩、滑轮、卡环、钢丝绳应符合标准；安全装置(力矩限制器、重量限制器，行走、高度变幅限位及大钩保险等)是否灵敏、可靠。

7)操作系统、电气系统接触是否良好，有无松动、有无导线裸露等现象。

8)对于带有电梯的塔机，必须验证各部安全装置安全可靠。

9)配电箱在送电前，联动控制器应在零位。合闸后，检查金属结构部分无漏电方可上机。

10)所有电气系统必须有良好的接地或接零保护。每 20m 作一组接地，不得与建筑物相连，接地电阻不得大于 4Ω。

11)起重机各部位在运转中 1m 以内不得有障碍物。

12)塔式起重机操作前应进行空载运转或试车，确认无误方可投入生产。

(2)安全操作。

1)司机必须按所驾驶塔式起重机的起重性能进行作业。

2)机上各种安全保护装置运转中发生故障、失效或不准确时，必须立即停机修复，严禁带病作业和在运转中进行维修保养。

3)司机必须在佩有指挥信号袖标的人员指挥下严格按照指挥信号、旗语、手势进行操作。操作前应发出音响信号，对指挥信号辨不清时不得盲目操作。对指挥错误有权拒绝执行或主动采取防范或相应紧急措施。

4)起重量、起升高度、变幅等安全装置显示或接近临界警报值时，司机必须严密注视，严禁强行操作。

5)操作时司机不得闲谈、吸烟、看书报和做其他与操作无关的事情。不得擅离开操作岗位。

交底人	×××	接受交底班组长	×××	接受交底人数	××人

本表由施工单位填写并保存(一式三份。班组一份、安全员一份、交底人一份)。

安全交底记录

编号：×××

<table>
<tr><td>工程名称</td><td colspan="3">××大厦</td></tr>
<tr><td>施工单位</td><td colspan="3">×××建筑公司</td></tr>
<tr><td>交底项目(部位)</td><td>塔式起重机安全技术交底</td><td>交底日期</td><td>××年×月×日</td></tr>
</table>

交底内容(安全措施与注意事项)：

6)当吊钩滑轮组起升到接近起重臂时应用低速起升。

7)严禁重物自由下落，当起重物下降接近就位点时，必须采取慢速就位。重物就位时，可用制动器使之缓慢下降。

8)使用非直撞式高度限位器时，高度限位器调整为：吊钩滑轮组与对应的最低零件的距离不得小于1m，直撞式不得小于1.5m。

9)严禁用吊钩直接悬挂重物。

10)操纵控制器时，必须从零点开始，推到第一挡，然后逐级加挡，每挡停1～2s，直至最高挡。当需要传动装置在运动中改变方向时，应先将控制器拉到零位，待传动停止后再逆向操作，严禁直接变换运转方向。对慢就位挡有操作时间限制的塔式起重机，必须按规定时间使用，不得无限制使用慢就位挡。

11)操作中平移起重物时，重物应高于其所跨越障碍物高度至少100mm。

12)起重机行走到接近轨道限位时，应提前减速停车。

13)起吊重物时，不得提升悬挂不稳的重物，严禁在提升的物体上附加重物，起吊零散物料或异形构件时必须用钢丝绳捆绑牢固，应先将重物吊离地面约50cm停住，确定制动、物料绑扎和吊索具，确认无误后方可指挥起升。

14)起重机在夜间工作时，必须有足够的照明。

15)起重机在停机、休息或中途停电时，应将重物卸下，不得把重物悬吊在空中。

16)操作室内，无关人员不得进入，禁止放置易燃物和妨碍操作的物品。

17)起重机严禁乘运或提升人员。起落重物时，重物下方严禁站人。

18)起重机的臂架和起重物件必须与高低压架空输电线路保持一定的安全距离。

19)两台塔式起重机同在一条轨道上或两条相平行的或相互垂直的轨道上进行作业时，应保持两机之间任何部位的安全距离，最小不得低于5m。

20)遇有下列情况时，应暂停吊装作业：

①遇有恶劣气候如大雨、大雪、大雾和施工作业面有六级(含六级)以上的强风影响安全施工时。

②起重机发生漏电现象。

③钢丝绳严重磨损，达到报废标准。

④安全保护装置失效或显示不准确。

21)司机必须经由扶梯上下，上下扶梯时严禁手携工具物品。

22)严禁由塔机上向下抛掷任何物品或便溺。

23)冬期在塔机操作室取暖时，应采取防触电和火灾的措施。

24)凡有电梯的塔式起重机，必须遵守电梯的使用说明书中的规定，严禁超载和违反操作程序。

25)多机作业时，应避免两台或两台以上塔式起重机在回转半径内重叠作业。特殊情况，需要重叠作业时，必须保证臂杆的垂直安全距离和起吊物料时相互之间的安全距离，并有可靠安全技术措施经主管技术领导批准后方可施工。

26)动臂式起重机在重物吊离地面后起重、回转、行走三种动作可以同时进行，但变幅只能单独进行，严禁带载变幅。允许带载变幅的起重机，在满负荷或接近满负荷时，不得变幅。

交底人	×××	接受交底班组长	×××	接受交底人数	××人

本表由施工单位填写并保存(一式三份。班组一份、安全员一份、交底人一份)。

安全交底记录

编号：×××

<table>
<tr><td>工程名称</td><td colspan="3">××大厦</td></tr>
<tr><td>施工单位</td><td colspan="3">×××建筑公司</td></tr>
<tr><td>交底项目(部位)</td><td>塔式起重机安全技术交底</td><td>交底日期</td><td>××年×月×日</td></tr>
</table>

交底内容(安全措施与注意事项)：

27)起升卷扬不安装在旋转部分的起重机，在起重作业时，不得顺一个方向连续回转。

28)装有机械式力矩限制器的起重机，在多次变幅后，必须根据回转半径和该半径时的额定负荷，对超负荷限位装置的吨位指示盘进行调整。

29)弯轨路基必须符合规定，起重机拐弯时应在外轨面上撒上砂子，内轨轨面及两翼涂上润滑脂。配重箱应转至拐弯外轮的方向。严禁在弯道上进行吊装作业或吊重物转弯。

(3)停机后检查。

1)塔式起重机停止操作后，必须选择塔式起重机回转时无障碍物和轨道中间合适的位置及臂顺风向停机，并锁紧全部的夹轨器。

2)凡是回转机构带有常闭或制动装置的塔式起重机，在停止操作后，司机必须搬开手柄，松开制动，以便起重机能在大风吹动下顺风向转动。

3)应将吊钩起升到距起重臂最小距离不大于5m位置，吊钩上严禁吊挂重物。在未采取可靠措施时，不得采用任何方法，限制起重臂随风转动。

4)必须将各控制器拉到零位，拉下配电箱总闸，收拾好工具，关好操作室及配电室(柜)的门窗，拉断其他闸箱的电源，打开高空指示灯。

5)在无安全防护栏杆的部位进行检查、维修、加油、保养等工作时，必须系好安全带。

6)作业完毕后，吊钩小车及平衡重应移到非工作状态位置上。

7)填写机械履历书及其规定的报表。

(4)附着、顶升作业。

1)附着式固定式起重机的基础和附着的建筑物其受力强度必须满足塔机的设计要求。

2)附着时应用经纬仪检查塔身的垂直并用撑杆调整垂直度，其垂直度偏差不得超过2/1000。

3)每道附着装置的撑杆布置方式、相互间隔和附墙距离应符合原生产厂家规定。

4)附着装置在塔身和建筑物上的框架，必须固定可靠，不得有任何松动。

5)轨道式塔式起重机作附着式使用时，必须加强轨道基础的承载能力和切断行走电机的电源。

6)风力在四级以上时不得进行顶升、安装、拆卸作业，作业时突然遇到风力加大，必须立即停止作业，并将塔身固定。

7)顶升前必须检查液压顶升系统各部件的连接情况，并调整好爬升架滚轮与塔身的间隙，然后放松电缆，其长度略大于总的顶升高度，并紧固好电缆卷筒。

8)顶升操作的人员必须是经专业培训考试合格的专业人员，并分工明确，专人指挥，非操作人员不得登上顶升套架的操作台，操作室内只准一人操作，必须听从指挥。

9)顶升作业时，必须使塔机处于顶升平衡状态，并将回转部分制动住。严禁旋转臂杆及其他作业。顶升发生故障，必须立即停止，待故障排除后方可继续顶升。

10)顶升到规定自由行走高度时必须将塔身附着在建筑物上再继续顶升。

11)顶升完毕应检查各连接螺栓按规定的预紧力矩紧固，爬升套架滚轮与塔身应吻合良好，左右操纵杆应在中间位置，并切断液压顶升机构电源。

交底人	×××	接受交底班组长	×××	接受交底人数	××人

本表由施工单位填写并保存(一式三份。班组一份、安全员一份、交底人一份)。

安全交底记录

编号：×××

工程名称	××大厦		
施工单位	×××建筑公司		
交底项目(部位)	塔式起重机安全技术交底	交底日期	××年×月×日

交底内容(安全措施与注意事项)：

12)塔尖安装完毕后，必须保证塔身平衡。严禁只上一侧臂就下班或离开安装作业现场。

13)塔身锚固装置拆除后，必须随之把塔身落到规定的位置。

14)塔机在顶升拆卸时，禁止塔身标准节未安装接牢以前离开现场，不得在牵引平台上停放标准节(必须停放时要捆牢)或把标准节挂在起重钩上就离开现场。

(5)安装、拆卸和轨道铺设。

1)塔式起重机安装、拆卸应遵守以下规定：

①凡从事塔式起重机安装、拆卸操作人员必须经安全技术培训，考试合格后方可从事安装、拆卸工作。

②塔式起重机安装、拆卸的人员，应身体健康，并应每年进行一次体检，凡患有高血压、心脏病、色盲、高度近视、耳背、梅尼埃病、癫痫、晕高或严重关节炎等疾病者，不宜从事此项操作。

③安装、拆卸人员必须熟知被安装、拆卸的塔式起重机的结构、性能和工艺规定。必须懂得起重知识，对所安装、拆卸部件应选择合适的吊点和吊挂部位，严禁由于吊挂不当造成零部件损坏或造成钢丝绳的断裂。

④操作前必须对所使用的钢丝绳、卡环、吊钩、板钩等各种吊具、索具进行检查，凡不合格者不得使用。

⑤起重同一个重物时，不得将钢丝绳和链条等混合同时使用于捆扎或吊重物。

⑥在安装、拆卸过程中的任何一个部分发生故障及时报告，必须由专业人员进行检修，严禁自行动手修理。

⑦安装过程中发现不符合技术要求的零部件不得安装。特殊情况必须由主管技术负责人审查同意，方可安装。

⑧塔式起重机安装后，在无负荷情况下，塔身与地面的垂直偏差不得超过2/1000，塔式起重机的安装、拆卸必须认真执行专项安全施工组织设计(施工方案)和安全技术措施交底，并应统一指挥、专人监护。塔身上不得悬挂任何标语牌。

⑨安装、拆卸高处作业时，必须穿防滑鞋、系好安全带。

2)塔式起重机轨道铺设应遵守以下规定：

①固定式塔式起重机基础必须设置钢筋混凝土基础，该基础必须能够承受工作状态下的最大载荷，并应满足塔机基础的横向偏差、纵向偏差、轨距偏差等项要求。

②轨道不得直接敷设在地下建筑物上面(如暗沟、人防等设施)。

③敷设碎石前的路面，必须压实。轨道碎石基础必须整平捣实，道木之间应填满碎石。钢轨接头处必须有道木支承，不得悬空。

路基两侧或中间应设排水沟，路基不得积水。道碴层厚度不得少于20cm(枕木上、下各10cm)；碴石粒径为25～60mm。

④起重机轨道应通过垫块与道木连接。轨道每间隔6m设轨距拉杆一个。

⑤塔式起重机的轨铺应设不少于两组接地装置。轨道较长的每隔20m应加一组接地装置，接地电阻不大于4Ω。

⑥路基土壤承载力必须符合专项安全施工组织设计(施工方案)规定的要求。

⑦距轨道终端1.5m处必须设置极限位置阻挡器，其高度应不小于行走半径。

⑧冬期施工时轨道上的积雪、冰霜必须及时清除干净。起重机在施工期内，每周或雨、雪后应对轨道基础进行检查，发现不符合规定，应及时调整。

⑨塔机的轨道铺设完毕，必须经有关人员检查验收合格后方可进行塔机的安装。

⑩塔机行走范围内的轨道中间严禁堆放任何物料。

交底人	×××	接受交底班组长	×××	接受交底人数	××人

本表由施工单位填写并保存(一式三份。班组一份、安全员一份、交底人一份)。

(2)挖掘机安全技术交底(表 2-42)。

表 2-42 安全交底记录

编号：×××

<table>
<tr><td>工程名称</td><td colspan="3">××大厦</td></tr>
<tr><td>施工单位</td><td colspan="3">×××建筑公司</td></tr>
<tr><td>交底项目(部位)</td><td>挖掘机安全技术交底</td><td>交底日期</td><td>××年×月×日</td></tr>
<tr><td colspan="4">交底内容(安全措施与注意事项)：

(1)一般规定。
1)机械操作人员必须经过安全技术培训,考核合格后,持证上岗。
2)操作人员必须经体检,凡患有高血压、心脏病、癫痫病和有碍安全操作的疾病与生理缺陷者,不得从事此项操作。严禁酒后作业。
3)机械进入现场前,必须查明行驶路线上的桥梁、涵洞的通行高度和承载能力。严禁在桥面上急转向和紧急刹车。通过桥洞前必须注意限高,确认安全后低速通过。
4)作业前应依照安全技术措施交底检查施工现场,查明地上、地下管线和构筑物的状况。不得在距现状电力、通信电缆、煤气管道等周围 2m 以内作业。
5)机械设备在沟槽附近行驶时应低速,作业中必须避开管线和构筑物,并与沟槽边保持不小于 1.5m 的安全距离。
6)配合机械清底、平地、修坡等人员,必须在机械回转半径以外作业。如必须在回转半径内作业时,应停止机械回转并制动好后方可开始。机上、机下人员应随时取得密切联系。
7)作业中遇到下列情况,应立即停止操作:
①填挖区土体不稳定,有坍塌可能。
②发生暴雨、雷电、水位暴涨及山洪暴发。
③施工标记及防护设施被损坏。
④出现其他不能保证作业和运行安全的情况。
8)机械在场外公路上行驶时必须遵守交通管理部门的有关规定。
9)自行式机械作业前,必须进行检查,制动、转向、信号及安全装置应齐全有效。
10)坡道停机时,不得横向停放。纵向停放时,必须挡掩,并将工作装置落地辅助制动,确认制动可靠后,操作人员方可离开。雨期施工时,机械作业完毕应停放在较高的坚实地面上。
11)机械设备在发电站、变电站、配电室等附近作业时,不得进入危险区域。
12)机械挖掘基坑时,如坑底无地下水,坑深在 5m 以内,其边坡坡度应符合安全技术措施交底的规定。挖土深度超过 5m 或发现有地下水或土质发生特殊变化情况时,必须根据土质和深度采取防坍塌措施,严禁盲目冒险作业。
13)机械运转时,不得进行任何紧固、保养、润滑、检查等作业。
14)机械作业时,人员不得上下机械。
(2)挖掘机。
1)作业前应进行检查,确认一切齐全完好,大臂和铲斗运动范围内无障碍物和其他人员,鸣笛示警后方可作业。</td></tr>
</table>

交底人	×××	接受交底班组长	×××	接受交底人数	××人

本表由施工单位填写并保存(一式三份。班组一份、安全员一份、交底人一份)。

安全交底记录

编号：×××

工程名称	××大厦		
施工单位	×××建筑公司		
交底项目(部位)	挖掘机安全技术交底	交底日期	××年×月×日

交底内容(安全措施与注意事项)：

2)挖掘机驾室内外露传动部分,必须安装防护罩。

3)电动的单斗挖掘机必须接地良好,油压传动的臂杆的油路和油缸确认完好。

4)正铲作业时,作业面应不超过本机性能规定的最大开挖高度和深度。在拉铲或反铲作业时,挖掘机履带或轮胎与作业面边缘距离不得小于1.5m。

5)挖掘机在平地上作业,应用制动器将履带(或轮胎)刹住、楔牢。

6)挖掘机适用于在黏土、沙砾土、泥炭岩等土壤的铲挖作业。对爆破掘松后的重岩石内铲挖作业时,只允许用正铲,岩石料径应小于斗口宽的1/2。禁止用挖掘机的任何部位去破碎石块、冻土等。

7)取土、卸土不得有障碍物,在挖掘时任何人不得在铲斗作业回转半径范围内停留。装车作业时,应待运输车辆停稳后进行,铲斗应尽量放低,并不得砸撞车辆,严禁车箱内有人,严禁铲斗从汽车驾驶室顶上越过。卸土时铲斗应尽量放低,但不得撞击汽车任何部位。

8)行走时臂杆应与履带平行,并制动回转机构,铲斗离地面宜为1m。行走坡度不得超过机械允许最大坡度,下坡用慢速行驶,严禁空挡滑行。转弯不应过急,通过松软地时应进行铺垫加固。

9)挖掘机回转制动时,应使用回转制动器,不得用转向离合器反转制动。满载时,禁止急剧回转猛刹车,作业时铲斗起落不得过猛。下落时不得冲击车架或履带及其他机件,不得放松提升钢丝绳。

10)作业时,必须待机身停稳后再挖土,铲斗未离开作业面时,不得作回转行走等动作,机身回转或铲斗承载时不得起落吊臂。

11)在崖边进行挖掘作业时,作业面不得留有伞沿及松动的大块石,发现有坍塌危险时应立即处理或将挖掘机撤离至安全地带。

12)拉铲作业时,铲斗满载后不得继续吃土,不得超载。拉铲作沟渠、河道等项作业时,应根据沟渠、河道的深度、坡度及土质确定距坡沿的安全距离,一般不得小于2m,反铲作业时,必须待大臂停稳后再吃土,收斗,伸头不得过猛、过大。

13)驾驶司机离开操作位置,不论时间长短,必须将铲斗落地并关闭发动机。

14)不得用铲斗吊运物料。

15)发现运转异常时应立即停机,排除故障后方可继续作业。

16)轮胎式挖掘机在斜坡上移动时铲斗应向高坡一边。

17)使用挖掘机拆除构筑物时,操作人员应分析构筑物倒塌方向,在挖掘机驾驶室与被拆除构筑物之间留有构筑物倒塌的空间。

18)作业结束后,应将挖掘机开到安全地带,落下铲斗制动好回转机构,操纵杆放在空挡位置。

19)作业后应将机械擦拭干净,冬期必须将机体和水箱内水放净(防冻液除外)。关闭门窗加锁后方可离开。

交底人	×××	接受交底班组长	×××	接受交底人数	××人

本表由施工单位填写并保存(一式三份。班组一份、安全员一份、交底人一份)。

(3)混凝土搅拌机安全技术交底(表 2-43)。

表 2-43　　安全交底记录

编号: ×××

工程名称	××大厦		
施工单位	×××建筑公司		
交底项目(部位)	混凝土搅拌机安全技术交底	交底日期	××年×月×日

交底内容(安全措施与注意事项):

(1)混凝土搅拌机的操作人员(司机)必须经安全技术培训,考试合格,持证上岗。严禁非司机操作。

(2)混凝土搅拌机安装必须平稳牢固,轮胎应卸下保存(长期使用),并应搭设防雨、防砸的保温工作棚。操作台应保持整洁,棚内设给水设施,棚外应设沉淀池,必须排水畅通,并应装设除尘设备。

(3)每日必须进行班前、班中、班后"三检制",其检查内容:

1)每日上班前应检查机棚内环境和机械是否有障碍物。检查钢丝绳、离合器、制动器和安全防护装置应灵敏可靠,轨道滑轮良好正常,机身平稳,确认无误方可合闸试车。经 2～3min 运转,滚筒转动平稳,不跳动、不跑偏、无异常声响后,方可正式操作。

2)班中司机不得擅离岗位。应随时观察发现不正常现象或异常音响,应将搅拌筒内存料放出。停机拉闸断电(挂有人操作,严禁合闸警示牌)后进行检查修理。

3)班后应将机械内外刷干净,并将料斗升起,挂牢双保险钩后,拉闸断电并锁好电箱门。

(4)搅拌机不得超负荷使用。运转中严禁维修保养,严禁用工具伸入搅拌机内扒料。若遇中途停电时,必须将料卸出。

(5)强制式搅拌机的骨料必须按规定粒径的允许值供料,严禁使用超大骨料。

(6)砂堆板结需要捣松时,必须两人,一人操作,一人监护,必须站在安全稳妥的地方,并有安全措施。严禁盲目冒险作业。

(7)机械运转中,严禁将头或手伸入料斗与机架之间查看或探摸等作业。

(8)料斗提升时,严禁在料斗下操作或穿行。清理斗坑时,必须将料斗挂牢双保险钩后方可清理。

(9)冬期停机后,必须将水泵及贮水罐中的水放净。

(10)运输搅拌机应办理通行证,按规定速度行驶,牵引时一般不得超过 20km/h。人力转移时,上下坡时应前转向、后制动,设专人指挥,密切配合,协调一致。

(11)混凝土输送泵应安放在坚实平整的地面,放下支腿,将机身安放平稳。

(12)作业前应进行检查,确认电气设备和仪表正常,各部位开关按钮、手柄都在正确位置,机械部分各紧固点牢固、可靠,链条和皮带松紧度符合规定要求,传动部位运转正常。

(13)混凝土输送泵管接头应密封严紧,管卡应连接牢固。垂直管前应不少于 10m 带逆止阀的水平管,严禁将垂直管直接接在混凝土输送泵的输出口。

(14)疏通堵塞管道时,应疏散周围人员。拆卸管道清洗前应采取反抽方法,清除输送管道的压力。拆卸时严禁管口对人。

(15)作业时不得取下料斗格栅网和其他安全装置。不得攀登和骑压输送管道,不得把手伸入阀体内工作,严禁在泵送时拆卸管道。

(16)清洗管道时,操作人员应离开管道出口和弯管接头处。如用压缩空气清洗管道时,管道出口处 10m 内不得有人和设备。

(17)作业后,将液压系统卸压,将全部控制开关回到原始位置。

交底人	×××	接受交底班组长	×××	接受交底人数	××人

本表由施工单位填写并保存(一式三份。班组一份、安全员一份、交底人一份)。

3. 脚手架安全技术交底

本书中因限于篇幅，主要只介绍附着升降脚手架和浇筑混凝土脚手架安全技术交底。

(1)附着升降脚手架安全技术交底（表2-44）。

表 2-44　　安全交底记录

编号：×××

工程名称	××大厦		
施工单位	×××建筑公司		
交底项目(部位)	附着升降脚手架安全技术交底	交底日期	××年×月×日

交底内容(安全措施与注意事项)：

1. 一般规定

(1)建筑登高作业(架子工)，必须经专业安全技术培训，考试合格，持特种作业操作证上岗作业。架子工的徒工必须办理学习证，在技工带领、指导下操作，非架子工未经同意不得单独进行作业。

(2)架子工必须经过体检，凡患有高血压、心脏病、癫痫病、晕高或视力不够以及不适合于登高作业的，不得从事登高架设作业。

(3)正确使用个人安全防护用品，必须着装灵便(紧身紧袖)，在高处(2m以上)作业时，必须佩戴安全带与已搭好的立、横杆挂牢，穿防滑鞋。作业时要精神集中、团结协作、互相呼应、统一指挥、不得“走过档”和跳跃架子，严禁打闹、酒后上班。

(4)班组(队)接受任务后，必须组织全体人员，认真领会脚手架专项安全施工组织设计和安全技术措施交底，研讨搭设方法，明确分工，并派1名技术好、有经验的人员负责搭设技术指导和监护。

(5)风力六级以上(含六级)强风和高温、大雨、大雪、大雾等恶劣天气，应停止高处露天作业。风、雨、雪过后要进行检查，发现倾斜下沉、松扣、崩扣要及时修复，合格后方可使用。

(6)脚手架要结合工程进度搭设，搭设未完的脚手架，在离开作业岗位时，不得留有未固定构件和不安全隐患，确保架子稳定。

(7)在带电设备附近搭、拆脚手架时，宜停电作业。在外电架空线路附近作业时，脚手架外侧边缘与外电架空线路的边线之间的最小安全操作距离不得小于表1的数值。

表 1　　在建筑工程(含脚手架具)的外侧边缘与外电架空线路的边缘之间的最小安全操作距离

外电线路电压	1kV 以下	1～10kV	35～110kV	154～220kV	330～500kV
最小安全操作距离(m)	4	6	8	10	12

注：上、下脚手架斜道严禁搭设在有外电线路的一侧。

(8)各种非标准的脚手架，跨度过大、负载超重等特殊架子或其他新型脚手架，按专项安全施工组织设计批准的意见进行作业。

(9)脚手架搭设到高于在建建筑物顶部时，里排立杆要低于沿口40～50mm，外排立杆高出沿口1～1.5m，搭设两道护身栏，并挂密目安全网。

(10)脚手架搭设、拆除、维修和升降必须由架子工负责，非架子工不准从事脚手架操作。

交底人	×××	接受交底班组长	×××	接受交底人数	××人

本表由施工单位填写并保存(一式三份。班组一份、安全员一份、交底人一份)。

安全交底记录

编号：×××

工程名称	××大厦		
施工单位	×××建筑公司		
交底项目(部位)	附着升降脚手架安全技术交底	交底日期	××年×月×日

交底内容(安全措施与注意事项)：

2. 材料要求

(1)钢管：钢管采用外径48～51mm，壁厚3～3.5mm的管材。钢管应平直光滑，无裂缝、结疤、分层、错位、硬弯、毛刺、压痕和深的划道。钢管应有产品质量合格证，钢管必须涂有防锈漆并严禁打孔。

脚手架钢管的尺寸应按表2采用，每根钢管的最大重量不应大于25kg。

表2　　脚手架钢管尺寸　　(单位：mm)

截面尺寸		最大长度	
外径	壁厚	横向水平杆	其他杆
48 51	3.5 3	2200	6500

(2)扣件：采用可锻造铸铁制作的扣件，其材质应符合现行国家标准《钢管脚手架扣件》(GB 15831—2006)的规定。新扣件必须有产品合格证。

旧扣件使用前应进行质量检查，有裂缝、变形的严禁使用，出现滑丝的螺栓必须更换。

(3)脚手板：脚手板可采用钢、木材料两种，每块重量不宜大于30kg。

冲压新钢脚手板，必须有产品质量合格证。板长度为1.5～3.6m，厚2～3mm，肋高5cm，宽23～25cm，其表面锈蚀斑点直径不大于5mm，并沿横截面方向不得多于3处。脚手板一端应压连接卡口，以便铺设时扣住另一块的端部，板面应冲有防滑圆孔。

木脚手板应采用杉木或松木制作，其长度为2～6m，厚度不小于5cm，宽23～25cm，不得使用有腐朽、裂缝、斜纹及大横透节的板材。两端应设直径为4mm的镀锌钢丝箍两道。

(4)安全网：宽度不得小于3m，长度不得大于6m，网眼不得大于10cm，必须使用维纶、锦纶、尼龙等材料，严禁使用损坏或腐朽的安全网和丙纶网。密目安全网只准做立网使用。

3. 附着升降脚手架

(1)安装、使用和拆卸附着升降脚手架的工人必须经过专业培训，考试合格。未经培训任何人(含架子工)严禁从事此项操作。

(2)附着升降脚手架安装前必须认真组织学习"专项安全施工组织设计"(施工方案)和安全技术措施交底，研究安装方法，明确岗位责任。控制中心必须设专人负责操作，严禁未经同意人员操作。

交底人	×××	接受交底班组长	×××	接受交底人数	××人

本表由施工单位填写并保存(一式三份。班组一份、安全员一份、交底人一份)。

安全交底记录

编号：×××

名称	××大厦		
施工单位	×××建筑公司		
交底项目(部位)	附着升降脚手架安全技术交底	交底日期	××年×月×日

交底内容(安全措施与注意事项)：

(3)组装附着升降脚手架的水平梁及竖向主框架，在两相邻附着支撑结构处的高差应不大于20mm；竖向主框架和防倾导向装置的垂直偏差应不大于5‰和60mm；预留穿墙螺栓孔和预埋件应垂直于工程结构外表面，其中心误差小于15mm。

(4)附着升降脚手架组装完毕，必须经技术负责人组织进行检查验收，合格后签字，方准投入使用。

(5)升降操作必须严格遵守升降作业程序；严格控制并确保架子的荷载；所有妨碍架体升降的障碍物必须拆除；严禁任何人(含操作人员)停留在架体上，特殊情况必须经领导批准，采取安全措施后，方可实施。

(6)升降脚手架过程中，架体下方严禁有人进入，设置安全警戒区，并派人负责监护。

(7)严格按设计规定控制各提升点的同步性，相邻提升点间的高差不得大于30mm，整体架最大升降差不得大于80mm；升降过程中必须实行统一指挥，规范指令。升降指令只允许由总指挥一人下达。但当有异常情况出现时，任何人均可立即发出停止指令。

(8)架体升降到位后，必须及时按使用状况进行附着固定。在架体没有完成固定前，作业人员不得擅离岗位或下班。在未办理交付使用手续前，必须逐项进行点检，合格后，方准交付使用。

(9)严禁利用架体吊运物料和拉接吊装缆绳(索)；不准在架体上推车，不准任意拆卸结构件或松动连接件、移动架体上的安全防护设施。

(10)架体螺栓连接件、升降动力设备、防倾装置、防坠装置、电控设备等应定期(至少半月)检查维修保养1次和不定期的抽检，发现异常，立即解决，严禁带病使用。

(11)六级以上强风停止升降或作业，复工时必须逐项检查后，方准复工。

4. 拆除脚手架

(1)脚手架拆除程序，应由上而下按层按步拆除，先拆护身栏、脚手板和横向水平杆，再依次拆剪刀撑的上部扣件和接杆。拆除全部剪刀撑、抛撑以前，必须搭设临时加固斜支撑，预防架倾倒。

(2)拆脚手架杆件，必须由2～3人协同操作，拆纵向水平杆时，应由站在中间的人向下传递，严禁向下抛掷。

(3)拆除作业区的周围及进出口处，必须派专人瞭望，严禁非作业区人员进入危险区域，拆除大片架子应加临时围栏。作业区内电线及其他设备有妨碍时，应事先与有关部门联系拆除、转移或加防护。

(4)拆除全部过程中，应指派1名责任心强、技术水平高的工人担任指挥和监护，并负责任拆除撤料和监护操作人员的作业。

(5)已拆下的材料必须及时清理，运至指定地点码放。

(6)拆至底部时，应先加临时固定措施后，再拆除。

交底人	×××	接受交底班组长	×××	接受交底人数	××人

本表由施工单位填写并保存(一式三份。班组一份、安全员一份、交底人一份)。

(2)浇筑混凝土脚手架安全技术交底(表 2-45)。

表 2-45　　　　　　　　　　　　**安全交底记录**

编号：×××

工程名称	××大厦		
施工单位	×××建筑公司		
交底项目(部位)	浇筑混凝土脚手架安全技术交底	交底日期	××年×月×日

交底内容(安全措施与注意事项)：

1. 一般规定

(1)建筑登高作业(架子工),必须经专业安全技术培训,考试合格,持特种作业操作证上岗作业。架子工的徒工必须办理学习证,在技工带领、指导下操作,非架子工未经同意不得单独进行作业。

(2)架子工必须经过体检,凡患有高血压、心脏病、癫痫病、晕高或视力不够以及不适合于登高作业的,不得从事登高架设作业。

(3)正确使用个人安全防护用品,必须着装灵便(紧身紧袖),在高处(2m 以上)作业时,必须佩戴安全带与已搭好的立、横杆挂牢,穿防滑鞋。作业时要精神集中、团结协作、互相呼应、统一指挥,不得"走过档"和跳跃架子,严禁打闹、酒后上班。

(4)班组(队)接受任务后,必须组织全体人员,认真领会脚手架专项安全施工组织设计和安全技术措施交底,研讨搭设方法,明确分工,并派 1 名技术好、有经验的人员负责搭设技术指导和监护。

(5)风力六级以上(含六级)强风和高温、大雨、大雪、大雾等恶劣天气,应停止高处露天作业。风、雨、雪过后要进行检查,发现倾斜下沉、松扣、崩扣要及时修复,合格后方可使用。

(6)脚手架要结合工程进度搭设,搭设未完的脚手架,在离开作业岗位时,不得留有未固定构件和不安全隐患,确保架子稳定。

2. 材料要求

(1)钢管:钢管采用外径 48～51mm,壁厚 3～3.5mm 的管材。钢管应平直光滑,无裂缝、结疤、分层、错位、硬弯、毛刺、压痕和深的划道。钢管应有产品质量合格证,钢管必须涂有防锈漆并严禁打孔。

脚手架钢管的尺寸应按下表采用,每根钢管的最大重量不应大于 25kg。

脚手架钢管尺寸　　(单位:mm)

截面尺寸		最大长度	
外径	壁厚	横向水平杆	其他杆
48 51	3.5 3	2200	6500

(2)扣件:采用可锻造铸铁制作的扣件,其材质应符合现行国家标准《钢管脚手架扣件》(GB 15831—2006)的规定。新扣件必须有产品合格证。

旧扣件使用前应进行质量检查,有裂缝、变形的严禁使用,出现滑丝的螺栓必须更换。

交底人	×××	接受交底班组长	×××	接受交底人数	××人

本表由施工单位填写并保存(一式三份。班组一份、安全员一份、交底人一份)。

安全交底记录

编号：×××

工程名称	××工程		
施工单位	×××建筑工程公司		
交底项目(部位)	浇筑混凝土脚手架安全技术交底	交底日期	××年×月×日

交底内容(安全措施与注意事项)：

(3)脚手板：脚手板可采用钢、木材料两种，每块重量不宜大于30kg。

冲压新钢脚手板，必须有产品质量合格证。板长度为1.5～3.6m，厚2～3mm，肋高5cm，宽23～25cm，其表面锈蚀斑点直径不大于5mm，并沿横截面方向不得多于3处。脚手板一端应压连接卡口，以便铺设时扣住另一块的端部，板面应冲有防滑圆孔。

木脚手板应采用杉木或松木制作，其长度为2～6m，厚度不小于5cm，宽23～25cm，不得使用有腐朽、裂缝、斜纹及大横透节的板材。两端应设直径为4mm的镀锌钢丝箍两道。

(4)安全网：宽度不得小于3m，长度不得大于6m，网眼不得大于10cm，必须使用维纶、锦纶、尼龙等材料，严禁使用损坏或腐朽的安全网和丙纶网。密目安全网只准做立网使用。

3. 浇筑混凝土脚手架搭设

(1)立杆间距不得超过1.5m，土质松软的地面应夯实或垫板，并加设扫地杆。

(2)纵向水平杆不得少于两道，高度超过4m的架子，纵向水平杆不得大于1.7m。架子宽度超过2m时，应在跨中加吊1根纵向水平杆，每隔两根立杆在下面加设1根托杆，使其与两旁纵向水平杆互相连接，托杆中部搭设八字斜撑。

(3)横向水平杆间距不得大于1m。脚手板铺对头板，板端底下设双横向水平杆，板铺严、铺牢。脚手板搭接铺设时，端头必须压过横向水平杆150mm。

(4)架子大面必须设剪刀撑或八字戗，小面每隔两根立杆和纵向水平杆搭接部位必须打剪刀戗。

(5)架子高度超过2m时，临边必须搭设两道护身栏杆。

4. 拆除脚手架

(1)脚手架拆除程序，应由上而下按层按步拆除，先拆护身栏、脚手板和横向水平杆，再依次拆剪刀撑的上部扣件和接杆。拆除全部剪刀撑、抛撑以前，必须搭设临时加固斜支撑，预防架倾倒。

(2)拆脚手架杆件，必须由2～3人协同操作，拆纵向水平杆时，应由站在中间的人向下传递，严禁向下抛掷。

(3)拆除作业区的周围及进出口处，必须派专人瞭望，严禁非作业区人员进入危险区域，拆除大片架子应加临时围栏。作业区内电线及其他设备有妨碍时，应事先与有关部门联系拆除、转移或加防护。

(4)拆除全部过程中，应指派1名责任心强、技术水平高的工人担任指挥和监护，并负责任拆除撤料和监护操作人员的作业。

(5)已拆下的材料必须及时清理，运至指定地点码放。

(6)拆至底部时，应先加临时固定措施后，再拆除。

交底人	×××	接受交底班组长	×××	接受交底人数	××人

本表由施工单位填写并保存(一式三份。班组一份、安全员一份、交底人一份)。

4. 施工操作人员安全技术交底

本节中因限于篇幅，主要只介绍电焊工、气焊工、油漆工、防水工安全技术交底。

(1)电焊工安全技术交底(表 2-46)。

表 2-46　　安全交底记录

编号：×××

<table>
<tr><td>工程名称</td><td colspan="5">××大厦</td></tr>
<tr><td>施工单位</td><td colspan="5">×××建筑公司</td></tr>
<tr><td>交底项目(部位)</td><td colspan="2">电焊工安全技术交底</td><td>交底日期</td><td colspan="2">××年×月×日</td></tr>
<tr><td colspan="6">交底内容(安全措施与注意事项)：

(1)一般规定。
1)金属焊接作业人员，必须经专业安全技术培训，考试合格，持证上岗工作；非电焊工严禁进行电焊作业。
2)操作时应穿电焊工作服、绝缘鞋和戴电焊手套、防护面罩等安全防护用品，高处作业时系安全带。
3)电焊作业现场周围 10m 范围内不得堆放易燃易爆物品。
4)雨、雪、风力六级以上(含六级)天气不得露天作业。雨、雪后应清除积水、积雪后方可作业。
5)操作前应首先检查焊机和工具，如焊钳和焊接电缆的绝缘、焊机外壳保护接地和焊机的各接线点等，确认安全合格方可作业。
6)严禁在易燃易爆气体或液体扩散区域内、运行中的压力管道和装有易燃易爆物品的容器内以及受力构件上焊接和切割。
7)焊接曾储存易燃、易爆物品的容器时，应根据介质进行多次置换及清洗，并打开所有孔口，经检测确认安全后方可施焊。
8)在密封容器内施焊时，应采取通风措施。间歇作业时焊工应到外面休息。容器内照明电压不得超过 12V。焊工身体应用绝缘材料与焊件隔离。焊接时必须设专人监护，监护人应熟知焊接操作规程和抢救方法。
9)焊接铜、铝、铅、锌合金金属时，必须穿戴防护用品，在通风良好的地方作业。在有害介质场所进行焊接时，应采取防毒措施，必要时进行强制通风。
10)施焊地点潮湿或焊工身体出汗后而使衣服潮湿时，严禁靠在带电钢板或工件上，焊工应在干燥的绝缘板或胶垫上作业，配合人员应穿绝缘鞋或站在绝缘板上。
11)焊接时临时接地线头严禁浮搭，必须固定、压紧，用胶布包严。
12)操作时遇下列情况必须切断电源：
①改变电焊机接头时。
②更换焊件需要改接二次回路时。
③转移工作地点搬动焊机时。
④焊机发生故障需进行检修时。
⑤更换保险装置时。
⑥工作完毕或临时离操作现场时。</td></tr>
<tr><td>交底人</td><td>×××</td><td>接受交底班组长</td><td>×××</td><td>接受交底人数</td><td>××人</td></tr>
</table>

本表表由施工单位填写并保存(一式三份。班组一份、安全员一份、交底人一份)。

安全交底记录

编号：×××

工程名称	××大厦		
施工单位	×××建筑公司		
交底项目(部位)	电焊工安全技术交底	交底日期	××年×月×日

交底内容(安全措施与注意事项)：

13)高处作业必须遵守下列规定：

①必须使用标准的防火安全带，并系在可靠的构架上。

②必须在作业点正下方5m外设置护栏，并设专人监护。必须清除作业点下方区域易燃、易爆物品。

③必须戴盔式面罩。焊接电缆应绑紧在固定处，严禁绕在身上或搭在背上作业。

④焊工必须站在稳固的操作平台上作业，焊机必须放置平稳、牢固，设有良好的接地保护装置。

14)操作时严禁焊钳夹在腋下去搬被焊工件或将焊接电缆挂在脖颈上。

15)焊接时二次线必须双线到位，严禁借用金属管道、金属脚手架、轨道及结构钢筋作回路地线。焊把线无破损，绝缘良好。焊把线必须加装电焊机触电保护器。

16)焊接电缆通过道路时，必须架高或采取其他保护措施。

17)焊把线不得放在电弧附近或炽热的焊缝旁。不得碾轧焊把线。应采取防止焊把线被尖利器物损伤的措施。

18)清除焊渣时应佩戴防护眼镜或面罩。焊条头应集中堆放。

19)下班后必须拉闸断电，必须将地线和把线分开。并确认火已熄灭方可离开现场。

(2)电焊设备。

1)电焊机必须安放在通风良好、干燥、无腐蚀介质、远离高温高湿和多粉尘的地方。露天使用的焊机应搭设防雨棚，焊机应用绝缘物垫起，垫起高度不得小于20cm，按规定配备消防器材。

2)电焊机使用前，必须检查绝缘及接线情况，接线部分必须使用绝缘胶布缠严，不得腐蚀、受潮及松动。

3)电焊机必须设单独的电源开关、自动断电装置。一次侧电源线长度应不大于5m，二次线焊把线长度应不大于30m。两侧接线应压接牢固，必须安装可靠防护罩。

4)电焊机的外壳必须设可靠的接零或接地保护。

5)电焊机焊接电缆线必须使用多股细铜线电缆，其截面应根据电焊机使用规定选用。电缆外皮应完好、柔软，其绝缘电阻不小于1MΩ。

6)电焊机内部应保持清洁。定期吹净尘土。清扫时必须切断电源。

7)电焊机启动后，必须空载运行一段时间。调节焊接电流及极性开关应在空载下进行。直流焊机空载电压不得超过90V，交流焊机空载电压不得超过80V。

8)使用交流电焊机作业应遵守下列规定：

①多台焊机接线时三相负载应平衡，初级线上必须有开关及熔断保护器。

②电焊机应绝缘良好。焊接变压器的一次线圈绕组与二次线圈绕组之间、绕组与外壳之间的绝缘电阻不得小于1MΩ。

③电焊机的工作负荷应依照设计规定，不得超载运行。作业中应经常检查电焊机的温升，A级超过60℃、B级超过80℃时必须停止运转。

交底人	×××	接受交底班组长	×××	接受交底人数	××人

本表表由施工单位填写并保存(一式三份。班组一份、安全员一份、交底人一份)。

安全交底记录

编号:________

工程名称	××大厦		
施工单位	×××建筑公司		
交底项目(部位)	电焊工安全技术交底	交底日期	××年×月×日

交底内容(安全措施与注意事项):

9)使用硅整流电焊机作业应遵守下列规定:

①使用硅整流电焊机时,必须开启风扇,运转中应无异响,电压表指示值应正常。

②应经常清洁硅整流器及各部件,清洁工作必须在停机断电后进行。

10)使用氩弧焊机作业应遵守下列规定:

①工作前应检查管路,气管、水管不得受压、泄漏。

②氩气减压阀、管接头不得沾有油脂。安装后应试验,管路应无障碍、不漏气。

③水冷型焊机冷却水应保持清洁,焊接中水流量应正常,严禁断水施焊。

④高频氩弧焊机,必须保证高频防护装置良好,不得发生短路。

⑤更换钨极时,必须切断电源。磨削钨极必须戴手套和口罩。磨削下来的粉尘应及时清除。钍、铈钨极必须放置在密闭的铅盒内保存,不得随身携带。

⑥氩气瓶内氩气不得用完,应保留98～226kPa。氩气瓶应直立、固定放置,不得倒放。

⑦作业后切断电源,关闭水源和气源。焊接人员必须及时脱去工作服,清洗手脸和外露的皮肤。

11)使用二氧化碳气体保护焊机作业应遵守下列规定:

①作业前预热15min,开气时,操作人员必须站在瓶嘴的侧面。

②二氧化碳气体预热器端的电压不得高于36V。

③二氧化碳气瓶应放在阴凉处,不得靠近热源。最高温度不得超过30℃,并应放置牢靠。

④作业前应进行检查,焊丝的进给机构、电源的连接部分、二氧化碳气体的供应系统以及冷却水循环系统均应符合要求。

12)使用埋弧自动、半自动焊机作业应遵守下列规定:

①作业前应进行检查,送丝滚轮的沟槽及齿纹应完好,滚轮、导电嘴(块)必须接触良好,减速箱油槽中的润滑油应充量合格。

②软管式送丝机构的软管槽孔应保持清洁,定期吹洗。

13)焊钳和焊接电缆应符合下列规定:

①焊钳应保证任何斜度都能夹紧焊条,且便于更换焊条。

②焊钳必须具有良好的绝缘、隔热能力。手柄绝热性能应良好。

③焊钳与电缆的连接应简便可靠,导体不得外露。

④焊钳弹簧失效,应立即更换。钳口处应经常保持清洁。

⑤焊接电缆应具有良好的导电能力和绝缘外层。

⑥焊接电缆的选择应根据焊接电流的大小和电缆长度,按规定选用较大的截面积。

⑦焊接电缆接头应采用铜导体,且接触良好,安装牢固可靠。

(3)不锈钢焊接。

1)不锈钢焊接的焊工除应具备电焊工的安全操作技能外,还必须熟练地掌握氩弧焊接、等离子切割、不锈钢酸洗钝化等方面的安全防护和安全操作技能。

2)使用直流焊机应遵守以下规定:

①操作前应检查焊机外壳的接地保护、一次电源线接线柱的绝缘、防护罩、电压表、电流表的接线、焊机旋转方向与机身指示标志和接线螺栓等均合格、齐全、灵敏、牢固方可操作。

交底人	×××	接受交底班组长	×××	接受交底人数	××人

本表表由施工单位填写并保存(一式三份。班组一份、安全员一份、交底人一份)。

安全交底记录

编号：×××

<table>
<tr><td>工程名称</td><td colspan="3">××大厦</td></tr>
<tr><td>施工单位</td><td colspan="3">×××建筑公司</td></tr>
<tr><td>交底项目(部位)</td><td>电焊工安全技术交底</td><td>交底日期</td><td>××年×月×日</td></tr>
<tr><td colspan="4">交底内容(安全措施与注意事项)：

②焊机应垫平、放稳。多台焊机在一起应留有间距500mm以上，必须一机一闸，一次电源线不得大于5m。
③旋转直流弧焊机应有补偿器和“启动”、“运转”、“停止”的标记。合闸前应确认手柄是否在“停止”位置上。启动时，辨别转子是否旋转，旋转正常再将手柄扳到“运转”位置。焊接时突然停电，必须立即将手柄扳到“停止”位置。
④不锈钢焊接采用“反接极”，即工件接负极。如焊机正负标记不清或转换钮与标记不符，必须用万能表测量出正负极性，确认后方可操作。
⑤不锈钢焊条药皮易脱落，停机前必须将焊条头取下或将焊机把挂好，严禁乱放。
3)一般不锈钢设备用于贮存或输送有腐蚀性、有毒性的液体或气体物质，不得在带压运行中的不锈钢容器或管道上施焊。不得借路设备管道做焊接导线。
4)焊接或修理贮存过化学物品或有毒物质的容器或管道，必须采取蒸气清扫、苏打水清洗等措施。置换后，经检测分析合格，打开孔口或注满水再进行焊接。严禁盲目动火。
5)不锈钢的制作和焊接过程中，焊前对坡口的修整和焊缝的清根使用砂轮打磨时，必须检查砂轮片和紧固，确认安全可靠，戴上护目镜后，方可打磨。
6)在容器内或室内焊接时，必须有良好的通风换气措施或戴焊接专用的防尘面罩。
7)氩弧焊应遵守以下规定：
①手工钨极氩弧焊接不锈钢，电源采用直流正接，工件接正，钨极接负。
②用交流钨极氩弧焊机焊接不锈钢，应采用高频为稳弧措施，将焊枪和焊接导线用金属纺织线进行屏蔽。预防高频电磁场对握焊枪和焊丝双手的刺激。
③手工氩弧焊的操作人员必须穿工作服，扣齐纽扣、穿绝缘鞋、戴柔软的皮手套。在容器内施焊应戴送风式头盔、送风式口罩或防毒口罩等个人防护用品。
④氩弧焊操作场所应有良好自然通风或用换气装置将有害气体和烟尘及时排出，确保操作现场空气流通。操作人员应位于上风处。并应采取间歇作业法。
⑤凡患有中枢神经系统器质性疾病、植物神经功能紊乱、活动性肺结核、肺气肿、精神病或神经官能症者，不宜从事氩弧焊不锈钢焊接作业。
⑥打磨钍钨极棒时，必须佩戴防尘口罩和眼镜。接触钍钨极棒的手应及时清洗。钍钨极棒不得乱放，应存放在有盖的铅盒内，并设专人负责保管。
8)不锈钢焊工酸洗和钝化应遵守以下规定：
①不锈钢酸洗钝化使用不锈钢丝刷子刷焊缝时，应由里向外推刷子，不得来回刷。从事不锈钢酸洗时，必须穿防酸工作服、戴口罩、防护眼镜、乳胶手套和胶鞋。
②凡患有呼吸系统疾病者，不宜从事酸洗操作。
③化学物品，特别是氢氟酸必须妥善保管，必须有严格领用手续。
④酸洗钝化后的废液必须经专门处理，严禁乱倒。
9)不锈钢等金属在用等离子切割过程中，必须遵守氩弧焊接的安全操作规定。焊接时由于电弧作用所传导的高温，有色金属受热膨胀，当电弧停止时，不得立即去查看焊缝。</td></tr>
</table>

交底人	×××	接受交底班组长	×××	接受交底人数	××人

本表表由施工单位填写并保存(一式三份。班组一份、安全员一份、交底人一份)。

(2)气焊工安全技术交底(表 2-47)。

表 2-47　　　　　　　　　　　　　　**安全交底记录**

编号：×××

<table>
<tr><td>工程名称</td><td colspan="5">××大厦</td></tr>
<tr><td>施工单位</td><td colspan="5">×××建筑公司</td></tr>
<tr><td>交底项目(部位)</td><td colspan="2">气焊工安全技术交底</td><td>交底日期</td><td colspan="2">××年×月×日</td></tr>
<tr><td colspan="6">交底内容(安全措施与注意事项)：
(1)点燃焊(割)炬时,应先开乙炔阀点火,然后开氧气阀调整火焰。关闭时应先关闭乙炔阀,再关氧气阀。
(2)点火时,焊炬口不得对着人,不得将正在燃烧的焊炬放在工件或地面上。焊炬带有乙炔气和氧气时,不得放在金属容器内。
(3)作业中发现气路或气阀漏气时,必须立即停止作业。
(4)作业中若氧气管着火应立即关闭氧气阀门,不得折弯胶管断气;若乙炔管着火,应先关熄炬火,可用弯折前面一段软管的办法止火。
(5)高处作业时,氧气瓶、乙炔瓶、液化气瓶不得放在作业区域正下方,应与作业点正下方保持在 10m 以上的距离。必须清除作业区域下方的易燃物。
(6)不得将橡胶软管背在背上操作。
(7)作业后应卸下减压器,拧上气瓶安全帽,将软管盘起捆好,挂在室内干燥处;检查操作场地,确认无着火危险后方可离开。
(8)冬天露天作业时,如减压阀软管和流量计冻结,应使用热水(热水袋)、蒸气或暖气设备化冻,严禁用火烘烤。
(9)使用氧气瓶应遵守下列规定：
1)氧气瓶应与其他易燃气瓶、油脂和易燃、易爆物品分别存放。
2)存储高压气瓶时应旋紧瓶帽,放置整齐,留有通道,加以固定。
3)气瓶库房应与高温、明火地点保持 10m 以上的距离。
4)氧气瓶在运输时应平放,并加以固定,其高度不得超过车厢槽帮。
5)严禁用自行车、叉车或起重设备吊运高压钢瓶。
6)氧气瓶应设有防震圈和安全帽,搬运和使用时严禁撞击。
7)氧气瓶阀不得沾有油脂、灰土。不得用带油脂的工具、手套或工作服接触氧气瓶阀。
8)氧气瓶不得在强烈日光下曝晒,夏季露天工作时,应搭设防晒罩、棚。
9)氧气瓶与焊炬、割炬、炉子和其他明火的距离应不小于 10m,与乙炔瓶的距离不得小于 5m。
10)开启氧气瓶阀门时,操作人员不得面对减压器,应用专用工具。开启动作要缓慢,压力表指针应灵敏、正常。氧气瓶中的氧气不得全部用尽,必须保持不小于 49kPa 的压强。
11)严禁使用无减压器的氧气瓶作业。</td></tr>
<tr><td>交底人</td><td>×××</td><td>接受交底班组长</td><td>×××</td><td>接受交底人数</td><td>××人</td></tr>
</table>

本表表由施工单位填写并保存(一式三份。班组一份、安全员一份、交底人一份)。

安全交底记录

编号：×××

工程名称	××大厦		
施工单位	×××建筑公司		
交底项目(部位)	气焊工安全技术交底	交底日期	××年×月×日

交底内容(安全措施与注意事项)：

12)安装减压器时,应首先检查氧气瓶阀门,接头不得有油脂,并略开阀门清除油垢,然后安装减压器。作业人员不得正对氧气瓶阀门出气口。关闭氧气阀门时,必须先松开减压器的活门螺丝。

13)作业中,如发现氧气瓶阀门失灵或损坏不能关闭时,应待瓶内的氧气自动逸尽后,再行拆卸修理。

14)检查瓶口是否漏气时,应使用肥皂水涂在瓶口上观察,不得用明火试。冬期阀门被冻结时,可用温水或蒸汽加热,严禁用火烤。

(10)使用乙炔瓶应遵守下列规定：

1)现场乙炔瓶储存量不得超过5瓶,5瓶以上时应放在储存间。储存间与明火的距离不得小于15m,并应通风良好,设有降温设施、消防设施和通道,避免阳光直射。

2)储存乙炔瓶时,乙炔瓶应直立,并必须采取防止倾斜的措施。严禁与氯气瓶、氧气瓶及其他易燃物同间储存。

3)储存间必须设专人管理,应在醒目的地方设安全标志。

4)应使用专用小车运送乙炔瓶。装卸乙炔瓶的动作应轻,不得抛、滑、滚、碰。严禁剧烈震动和撞击。

5)汽车运输乙炔瓶时,乙炔瓶应妥善固定。气瓶宜横向放置,头向一方。直立放置时,车厢高度不得低于瓶高的2/3。

6)乙炔瓶在使用时必须直立放置。

7)乙炔瓶与热源的距离不得小于10m。乙炔瓶表面温度不得超过40℃。

8)乙炔瓶使用时必须装设专用减压器,减压器与瓶阀的连接应可靠,不得漏气。

9)乙炔瓶内气体不得用尽,必须保留不小于98kPa的压强。

10)严禁铜、银、汞等及其制品与乙炔接触。

(11)使用液化石油气瓶应遵守下列规定：

1)液化石油气瓶必须放置在室内通风良好处,室内严禁烟火,并按规定配备消防器材。

2)气瓶冬期加温时,可使用40℃以下温水,严禁火烤或用沸水加温。

3)气瓶在运输、存储时必须直立放置,并加以固定,搬运时不得碰撞。

4)气瓶不得倒置,严禁倒出残液。

5)瓶阀管子不得漏气,丝堵、角阀丝扣不得锈蚀。

6)气瓶不得充满液体,应留出10%～15%的气化空间。

7)胶管和衬垫材料应采用耐油性材料。

8)使用时应先点火,后开气,使用后关闭全部阀门。

交底人	×××	接受交底班组长	×××	接受交底人数	××人

本表表由施工单位填写并保存(一式三份。班组一份、安全员一份、交底人一份)。

安全交底记录

编号：×××

工程名称	××大厦		
施工单位	×××建筑公司		
交底项目(部位)	气焊工安全技术交底	交底日期	××年×月×日

交底内容(安全措施与注意事项)：

(12)使用减压器应遵守下列规定：

1)不同气体的减压器严禁混用。

2)减压器出口接头与胶管应扎紧。

3)减压器冻结时应采用热水或蒸汽加热解冻，严禁用火烤。

4)安装减压器前，应略开氧气阀门，吹除污物。

5)安装减压器前应进行检查，减压器不得沾有油脂。

6)打开氧气阀门时，必须慢慢开启，不得用力过猛。

7)减压器发生自流现象或漏气时，必须迅速关闭氧气瓶气阀，卸下减压器进行修理。

(13)使用焊矩和割炬应遵守下列规定：

1)使用焊矩和割矩前必须检查射吸情况，射吸不正常时，必须修理，正常后方可使用。

2)焊炬和割炬点火前，应检查连接处和各气阀的严密性，连接处和气阀不得漏气；焊嘴、割嘴不得漏气、堵塞。使用过程中，如发现焊炬、割炬气体通路和气阀有漏气现象，应立即停止作业，修好后再使用。

3)严禁在氧气阀门和乙炔阀门同时开启时用手或其他物体堵住焊嘴或割嘴。

4)焊嘴或割嘴不得过分受热，温度过高时，应放入水中冷却。

5)焊炬、割炬的气体通路均不得沾有油脂。

(14)橡胶软管应遵守下列规定：

1)橡胶软管必须能承受气体压力；各种气体的软管不得混用。

2)胶管的长度不得小于5m，以10～15m为宜，氧气软管接头必须扎紧。

3)使用中，氧气软管和乙炔软管不得沾有油脂，不得触及灼热金属或尖刃物体。

交底人	×××	接受交底班组长	×××	接受交底人数	××人

本表表由施工单位填写并保存(一式三份。班组一份、安全员一份、交底人一份)。

(3)油漆工安全技术交底(表 2-48)。

表 2-48 **安全交底记录**

编号：×××

工程名称	××大厦		
施工单位	×××建筑公司		
交底项目(部位)	油漆工安全技术交底	交底日期	××年×月×日

交底内容(安全措施与注意事项)：

(1)各种油漆材料(汽油、漆料、稀释料)应单独存放在专用库房内，不得与其他材料混放。库房应通风良好。易挥发的汽油、稀释料应装入密闭容器中，严禁在库内吸烟和使用任何明火。

(2)油漆涂料的配制应遵守以下规定：

1)调制油漆应在通风良好的房间内进行。调制有害油漆涂料时，应戴好防毒口罩、护目镜，穿好与之相适应的个人防护用品。工作完毕应冲洗干净。

2)工作完毕，各种油漆涂料的溶剂桶(箱)要加盖封严。

3)操作人员应进行体检，患有眼病、皮肤病、气管炎、结核病者不宜从事此项作业。

(3)使用人字梯应遵守以下规定：

1)高度 2m 以下作业(超过 2m 按规定搭设脚手架)使用的人字梯应四脚落地，摆放平稳，梯脚应设防滑橡皮垫和保险拉链。

2)人字梯上搭铺脚手板，脚手板两端搭接长度不得少于 20cm。脚手板中间不得同时两人操作，梯子挪动时，作业人员必须下来，严禁站在梯子上踩高跷式挪动。人字梯顶部铰轴不准站人、不准铺设脚手板。

3)人字梯应经常检查，发现开裂、腐朽、榫头松动、缺挡等不得使用。

(4)使用喷灯应遵守以下规定：

1)使用喷灯前应首先检查开关及零部件是否完好，喷嘴要畅通。

2)喷灯加油不得超过容量的 4/5。

3)每次打气不能过足。点火应选择在空旷处，喷嘴不得对人。气筒部分出现故障，应先熄灭喷灯，再行修理。

(5)外墙、外窗、外楼梯等高处作业时，应系好安全带。安全带应高挂低用，挂在牢靠处。油漆窗户时，严禁站在或骑在窗栏上操作，刷封沿板或水落管时，应在手架或专用操作平台架上进行。

(6)刷坡度大于 25°的铁皮层面时，应设置活动跳板、防护栏杆和安全网。

(7)刷耐酸、耐腐蚀的过氧乙烯涂料时，应戴防毒口罩。打磨砂纸时必须戴口罩。

(8)在室内或容器内喷涂，必须保持良好的通风。喷涂时严禁对着喷嘴察看。

(9)空气压缩机压力表和安全阀必须灵敏有效。高压气管各种接头应牢固，修理料斗气管时应关闭气门，试喷时不准对人。

(10)喷涂人员作业时，如头痛、恶心、心闷和心悸等，应停止作业，到户外通风处换气。

交底人	×××	接受交底班组长	×××	接受交底人数	××人

本表表由施工单位填写并保存(一式三份。班组一份、安全员一份、交底人一份)。

(4)防水工安全技术交底(表 2-49)。

表 2-49 **安全交底记录**

编号:×××

<table>
<tr><td>工程名称</td><td colspan="3">××大厦工程</td></tr>
<tr><td>施工单位</td><td colspan="3">×××建筑工程公司</td></tr>
<tr><td>交底项目(部位)</td><td>防水工安全技术交底</td><td>交底日期</td><td>××年×月×日</td></tr>
<tr><td colspan="4">交底内容(安全措施与注意事项):

(1)一般规定。
1)材料存放于专人负责的库房,严禁烟火并挂有醒目的警告标志和防火措施。
2)施工现场和配料场地应通风良好,操作人员应穿软底鞋、工作服、扎紧袖口,并应佩戴手套及鞋盖。涂刷处理剂和胶粘剂时,必须戴防毒口罩和防护眼镜。外露皮肤应涂擦防护膏。操作时严禁用手直接揉擦皮肤。
3)患有皮肤病、眼病、刺激过敏者,不得参加防水作业。施工过程中发生恶心、头晕、过敏等,应停止作业。
4)用热玛蹄脂粘铺卷材时,浇油和铺毡人员,应保持一定距离,浇油时,檐口下方不得有人行走或停留。
5)使用液化气喷枪及汽油喷灯,点火时,火嘴不准对人。汽油喷灯加油不得过满,打气不能过足。
6)装卸溶剂(如苯、汽油等)的容器,必须配软垫,不准猛推猛撞。使用容器后,其容器盖必须及时盖严。
7)高处作业屋面周围边沿和预留孔洞,必须按“洞口、临边”防护规定进行安全防护。
8)防水卷材采用热熔粘结,使用明火(如喷灯)操作时,应申请办理用火证,并设专人看火。配有灭火器材,周围30m以内不准有易燃物。
9)雨、雪、霜天应待屋面干燥后施工。六级以上大风应停止室外作业。
10)下班清洗工具。未用完的溶剂,必须装入容器,并将盖盖严。
(2)熬油。
1)熬油炉灶必须距建筑物10m以上,上方不得有电线,地下5m内不得有电缆,炉灶应设在建筑物的下风方向。
2)炉灶附近严禁放置易燃、易爆物品,并应配备锅盖或铁板、灭火器、砂袋等消防器材。
3)加入锅内的沥青不得超过锅容量的3/4。
4)熬油的作业人员应严守岗位,注意沥青温度变化,随着沥青温度变化,应慢火升温。沥青熬制到由白烟转黄烟到红烟时,应立即停火。着火时应用锅盖或铁板覆盖。地面着火,应用灭火器、干砂等扑灭,严禁浇水。
5)配制、贮存、涂刷冷底子油的地点严禁烟火,并不得在30m以内进行电焊、气焊等明火作业。
(3)热沥青运送。
1)装运油的桶壶,应用铁皮咬口制成,严禁用锡焊桶壶,并应设桶壶盖。
2)运输设备及工具,必须牢固可靠,竖直提升,平台的周边应有防护栏杆,提升时应拉牵引绳,防止油桶摇晃,吊运时油桶下方10m半径范围内严禁站人。
3)不允许两人抬送沥青,桶内装油不得超过桶高的2/3。
4)在坡度较大的屋面运油,应穿防滑鞋,设置防滑梯,清扫屋面上的砂粒等。油桶下设桶垫,必须放置平稳。</td></tr>
</table>

交底人	×××	接受交底班组长	×××	接受交底人数	××人

本表表由施工单位填写并保存(一式三份。班组一份、安全员一份、交底人一份)。

第八节 班前安全活动

一、班前安全活动的要求与内容

1. 班前安全活动的要求

(1)班组是施工企业的最基层组织,只有搞好班组安全生产,整个企业的安全生产才有保障。

(2)班组每变换一次工作内容或同类工作变换到不同的地点时,要进行一次交底,交底填写不能简单化、形式化,要力求精练,主题明确,内容齐全。

(3)由班组长组织所有人员,结合工程施工的具体操作部位,讲解关键部位的安全生产要点、安全操作要点及安全注意事项,并形成文字记录。

(4)班组安全活动每天都要进行,每天都要记录。不能以布置生产工作替代安全活动内容。

2. 班前安全活动的内容

(1)讲解现场一般安全知识。

(2)当前作业环境应掌握的安全技术操作规程。

(3)落实岗位安全生产责任制。

(4)设立、明确安全监督岗位,并强调其重要作用。

(5)季节性施工作业环境、作业位置安全。

(6)检查设备安全装置。

(7)检查工机具状况。

(8)个人防护用品的穿戴。

(9)危险作业的安全技术的检查与落实。

(10)作业人员身体状况、情绪的检查。

(11)禁止乱动、损坏安全标志,乱拆安全设施。

(12)不违章作业,拒绝违章指挥。

(13)材料、物资整顿。

(14)工具、设备整顿。

(15)活完场清工作的落实。

二、班前安全活动资料

1. 班组班前安全活动制度

(1)班组长应根据班组承担的生产和工作任务,科学地安排好班组班前生产日常管理工作。

(2)班前班组全体成员要提前15分钟到达岗位,在班组长的组织下,进行交接班,召开班前安全会议,清点人数,由班组长安排工作任务,针对工程施工情况、作业环境、作业项目,交代安全施工要点。

(3)班组长和班组兼职安全员负责督促检查安全防护装置。

(4)全体组员要在穿戴好劳动保护用品后,上岗交接班,熟悉上一班生产管理情况,检查设备和工具完好情况,按作业计划做好生产的一切准备工作。

(5)班组必须经常性地在班前开展安全活动,形成制度化,并做好班前安全活动记录。

(6)班组不得寻找借口,取消班前安全活动;班组组员决不能无原因不参加班前安全活动。

(7)项目经理及其他项目管理人员应分头定期不定期地检查或参加班组班前安全活动会议，以监督其执行或提高安全活动会议的质量。

(8)项目安全员应不定期地抽查班组班前安全活动记录，看是否有漏记，对记录质量状态进行检查。

2. 班组班前安全活动记录

班组班前安全活动记录见表2-51。

表2-51

工程名称：××大厦　　　　班组(工种)：电工

出勤人数	6	作业部位	地下室	×月×日　星期×
工作内容及安全交底内容	工作内容：配制地下室墙体钢管 交底内容：(1)操作电焊工必须持证上岗，戴绝缘手套，穿绝缘鞋，办理动火证，并做好防火措施。 (2)拆接电气设备时，先拉闸断电，后操作。 (3)脚手架必须牢固，必须按规定铺设脚手板。			
作业检查发现问题及处理意见	无违章作业现象 兼职安全员：×××			
班组负责人	×××	天气	晴	

1. 项目安全生产责任制考核办法包括哪些内容?
2. 安全教育的内容有哪些?
3. 安全目标管理的内容有哪些?
4. 班前安全活动的具体内容有哪些?

第三章 建设单位施工现场安全资料

第一节 建设单位施工现场安全资料分类

建设单位施工现场安全资料是施工现场安全管理的真实记录，是对企业安全管理检查和评价的重要依据，其分类见表3-1。

表3-1 建设单位施工现场安全资料

类别编号	工程安全资料名称	表格编号（或资料来源）	保存单位				
			建设单位	监理单位	施工单位	租赁单位	拆装单位
A类	建设工程施工许可证	表A-1	●	●	●		
	施工现场安全监督备案登记	表A-2	●	●	●		
	夜间施工审批手续	建设单位	●		●		
	地上、地下管线及建（构）筑物资料移交单	表A-3	●	●	●		
	安全防护、文明施工措施费用支付统计	建设单位	●	●	●		

第二节 建设单位施工现场安全资料内容与常用表格

一、建设工程施工许可证

建设工程施工许可证（表A-1）应放置在施工现场，作为准予施工的凭证，其要求如下：

（1）未经发证机关许可，施工许可证的各项内容不得擅自变更。

（2）建设行政主管部门有权对建设工程施工许可证进行查验。

（3）自核发日期起三个月内应开始施工，逾期应办理延期手续，不办理延期或延期次数、时间超过法定时间的，施工许可证自行废止。

（4）凡未取得建设工程施工许可证而擅自施工的企业属违法建设，建设行政主管部门将按《中华人民共和国建筑法》规定予以处罚。

二、施工现场安全监督备案登记

办理施工现场安全监督备案登记时，应提供下列资料。

（1）建设单位向施工企业提供施工现场及毗邻区域内供水、排水、供电、供热、通信、广播电视等地上和地下管线资料，气象和水文观测资料，毗邻建筑物、构筑物和地下工程的有关资料的交接手续。

（2）建设单位确认的安全施工措施费用付款计划。

（3）建设工程施工影响相邻建筑物、构筑物及社会人员安全需采取安全防护措施，由施工企业编制防护措施方案，送交建设单位确认的手续。

(4)施工企业制定的保证施工安全的措施，包括设立的安全管理机构，配备的专职安全生产管理人员等。

(5)建设单位做出的对施工、工程监理等单位提出符合建设工程安全生产法律、法规和强制性标准规定的要求以及不压缩合同约定工期的承诺。

建设行政主管部门对资料齐全、符合要求的应及时在《施工安全监督备案登记表》(表 A-2)上加盖公章，并交付建设单位。

表 A-1　　建设工程施工许可证

编号：×××

中华人民共和国

建设工程施工许可证

编号　施工×××-03660 建

根据《中华人民共和国建筑法》第八条规定，经审查，本建设工程符合施工条件，准予施工。

特发此证

发证机关　×××

日　　期　××年×月×日

（续）

建设单位	××集团公司		
工程名称	××大厦		
建设地址	××市××区××街××号		
建设规模	××平方米	合同价格	××万元
设计单位	××建筑设计院		
施工单位	××建筑公司		
监理单位	××市监理公司		
合同开工日期	××年×月×日	合同竣工日期	××年×月×日
备　注			

表 A-2 施工现场安全监督备案登记表

编号：×××

××市
××区县　　建安[2009]　××号

工程编码：×××

<table>
<tr><td rowspan="4">工程概况</td><td>工程名称</td><td>××大厦</td><td>工程地址</td><td colspan="3">××市××区××街××号</td></tr>
<tr><td>工程规模</td><td>××m^2(m)</td><td>结构类型</td><td>框架结构</td><td>层数</td><td>××层</td></tr>
<tr><td>工程总造价</td><td>××万元</td><td>工程类别</td><td colspan="3">商务办公楼</td></tr>
<tr><td>计划开工日期</td><td>××年×月×日</td><td>计划竣工日期</td><td colspan="3">××年×月×日</td></tr>
</table>

<table>
<tr><td rowspan="3">建设单位
（盖章）</td><td rowspan="3">××集团公司</td><td>法定代表人</td><td></td><td>电　话</td><td></td></tr>
<tr><td>项目负责人</td><td></td><td>电话(手机)</td><td></td></tr>
<tr><td>经办人</td><td></td><td>电话(手机)</td><td></td></tr>
<tr><td rowspan="4">施工单位
（盖章）</td><td rowspan="4">××建筑公司</td><td>法定代表人</td><td></td><td>电　话</td><td></td></tr>
<tr><td>项目负责人</td><td></td><td>电话(手机)</td><td></td></tr>
<tr><td>项目安全负责人</td><td></td><td>电话(手机)</td><td></td></tr>
<tr><td>资质等级</td><td></td><td>证书编号</td><td></td></tr>
<tr><td rowspan="3">监理单位
（盖章）</td><td rowspan="3">××市监理公司</td><td>法定代表人</td><td></td><td>电　话</td><td></td></tr>
<tr><td>项目负责人</td><td></td><td>电话(手机)</td><td></td></tr>
<tr><td>资质等级</td><td></td><td>证书编号</td><td></td></tr>
</table>

<table>
<tr><td colspan="2">项目安全员</td><td>岗位证书编号</td><td>备　注</td></tr>
<tr><td colspan="2"></td><td></td><td></td></tr>
<tr><td colspan="2"></td><td></td><td></td></tr>
<tr><td colspan="2"></td><td></td><td></td></tr>
<tr><td colspan="2"></td><td></td><td></td></tr>
<tr><td colspan="2"></td><td></td><td></td></tr>
<tr><td colspan="2"></td><td></td><td></td></tr>
<tr><td colspan="2">监督单位</td><td></td><td rowspan="2">监督注册受理机构
（盖章）经办人：
××年×月×日</td></tr>
<tr><td>备
注</td><td colspan="2"></td></tr>
</table>

注：本表由施工单位填报（采用 A4 纸打印），建设单位、监理单位、施工单位各存一份。

三、夜间施工审批手续

办理夜间施工审批手续时，应提供以下资料。

(1)工程基本情况(表 3-2)。

表 3-2　　工程基本情况

工程名称	××大厦	工程地址	××市××区××街××号
建设单位	××集团公司	联系人	
		联系电话	
施工单位	××建筑公司	联系人	
		联系电话	
项目经理	×××	联系电话 手机	
夜施管理人员	×××	联系电话 手机	
居民来访接待室 接待人员		联系电话 手机	

(2)夜间施工工程概况(表 3-3)。

表 3-3　　夜间施工工程概况

工程类别	结构形式	面积	在施部位
房建工程			
装饰工程			
市政工程			

(3)申请夜间施工的时间和原因。

(4)施工中可能产生环境和噪声污染的作业方式以及机械设备名称、数量等。

(5)施工中可能产生环境噪声污染的范围。

(6)降低噪声污染的方案和措施。

四、地上、地下管线及建(构)筑物资料移交单

在槽、坑、沟土方开挖前，建设单位应根据相关要求向施工单位提供施工现场毗邻区域内地上、地下管线资料以及毗邻建筑物和构筑物的有关资料。移交资料内容应经建设单位、施工单位、监理单位三方共同签字、盖章认可。地上、地下管线及建(构)筑物资料移交单的格式参见表 A-3。

表 A-3　　地上、地下管线及建(构)筑物资料移交单

编号：×××

<table>
<tr><td>工程名称</td><td>××大厦</td><td>建设单位</td><td>××集团公司</td></tr>
<tr><td>施工单位</td><td>××建筑公司</td><td>移交日期</td><td>××年×月×日</td></tr>
<tr><td colspan="4">移交内容：
监理工程师应参加建设单位向施工单位提供施工现场及毗邻区域内地上、地下管线资料和相邻建筑物、构筑物、地下工程的有关资料的移交，并在移交单上签字。</td></tr>
<tr><td colspan="2">移交人：×××
建设单位(章)</td><td colspan="2">接受人：×××
施工单位(章)</td></tr>
<tr><td colspan="4">监理单位(章)：
总监理工程师(签字)：×××
××年×月×日</td></tr>
</table>

注：本表由建设单位填写，建设单位、监理单位、施工单位各存一份。

1. 建设单位施工现场安全资料有哪些？
2. 办理施工现场安全监督备案登记应具备哪些资料？
3. 办理夜间施工审批手续应提供哪些资料？

第四章　监理单位施工现场安全资料

第一节　监理单位施工现场安全资料分类

监理单位施工现场安全资料是施工现场安全管理的真实记录，是对企业安全管理检查和评价的重要依据，其分类见表 4-1。

表 4-1　　**监理单位施工现场安全资料分类**

类别编号	资料名称	表格编号（或资料来源）	保存单位				
			建设单位	监理单位	施工单位	租赁单位	拆装单位
B类	监理单位施工现场安全资料						
B1	监理管理资料						
	监理合同（含监理工作内容）	监理单位	●	●			
	监理规划、安全监理实施细则	监理单位	●	●	●		
	施工单位安全管理体系、安全生产人员的岗位证书及审核资料	监理单位		●	●		
	施工单位的安全生产责任制、安全管理规章制度及审核资料	监理单位		●	●		
	施工单位的专项安全施工方案及工程项目应急救援预案的审核资料	监理单位		●	●		
	安全监理专题会议纪要	监理单位	●	●	●		
	安全事故隐患、安全生产问题的报告、处理意见等文件	监理单位	●	●	●		
B2	监理工作记录						
	工程技术文件报审表	表 B2-1	●	●	●		
	施工现场起重机械拆装报审表	表 B2-2		●	●	●	
	施工现场起重机械验收核查表	表 B2-3		●	●	●	
	安全防护、文明施工措施费用支付申请表	表 B2-4	●	●	●		
	安全防护、文明施工措施费用支付证书	表 B2-5	●	●	●		
	安全隐患报告书	表 B2-6	●	●	●		
	工作联系单	表 B2-7		●	●		
	监理通知	表 B2-8	●	●	●		
	工程暂停令	表 B2-9	●	●	●		
	监理通知回复单	表 B2-10		●	●		
	工程复工报审表	表 B2-11	●	●	●		

第二节 监理单位施工现场安全资料内容及常用表格

一、监理单位施工现场安全资料的内容

(1)监理合同(含安全监理工作内容)。

(2)监理规划(含安全监理方案)、安全监理实施细则。

(3)施工单位安全管理体系,安全生产人员的岗位证书、安全生产考核合格证书、特种作业人员岗位证书及审核资料。

(4)施工单位的安全生产责任制、安全管理规章制度及审核资料。

(5)施工单位的专项安全施工方案及工程项目应急救援预案的审核资料。

(6)安全监理专题会议纪要。

(7)关于安全事故隐患、安全生产问题的报告、处理意见等有关文件。

二、安全监理工作实施细则

(1)项目监理部应按照安全监理方案的要求编制安全监理实施细则,安全监理实施细则应具有可操作性。

(2)危险性较大的分部分项工程施工前,必须编制安全监理实施细则。

(3)安全监理实施细则应针对施工单位编制的专项施工方案和现场实施情况,依据安全监理方案提出的工作目标和管理要求,明确监理人员的分工和职责、安全监理工作的方法和手段,以及安全监理检查重点、检查频率和检查记录的要求。

(4)安全监理实施细则的编制应由总监理工程师主持,专职(兼职)安全监理人员和专业监理工程师参加。安全监理实施细则由总监理工程师审批后实施。

(5)安全监理实施细则应根据工程的变化予以补充、修改和完善,并按规定程序报批。

三、安全监理工作记录

(1)工程技术文件报审表。施工单位应在施工前向项目监理部报送施工组织设计并填写《工程技术文件报审表》,见表 B2-1。

(2)施工现场起重机械拆装报审表和验收核查表。起重机械主要是指塔式起重机、施工升降机、电动吊篮、物料提升机等,在起重机械拆装前,总承包单位应对起重机械的拆装方案、检测报告、操作人员和拆装人员上岗证书、拆装资质及其他有关资料进行审查。报项目监理部核验,合格后方可进行安装或拆卸。施工现场起重机械拆装报审表及验收核查表的格式参见表 B2-2 和表 B2-3。

(3)安全防护、文明施工措施费用申请资料。施工单位需填写《安全防护、文明施工措施费用支付申请表》(表 B2-4)向监理单位提出安全防护、文明施工措施费用支付申请。监理单位经过审核后填写《安全防护、文明施工措施费用支付证书》(表 B2-5),然后向建设单位提出安全防护、文明施工措施费用支付申请。

(4)安全隐患报告书。在实施监理过程中,监理单位发现存在重大安全隐患的,应当要求施工单位停工整改,并及时报告建议单位。若遇到施工单位拒不整改或不停止施工的情况,项目监理部应填写《安全隐患报告书》(表 B2-6),向工程所在地建设行政主管部门报告。

表 B2-1

工程技术文件报审表

<table>
<tr><td>工程名称</td><td colspan="2">××大厦</td><td></td><td></td></tr>
<tr><td colspan="5">现报上关于 ××大厦 工程技术文件,请予以审定。</td></tr>
<tr><td>序号</td><td>类　别</td><td>编制人</td><td>册　数</td><td>页　数</td></tr>
<tr><td>1</td><td>施工组织设计</td><td>×××</td><td>1</td><td>30</td></tr>
<tr><td></td><td></td><td></td><td></td><td></td></tr>
<tr><td></td><td></td><td></td><td></td><td></td></tr>
<tr><td></td><td></td><td></td><td></td><td></td></tr>
<tr><td colspan="5">编制单位(章):
技术负责人(签字):×××
申报人(签字):×××
××年×月×日</td></tr>
<tr><td colspan="5">施工单位审核意见:
□有/□无　附页

施工单位(章):
审核人(签字):××
××年×月×日</td></tr>
<tr><td colspan="5">监理单位审核意见:
审定结论:☑同意　　□修改后再报　　□重新编制

监理单位(章):
总监理工程师(签字):×××
××年×月×日</td></tr>
</table>

注:本表由施工单位填报,建设单位、监理单位、施工单位各存一份。

表 B2-2

施工现场起重机械拆装报审表

编号：×××

工程名称	××大厦	总包单位	××集团公司
租赁单位	××机械租赁公司	拆装单位	××机械拆装公司
起重机械名称及型号	××起重机××号	起重机械统一编号	××号

致：××市监理公司(监理单位)

我方已完成对 ××起重机 拆装方案及安装资质、定期检测报告、人员上岗证等资料的审查，请你单位复核。

附：1. 专项拆装方案；　有☑　无□
2. 起重机械检测报告及合格证；　有☑　无□
3. 操作人员及拆装人员上岗证书；　有☑　无□
4. 拆装单位资质；　有☑　无□
5. 群塔作业施工方案；　有☑　无□
6. 其他资料。

项目机械或安全负责人(签字)：×××　××年×月×日
项目经理(签字)：×××　××年×月×日

监理单位意见：

报送资料全部合格。

监理工程师(签字)：×××　××年×月×日
总监理工程师(签字)：×××　××年×月×日

注：本表由施工单位填报，监理单位、施工单位、租赁单位各存一份。

表 B2-3　　　　施工现场起重机械验收核查表

编号：×××

<table>
<tr><td>工程名称</td><td>××大厦</td><td>总包单位</td><td>××集团公司</td></tr>
<tr><td>租赁单位</td><td>××机械租赁公司</td><td>拆装单位</td><td>××机械拆装公司</td></tr>
<tr><td>起重机械名称及型号</td><td>××起重机××号</td><td>起重机械统一编号</td><td>×××</td></tr>
<tr><td colspan="4">致：××市监理公司（监理单位）

根据本市建设工程安全监理工作要求　××大厦　工程的　×××　等施工起重机械已验收合格，验收手续已齐全，现将　相关技术文件　报送给你们，请查收。
附件：1. 起重机械拆装统一验收表格；
2. 塔式起重机检测报告；
3. 其他资料。

项目机械或安全负责人（签字）：×××　　××年×月×日
项目经理（签字）：×××　　××年×月×日</td></tr>
<tr><td colspan="4">监理单位意见：

符合相关法规要求，验收手续齐全，同意使用　☑
不符合相关法规要求，验收手续不齐全，整改后再报　☐

监理工程师（签字）：×××　　××年×月×日
总监理工程师（签字）：×××　　××年×月×日</td></tr>
</table>

注：本表由施工单位填报，监理单位、施工单位、租赁单位各存一份。

表 B2-4　　**安全防护、文明施工措施费用支付申请表**

编号：×××

<table>
<tr><td>工程名称</td><td>××大厦</td><td>在施部位</td><td>××</td></tr>
<tr><td colspan="4">致：××市监理公司（监理单位）

我方已落实了××大厦安全防护、文明施工措施。按施工合同规定，建设单位在××年×月×日前支付该项费用共计(大写)壹万伍仟元整(小写)15000.00元，现报上安全防护、文明施工措施项目落实清单，请予以审查并开具费用支付证书。

附件：
安全防护、文明施工措施项目落实清单。

施工单位(章)：
项目经理(签字)：×××
××年×月×日</td></tr>
</table>

注：本表由施工单位填报，建设单位、监理单位、施工单位各存一份。

表 B2-5 安全防护、文明施工措施费用支付证书

编号：×××

工程名称	××大厦	在施部位	××

致：××集团公司（建设单位）

根据施工合同规定，经审核施工单位的支付申请表，同意支付本期安全防护、文明施工措施费用，共计

（大写）**壹万伍仟元整**

（小写）**15000.00**元

请按合同约定付款。

附件：

1. 施工单位付款申请表及附件；
2. 项目监理部审查记录。

监理单位（章）：

总监理工程师（签字）：×××

××年×月×日

注：本表由监理单位填报，建设单位、监理单位、施工单位各存一份。

表 B2-6

安全隐患报告书

编号：×××

××市住房和城乡建设委员会（建设行政主管部门）： 由 ××建筑工程 单位施工的 ××大厦 工程，存在下列严重安全隐患： **1. 土方开挖防护栏未跟上；** **2. 脚手板下无水平接网；** **3. 油漆稀料存放处无防火措施。** 我单位已于××年×月×日发出《监理通知》/《工程暂停令》编号 ××× ，但施工单位拒不整改/停工。 特此报告！ 总监理工程师（签字）：××× ××年×月×日 签收人（签字）：××× ××年×月×日

注：本表由监理单位填报，建设单位、监理单位、施工单位各存一份。

(5)工作联系单。在实施监理过程中，监理单位口头指令发出后施工单位未能及时消除安全隐患，监理人员应发出《工作联系单》(表 B2-7)，要求施工单位限期整改，监理人员按时复查整改结果，并在项目监理日志中记录。

表 B2-7　　　　工作联系单

编号：×××

工程名称	××大厦	日　期	××年×月×日
致：××公司(单位) 事由： (根据实际需要事由填写) 内容： (根据具体内容填写) 发出单位(章)： 单位负责人(签字)：××× ××年×月×日			

注：本表由发出单位填报，监理单位、施工单位各存一份。

(6)监理通知。在实施监理过程中,监理单位若发现安全隐患,安全监理人员认为有必要时,应及时签发《监理通知》(表B2-8),要求施工单位期限整改并书面回复,安全监理人员应按时复查整改结果,并应抄报建设单位。

表 B2-8 **监理通知**

编号:×××

<table>
<tr><td>工程名称</td><td>××大厦</td><td>日　期</td><td>××年×月×日</td></tr>
<tr><td colspan="4">致:××建筑公司(施工单位)

事由:

(根据具体事由填写)

内容:

(根据具体内容填写)

监理单位(章):
监理工程师(签字):×××
总监理工程师(签字):×××
项目经理(签字):×××
××年×月×日</td></tr>
</table>

注:本表由监理单位填写,建设单位、监理单位、施工单位各存一份。

(7)工程暂停令。在实施监理过程中,监理单位若发现施工现场存在重大安全隐患时,总监理工程师应及时签发《工程暂停令》(表B2-9),暂停部分或全部施工,责令限期修改,经安全监理人员复查合格,总监理工程师批准后方可复工,并应抄报建设单位。

表B2-9 **工程暂停令**

编号:×××

<table>
<tr><td>工程名称</td><td>××大厦</td><td>日 期</td><td>××年×月×日</td></tr>
<tr><td colspan="4">致:××建筑公司(施工单位)
由于工程存在安全隐患问题的原因,现通知你方必须于××年×月×日起,对本工程的××部位(工序)实施暂停施工,并按下述要求做好整改工作:

监理单位(章):
监理工程师(签字):×××
总监理工程师(签字):×××
项目经理(签字):×××</td></tr>
</table>

注:本表由监理单位填写,建设单位、监理单位、施工单位各存一份。

(8)监理通知回复单。在实施监理过程中，项目监理部签发有关安全的《监理通知》后，施工单位应立即进行整改，经自查合格后填写《监理通知回复单》(表 B2-10)报项目监理部，安全监理人员应及时复查整改结果。

表 B2-10　　　　　　　　　监理通知回复单

编号：×××

工程名称	××大厦	日　期	××年×月×日
致：××监理公司(监理单位) 我方接到第(×)号监理通知后，已按要求完成了××部位安全隐患整改工作，特此回复，请予以复查。 详细内容： (根据具体情况填写) 施工单位(章)： 项目经理(签字)：××× ××年×月×日			
复查意见： 经检验××部位已达到安全施工要求 监理单位(章)： 监理工程师(签字)：××× 总监理工程师(签字)：××× ××年×月×日			

注：本表由施工单位填报，监理单位、施工单位各存一份。

(9)工程复工报审表。在实施监理过程中,项目监理部签发《工程暂停令》后,施工单位应停工进行整改,自查合格后填写《工程复工报审表》(表 B2-11),经安全监理人员复查合格,总监理工程师批准后方可复工,并抄报建设单位。

表 B2-11　　　　　　　　**工程复工报审表**

编号:×××

<table>
<tr><td>工程名称</td><td>××大厦</td><td>日　期</td><td>××年×月×日</td></tr>
<tr><td colspan="4">致:××监理公司(监理单位)

××大厦工程,由总监理工程师签发的第(×)号工程暂停令指出的安全隐患已消除,经检查已具备了复工条件,请予复查并批准复工。

附件:具备复工条件的详细说明:

施工单位(章):
项目经理(签字):×××
××年×月×日</td></tr>
<tr><td colspan="4">复查意见:

经检查安全隐患已消除,同意复工。

总监理工程师(签字):×××　　××年×月×日</td></tr>
</table>

注:本表由施工单位填报,建设单位、监理单位、施工单位各存一份。

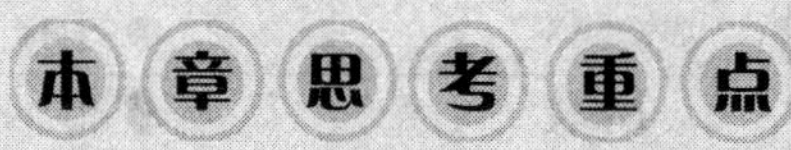

1. 监理单位施工现场安全资料的内容有哪些?
2. 安全监理工作的实施细则有哪些内容?
3. 简述安全监理工作记录的内容。

第五章　施工单位施工现场安全资料

第一节　施工单位施工现场安全管理资料

一、施工单位施工现场安全管理资料分类

施工单位施工现场安全资料是施工现场安全管理的真实记录，是对企业安全管理检查和评价的重要依据，其分类见表 5-1。

表 5-1　　施工单位施工现场安全资料分类

类别编号	工程安全资料名称	表格编号（或资料来源）	保存单位				
			建设单位	监理单位	施工单位	租赁单位	拆装单位
C类	施工单位施工现场安全资料						
C1	工程项目安全管理资料						
	工程概况表	表 C1-1		●	●		
	项目重大危险源控制措施表	表 C1-2	●	●	●		
	项目重大危险源识别汇总表	表 C1-3	●	●	●		
	危险性较大的分部分项工程专家论证表	表 C1-4	●	●	●		
	危险性较大的分部分项工程汇总表	表 C1-5	●	●	●		
	施工现场检查汇总表	表 C1-6		●	●		
	施工现场安全管理检查评分记录	表 C1-7			●		
	施工现场生活区管理检查评分记录	表 C1-8			●		
	施工现场与料具管理检查评分记录	表 C1-9			●		
	施工现场环境保护检查评分记录	表 C1-10			●		
	施工现场脚手架检查评分记录	表 C1-11			●		
	施工现场安全防护检查评分记录	表 C1-12			●		
	施工现场临时用电检查评分记录	表 C1-13			●		
	施工现场塔吊、起重吊装检查评分记录	表 C1-14			●		
	施工现场机械安全检查评分记录	表 C1-15			●		
	施工现场保卫消防检查评分记录	表 C1-16			●		
	项目经理部安全生产责任制	施工单位		●	●		
	项目经理部安全管理机构设置	施工单位	●	●	●		
	项目经理部安全生产管理制度	施工单位			●		

（续）

<table>
<tr><th rowspan="2">类别编号</th><th rowspan="2">工程安全资料名称</th><th rowspan="2">表格编号（或资料来源）</th><th colspan="5">保存单位</th></tr>
<tr><th>建设单位</th><th>监理单位</th><th>施工单位</th><th>租赁单位</th><th>拆装单位</th></tr>
<tr><td rowspan="12">C1</td><td>总分包安全管理协议书</td><td>施工单位</td><td></td><td>●</td><td>●</td><td></td><td></td></tr>
<tr><td>施工组织设计及专项安全技术措施</td><td>施工单位</td><td></td><td>●</td><td>●</td><td></td><td></td></tr>
<tr><td>冬雨期施工方案</td><td>施工单位</td><td></td><td>●</td><td>●</td><td></td><td></td></tr>
<tr><td>安全技术交底汇总表</td><td>表 C1-17</td><td></td><td>●</td><td>●</td><td></td><td></td></tr>
<tr><td>作业人员安全教育记录表</td><td>表 C1-18</td><td></td><td></td><td>●</td><td></td><td></td></tr>
<tr><td>施工现场安全事故登记表</td><td>表 C1-19</td><td>●</td><td>●</td><td>●</td><td></td><td></td></tr>
<tr><td>安全资金投入记录</td><td>施工单位</td><td></td><td></td><td>●</td><td></td><td></td></tr>
<tr><td>特种作业人员登记表</td><td>表 C1-20</td><td></td><td>●</td><td>●</td><td></td><td></td></tr>
<tr><td>地上、地下管线保护措施验收记录表</td><td>表 C1-21</td><td></td><td>●</td><td>●</td><td></td><td></td></tr>
<tr><td>安全防护用品合格证及检测资料</td><td>施工单位</td><td></td><td></td><td>●</td><td></td><td></td></tr>
<tr><td>安全标识</td><td>施工单位</td><td></td><td></td><td>●</td><td></td><td></td></tr>
<tr><td>违章处理记录</td><td>施工单位</td><td></td><td></td><td>●</td><td></td><td></td></tr>
</table>

二、施工现场安全管理资料内容与常用表格

1. 工程概况表

表 C1-1 **工程概况表**

编号：×××

<table>
<tr><td>工程名称</td><td colspan="2">××大厦</td><td>工程地点</td><td colspan="3">××区××路××号</td></tr>
<tr><td>建筑面积（m²）</td><td>×××</td><td>层数/幢数建筑物总高/m</td><td>××</td><td colspan="2">结构类型</td><td>框架</td></tr>
<tr><td>工程总造价（万元）</td><td>×××万元</td><td>施工许可证号及发证机关</td><td>×××</td><td colspan="2">施工企业安全生产许可证号</td><td>×××</td></tr>
<tr><td>合同工期</td><td>××年×月×日</td><td>实际开工日期</td><td>××年×月×日</td><td colspan="3"></td></tr>
<tr><td colspan="3">单位名称</td><td colspan="2">主要负责人</td><td colspan="2">联系电话（办公、手机）</td></tr>
<tr><td>建设单位</td><td colspan="2">××集团</td><td colspan="2">×××</td><td colspan="2">×××××</td></tr>
<tr><td>勘察单位</td><td colspan="2">××勘察设计院</td><td colspan="2">×××</td><td colspan="2">×××××</td></tr>
<tr><td>设计单位</td><td colspan="2">××设计院</td><td colspan="2">×××</td><td colspan="2">×××××</td></tr>
<tr><td>施工单位</td><td colspan="2">××建筑公司</td><td colspan="2">×××</td><td colspan="2">×××××</td></tr>
<tr><td>监理单位</td><td colspan="2">××监理公司</td><td colspan="2">×××</td><td colspan="2">×××××</td></tr>
<tr><td>施工安全监督机构</td><td colspan="6"></td></tr>
<tr><td colspan="3">主要安全管理人员姓名</td><td colspan="2">证书号</td><td colspan="2">联系电话</td></tr>
<tr><td>项目经理</td><td colspan="2">×××</td><td colspan="2">×××</td><td colspan="2">×××</td></tr>
<tr><td>技术负责人</td><td colspan="2">×××</td><td colspan="2">×××</td><td colspan="2">×××</td></tr>
<tr><td>项目安全经理或项目安全主管</td><td colspan="2">×××</td><td colspan="2">×××</td><td colspan="2">×××</td></tr>
<tr><td>总监理工程师</td><td colspan="2">×××</td><td colspan="2"></td><td colspan="2"></td></tr>
</table>

注：本表由施工单位填写，监理单位、施工单位各存一份。

2. 项目重大危险源控制措施表

项目经理部应根据项目施工特点，对作业过程中可能出现的重大危险源进行识别和评价，编制重大危险源控制措施，并按《项目重大危险源控制措施表》(表 C1-2)的要求进行记录。

表 C1-2　　　　项目重大危险源控制措施表

编号：×××

<table>
<tr><td>工程名称</td><td colspan="3"></td></tr>
<tr><td>危险源名称</td><td colspan="3"></td></tr>
<tr><td>危险源出现的
场所与部位</td><td colspan="3"></td></tr>
<tr><td>危险源的
控制措施</td><td colspan="3"></td></tr>
<tr><td>可能导致的
事故类别
及危险程度</td><td></td><td>风险等级</td><td></td></tr>
<tr><td colspan="4">制表人(签字)：　　部门负责人(签字)：　　年　月　日</td></tr>
</table>

注：本表由施工单位填写，监理单位、施工单位各存一份。

3. 项目重大危险源识别汇总表

项目经理部应依据项目重大危险源控制措施的内容，对施工现场存在的重大危险源进行汇总，并按《项目重大危险源识别汇总表》(表 C1-3)要求填写。

表 C1-3　　项目重大危险源识别汇总表

编号：________

工程名称				
编号	危险源名称、场所		风险等级	控制措施要点
制表人		技术负责人		年　月　日

注：本表由施工单位填写，建设单位、监理单位、施工单位各存一份。

4. 危险性较大的分部分项工程专家论证表

《危险性较大的分部分项工程专家论证表》的格式参见表C1-4。

表 C1-4　　危险性较大的分部分项工程专家论证表

编号：×××

工程名称						
总承包单位				项目负责人		
分包单位				项目负责人		
危险性较大分项工程名称						
专家一览表						
姓名	性别	年龄	工作单位	职务	职称	专业
专家论证意见： 年　月　日						
专家签名	组长(签字)： 专家(签字)：					
项目经理部	(章)： 年　月　日					

注：本表由施工单位填报，建设单位、监理单位、施工单位各存一份。

5. 危险性较大的分部分项工程汇总表

按国务院建设行政主管部门和其他部门规定要求，必须编制专项施工方案的危险性较大的分部分项工程和其它必须经过专家论证的危险性较大的分部分项工程，项目经理部应在表 C1-5 中进行记录。对应当组织专家组进行论证审查的工程，项目经理部必须组织不少于 5 人的专家组，对安全专项施工方案进行论证审查。专家组应按照表 C1-4 的内容提出书面论证审查报告，并作为安全专项施工方案的附件。表 C1-4 和表 C1-5 经项目监理部确认、项目经理部盖章后，报项目所在地区（县）建委安全监督机构。

表 C1-5　　危险性较大的分部分项工程汇总表

编号：＿＿＿＿

<table>
<tr><td colspan="2">工程名称</td><td colspan="3"></td></tr>
<tr><td colspan="2">施工单位</td><td></td><td>监理单位</td><td></td></tr>
<tr><td rowspan="10">危险性较大的工程</td><td colspan="4">1. 基坑支护与降水工程　基坑支护工程是指开挖深度超过 5m（含 5m）的基坑（槽）并采用支护结构施工的工程；或基坑虽未超过 5m，但地质条件和周围环境复杂、地下水位在坑底以上的工程。（　　）</td></tr>
<tr><td colspan="4">2. 土方开挖工程　土方开挖工程是指开挖深度超过 5m（含 5m）的基坑、槽的土方开挖。（　　）</td></tr>
<tr><td colspan="4">3. 模板工程　各类工具式模板工程，包括滑模、爬模、大模板等；水平混凝土构件模板支撑系统及特殊结构模板工程。</td></tr>
<tr><td colspan="4">4. 起重吊装工程　a. 大型构件；b. 大型设备或设施（　　）</td></tr>
<tr><td colspan="4">5. 脚手架工程　a. 高度超过 24m 的落地式钢管脚手架；b. 附着式升降脚手架，包括整体提升与分片提升；c. 悬挑式脚手架；d. 门型脚手架；e. 挂脚手架；f. 吊篮脚手架；g. 卸料平台。（　　）</td></tr>
<tr><td colspan="4">6. 拆除、爆破工程　采用人工、机械拆除或爆破拆除的工程。</td></tr>
<tr><td colspan="4">7. 其他危险性较大的工程　a. 建筑幕墙的安装施工；b. 预应力结构张拉施工；c. 隧道工程施工；d. 桥梁工程施工（含架桥）；e. 特种设备施工；f. 网架和索膜结构施工；g. 6m 以上的边坡施工。（　　）</td></tr>
<tr><td colspan="4">8. 大江、大河的导流、截流施工。（　　）</td></tr>
<tr><td colspan="4">9. 港口工程、航道工程。（　　）</td></tr>
<tr><td colspan="4">10. 采用新技术、新工艺、新材料，可能影响建设工程质量安全，已经行政许可，尚无技术标准的施工。（　　）</td></tr>
<tr><td rowspan="6">应当组织专家组论证工程</td><td colspan="4">1. 深基坑工程　开挖深度超过 5m（含 5m）或地下室三层以上（含三层），或深度虽未超过 5m（含 5m），但地质条件和周围环境及地下管线极其复杂的工程（　　），专家论证情况（　　）。</td></tr>
<tr><td colspan="4">2. 地下暗挖工程　地下暗挖工程及遇有溶洞、暗河、瓦斯、岩爆、涌泥、断层等土质复杂的隧道工程，专家论证情况（　　）。</td></tr>
<tr><td colspan="4">3. 高大模板工程　水平混凝土构件模板支撑系统高度超过 8m，或跨度超过 18m，施工总荷载大于 $10kN/m^2$，或集中线荷载大于 $15kN/m^2$ 的模板支撑系统（　　），专家论证情况（　　）。</td></tr>
<tr><td colspan="4">4. 30m 及以上的高空作业的工程（　　），专家论证情况（　　）。</td></tr>
<tr><td colspan="4">5. 大江、大河中的深水作业工程（　　），专家论证情况（　　）。</td></tr>
<tr><td colspan="4">6. 城市房屋拆除爆破和其他土石爆破工程（　　），专家论证情况（　　）。</td></tr>
</table>

注：本表由施工单位填报，建设单位、监理单位、施工单位各存一份。

6. 施工现场检查表

项目经理部和项目监理部每月须至少两次对施工现场安全生产状况进行联合检查，对安全管理、生活区管理、现场料具管理、环境保护、脚手架、安全防护施工用电、塔吊和起重吊装、机械安全、保卫消防等内容进行评价。

(1)施工现场检查汇总表(表 C1-6)。

表 C1-6　　　　施工现场检查汇总表

编号：

施工单位		资质等级		项目经理	
		开工证号		资质	
工程名称		面积		结构类型	
层数		在施部位		开工日期	
工程详细地点					
序号	检查项目		标准分值	得分率	折合标准分
1	安全管理		10		
2	文明施工	生活区管理	10		
		现场、料具管理	10		
3	环境保护		10		
4	脚手架		10		
5	安全防护 （基坑支护与模板工程、“三宝”、“四口”防护）		10		
6	施工用电		10		
7	塔吊、起重吊装		10		
8	机械安全	（物料升机与外用电梯、工程机具）	10		
9	保卫清防		10		
总评分					
申报单位	主管经理签字 公　章 年　月　日	检查单位		检查负责人	
		评语： 年　月　日			

(2)施工现场安全管理检查评分记录(表 C1-7)。

表 C1-7　　施工现场安全管理检查评分记录

施工单位：　　工程名称：　　编号：

序号	检查项目		检查情况	标准分值	评定分值
1	资料	项目部安全生产责任制		10	
2		项目部安全管理机构设置		5	
3		目标管理		5	
4		总包与分包安全管理协议书		5	
5		施工组织设计		5	
6		冬、雨期施工方案		5	
7		安全教育		10	
8		安全资金投入		5	
9		工伤事故资料		5	
10		特种作业上岗证书		5	
11		地下设施交底资料及保护措施		10	
12		安全防护用品合格证及检测资料		5	
13		生产安全事故应急预案		10	
14		安全标志		5	
15		违章处理记录		5	
16		文明安全施工检查记录		5	
应得分　　实得分　　得分率　　折合标准分					

检查员签字：　　年　月　日

(3)施工现场生活管理检查评分记录(表 C1-8)。

表 C1-8　　施工现场生活管理检查评分记录

施工单位：　　　　工程名称：　　　　编号：

序号	检查项目		检查情况	标准分值	评定分值
1	施工现场	生活区设置符合标准		5	
2		生活区内无污水、污物，垃圾及时清理		5	
3		生活垃圾存放符合标准		5	
4		办公室内清洁整齐		5	
5		宿舍内整洁，有防暑降温或取暖措施		5	
6		宿舍符合居住要求		8	
7		食堂符合卫生标准		5	
8		食堂有卫生许可证，炊事人员有健康证、卫生意识培训证		6	
9		炊事人员上岗穿戴工作服、帽，保持个人卫生		5	
10		食品及炊具、用具等存放符合标准		6	
11		为施工人员提供卫生饮水		5	
12		厕所符合标准，专人定期保洁		8	
13		有灭鼠、蚊、蝇等措施		5	
14		配备药品和急救器材		6	
15	资料	急性职业中毒应急措施		6	
16		卫生管理制度		5	
17		检查及整改记录		5	
18	职工应知应会			5	
应得分　　实得分　　得分率　　折合标准分					

检查员签字：　　　　年　月　日

(4)施工现场与料具管理检查评分记录(表C1-9)。

表C1-9　　**施工现场与料具管理检查评分记录**

施工单位：　　　　　　　　工程名称：　　　　　　　　编号：

序号	检查项目		检查情况	标准分值	评定分值
1	施工现场	设居民来访接待室		5	
2		施工区、生活区划分明确，责任明确		5	
3		施工现场大门、围挡牢固整齐		5	
4		现场清洁、整齐，道路硬化，有排水措施		5	
5		临设工程牢固整齐		5	
6		施工现场主要入口有施工单位标牌		5	
7		工地大门内有一图四板		5	
8		材料存放布置图		5	
9		料场应平整坚实，有排水措施		5	
10		料具和构、配件码放整齐，符合标准		5	
11		成品保护		5	
12		建筑物内外零散物料和垃圾渣土及时清理，不得晾晒衣服被褥		5	
13		施工现场无长流水、长明灯等浪费现象		5	
14		建筑垃圾、生活垃圾不能混放，并及时清理		5	
15		材料保存、保管应有相应保护措施		5	
16	资料	施工组织设计、审批手续安全		5	
17		施工日志及文明施工管理机构		5	
18		居民来访记录		5	
19		检查及整改记录		5	
20	职工应知应会			5	
应得分		实得分	得分率	折合标准分	

检查员签字：　　　　　　　　　　　　　　　　　　年　月　日

(5)施工现场环境保护检查评分记录(表C1-10)。

表C1-10　　施工现场环境保护检查评分记录

施工单位：　　　　　　工程名称：　　　　　　编号：

序号	检查项目		检查情况	标准分值	评定分值
1	防大气污染	搭设封闭式垃圾道或用容器吊运,禁止凌空抛掷		7	
2		主要道路硬化		6	
3		土方集中存放覆盖或固化,细颗粒材料密闭存放		6	
4		专人清扫保洁洒水压尘		5	
5		工地出口有冲洗车辆设施,车轮不带泥砂出场		5	
6		茶炉、大灶使用清洁燃料		5	
7		搅拌机封闭使用,并安装除尘装置		5	
8	防水污染	搅拌机前台混凝土砼泵、车辆清洗处应设沉淀池		5	
9		储存和使用油料应有防止污染土壤、水体措施		5	
10		食堂污水按规定设隔油池		5	
11	防噪声污染	强噪声机具采取封闭措施		5	
12		夜间施工无违规		5	
13		人为活动噪声应有控制措施		5	
14	资料	环保管理组织机构及责任划分		5	
15		治理大气、水、噪声污染的措施		5	
16		施工噪声监测记录		5	
17		夜间施工审批手续		6	
18		检查、整改记录		5	
19	职工应知应会			5	
应得分　　实得分　　得分率　　折合标准分					

检查员签字：　　　　　　　　　　年　月　日

(6)施工现场脚手架检查评分记录(表 C1-11)。

表 C1-11　施工现场脚手架检查评分记录

施工单位：　　　　　　　　　　工程名称：　　　　　　　　　　编号：

序号	检查项目		检查情况	标准分值	评定分值
1	脚手架	脚手架所用材质符合规范		5	
2		使用荷载符合标准		5	
3		脚手架基础符合标准		5	
4		架体结构符合标准		5	
5		架体与建筑物拉接符合标准		5	
6		高大脚手架有可靠的卸荷措施		5	
7		作业面防护齐全有效		5	
8		护线架使用非导电材质,支搭符合标准		5	
9		附着升降脚手架施工有专业施工资质		5	
10		挑梁符合设计要求牢固可靠		5	
11		穿墙螺栓有足够的强度满足施工需要		5	
12		架子升降设备安全可靠,统一指挥升降作业		5	
13		保险绳使用正确,保险装置安全可靠		5	
14		马道搭设符合要求,防护齐全,有防滑措施		5	
15		悬挑钢平台制作、使用符合规范		5	
16	资料	脚手架施工及设计方案、审批手续		5	
17		脚手架验收记录		5	
18		安全技术交底		5	
19		脚手架检查记录,隐患整改记录		5	
20	职工应知应会			5	
应得分		实得分	得分率	折合标准分	

检查员签字：　　　　　　　　　　　　　　　　年　月　日

(7)施工现场安全防护检查评分记录(表 C1-12)。

表 C1-12　　施工现场安全防护检查评分记录

施工单位：　　　　工程名称：　　　　编号：

序号	检查项目		检查情况	标准分值	评定分值
1	土方、基坑	土方施工及支护符合规范和施工方案要求		5	
2		坑、沟、槽邻边防护符合标准		5	
3		坑、沟上、下人设马道或梯子		3	
4		坑边堆放物、料及机具符合安全距离		4	
5		地下维护墙有防坍塌措施		5	
6		基坑施工有排水措施		5	
7	模板工程	模板工程施工符合施工方案		5	
8		模板支撑系统牢固可靠，防护措施齐全有效		5	
9		模板的支、拆有防倾覆措施，模板拆除时应设警戒区		5	
10		模板存放符合标准要求		5	
11	防护用品、洞口、临边	安全帽、安全带等防护用品应按规定使用，方法正确		3	
12		楼外沿、电梯井、回转楼梯支搭水平安全网符合标准，脚手架立网封闭严密		5	
13		楼梯口、电梯井口有防护措施。预留洞口、后浇带、坑井防护严密		5	
14		防护棚搭设符合要求		5	
15		阳台、楼层、屋面、卸料平台等临边防护符合标准		5	
16		现场物料存放安全可靠		5	
17	资料	土方施工有方案有审批		4	
18		模板施工有方案有审批		4	
19		土方、模板施工安全交底及验收记录		4	
20		基坑支护监测记录		3	
21		检查及隐患整改记录		5	
22	职工应知应会			5	
应得分　　实得分　　得分率　　折合标准分					

检查员签字：　　　　年　月　日

(8)施工现场临时用电检查评分表(表 C1-13)。

表 C1-13　　施工现场临时用电检查评分记录

施工单位：　　工程名称：　　编号：

序号	检查项目		检查情况	标准分值	评定分值
1	线路与照明	施工区、生活区架设配电线路符合标准		4	
2		施工区、生活区按规范标准装设照明设备		5	
3		低压照明灯具和变压器安装、使用符合标准		4	
4		特殊部位的内外电线路采用安全防护措施		4	
5	配电箱	施工区实行分级配电，配电箱、开关箱安装位置合格。采用“一机、一闸、一漏、一箱”		5	
6		配电箱、开关箱安装和箱内配置符合规范，选型合理，器件标明用途		5	
7		配电箱、开关箱内无带电体明露及一闸多用		4	
8		箱体牢固、防雨，箱内无杂物、整洁、编号，停用后断电加锁		3	
9	保护	配电系统按规范采用三相五线制 TN-S 接零保护系统		5	
10		电力施工机具有可靠接零或接地		4	
11		现场的高大设施按标准装设避雷装置		4	
12		配电箱、开关箱内保护装置灵敏有效		5	
13		电工熟知本工程的用电情况，防护用品穿戴齐全，检修时断电，挂警示牌		4	
14	用电设备	施工机具电源入线压接牢固，无乱拉、扯、压、砸、裸露破损现象		4	
15		手持电动工具绝缘良好，电源线无接头、损坏		4	
16		电焊机安装、使用符合标准		5	
17	资料	临时用电施工组织设计、变更资料及审批手续		5	
18		临时用电管理协议、电气安全技术交底		5	
19		临时用电器材产品合格证		3	
20		电工值班、维修记录、临时用电验收记录		4	
21		电气设备测试、调试记录、接地电阻测试记录		4	
22		检查及隐患整改记录		5	
23	职工应知应会			5	
应得分　　实得分　　得分率　　折合标准分					

检查员签字：　　年　月　日

(9)施工现场塔吊、起重吊装检查评分记录(表 C1-14)。

表 C1-14　　施工现场塔吊、起重吊装检查评分记录

施工单位:　　工程名称:　　编号:

序号	检查项目		检查情况	标准分值	评定分值
1	塔式起重机	基础、轨道敷设符合规定		5	
2		安全装置齐全有效		5	
3		卷线器运转正常,电源线无破损,压接、固定牢固		5	
4		起重机的锚固符合规定		5	
5		安装、顶升、拆除符合规定		5	
6		多台起重机械作业有安全保证措施		5	
7		操作人员持证上岗,执行操作规程		5	
8	起重吊装	吊装作业符合规范		5	
9		吊索具按规定使用,吊具符合要求		5	
10		多机抬吊符合规定要求		5	
11		起重吊装作业设警戒标志和专职监护人员		5	
12		吊装作业人员应有可靠安全措施		5	
13	资料	机械设备平面布置图		5	
14		机械租赁、拆装合同及安全管理协议书,出租、承租双方共同对塔机组和信号工交底		5	
15		机械拆装方案,安装验收记录,设备统一编号、检测报告		5	
16		塔吊拆装单位应具备相应资质		5	
17		起重、吊装施工方案及审批		5	
18		机械操作人员、起重吊装人员花名册及操作证复印件		5	
19		检查记录,隐患整改记录		5	
20	职工应知应会			5	
应得分　　实得分　　得分率　　折合标准分					

检查员签字:　　年　月　日

(10)施工现场机械安全检查评分记录(表 C1-15)。

表 C1-15　　　　　施工现场机械安全检查评分记录

施工单位：　　　　　　　　　　　　工程名称：　　　　　　　　　　　　编号：

序号	检查项目		检查情况	标准分值	评定分值
1	物料提升机等	架体安装符合标准		6	
2		限位、保险装置齐全有效		6	
3		吊笼防护门齐全，进、出料口防护设置齐全		5	
4		钢丝绳、传动装置符合规定要求；卸料平台搭设符合要求		5	
5		卷扬机地锚牢固，操作棚按规定设置，机械人员持证上岗		4	
6		电动吊篮安装、使用符合有关规定		4	
7	外用电梯	基础、安装和使用符合规定		4	
8		安全装置齐全有效		6	
9		锚固符合规定，附墙拉接牢固		6	
10		地面出入口及吊笼防护设置齐全		4	
11		电气控制系统完好		4	
12		司机持证上岗执行操作规程		4	
13	施工机具	中小型机械的使用存放符合规定		4	
14		机械传动外露部分有防护装置		4	
15		机械设备按规定维护保养		4	
16		机械设备电气控制箱齐全有效		4	
17		设备操作场所应悬挂操作规程，明确责任人，设备停用后关机上锁		4	
18	资料	现场设备平面布置图		4	
19		物料提升机、外用电梯、电动吊篮拆装方案，租赁合同、安全交底		4	
20		操作人员花名册及操作证复印件		4	
21		设备验收记录，机械出租单位安全检查记录及隐患整改记录		5	
22	职工应知应会			5	
应得分		实得分	得分率	折合标准分	

检查员签字：　　　　　　　　　　　　　　　　　　　　　　　　年　月　日

(11)施工现场保卫消防检查评分记录(表 C1-16)。

表 C1-16　　施工现场保卫消防检查评分记录

施工单位：　　　　工程名称：　　　　编号：

序号	检查项目		检查情况	标准分值	评定分值
1	现场保卫	工地出入口有警卫室，昼夜有人值班		3	
2		工程内不准住人		4	
3		建筑材料、机具和成品保卫措施有效		3	
4		要害部门、要害部位防范措施有效		4	
5	现场消防	建筑物内外消防道路、通道畅通		5	
6		现场有明显的防火标志		3	
7		消防设施器材设置符合标准，重点部位消防器材配备符合标准		5	
8		施工现场严禁吸烟		4	
9		工程内不准做仓库，不准存放易燃可燃材料		4	
10		易燃易爆物品存放、搬运、使用符合标准		4	
11		油漆库和油工配料房分开设置		4	
12		氧气瓶、乙炔瓶、明火作业之间距离符合标准		4	
13		24m 以上建筑设置消防立管，器材符合要求		5	
14		明火作业符合标准		4	
15		施工现场未经批准不准使用电热器等		3	
16		现场临时建筑符合防火规定		4	
17	资料	保卫、消防设施平面图、审批手续齐全		4	
18		现场保卫消防制度、方案、预案、协议		4	
19		保卫消防组织机构及活动记录		4	
20		施工用保温材料产品检验及验收资料		4	
21		消防设施、器材验收、维修记录		3	
22		防水施工有措施和交底		4	
23		警卫人员值班、巡查工作记录		4	
24		检查及隐患整改记录		5	
25	职工应知应会			5	
应得分	实得分	得分率	折合标准分		

检查员签字：　　　　年　月　日

三、安全验收记录

1. 安全技术交底汇总表

工程项目应将各项安全技术交底按作业内容汇总，并按要求填写《安全技术交底汇总表》(表C1-17)。

表 C1-17　　安全技术交底汇总表

编号：________

工程名称				施工单位	
序号	编号	安全技术交底名称	交底人	交底日期	备　注
填表人			年　月　日		

注：本表由施工单位填写，监理单位、施工单位各存一份。

2. 作业人员安全教育记录表

对新入场、转场及变换工种的施工人员须进行安全教育，考试合格后方可上岗作业，并应对施工人员每年至少进行两次安全生产培训。《作业人员安全教育记录表》(表 C1-18)是指对被教育人员、教育内容、教育时间等情况进行记录的表格。

表 C1-18　　作业人员安全教育记录表

编号：______

<table>
<tr><td>培训主题</td><td colspan="2"></td><td colspan="2">培训对象及人数</td><td></td></tr>
<tr><td>培训部门
或召集人</td><td></td><td>主讲人</td><td></td><td>记录整理人</td><td></td></tr>
<tr><td>培训时间</td><td></td><td>地点</td><td></td><td>学时</td><td></td></tr>
<tr><td colspan="6">培训提纲：</td></tr>
<tr><td colspan="6">参加培训教育人员(签名)：</td></tr>
<tr><td colspan="6">年　月　日</td></tr>
</table>

注：1. 项目对操作人员进行培训教育时填写此表；

2. 签名处不够时，应将签到表附后。

3. 施工现场安全事故登记表

在施工现场发生安全生产事故的工程，应按《施工现场安全事故登记表》(表 C1-19)进行登记。

表 C1-19　　施工现场安全事故登记表

编号：＿＿＿＿

工程名称		建筑面积 (工程造价)	
建设单位		负责人及电话	
总承包单位		负责人及电话	
分包单位		负责人及电话	
监理单位		负责人及电话	
工程地址		结构类型 (层数)	
施工许可证号		事故类别	
事故发生部位			
事故简要情况描述(包括事故经过、人员伤亡情况等)：			
事故原因及责任分析： 安全负责人(签字)：　　　　项目经理(签字)：			

注：本表由施工单位填报，建设单位、监理单位、施工单位各存一份。

4. 特种作业人员登记表

施工现场特种作业人员登记表的格式参见表 C1-20。

表 C1-20　　　　特种作业人员登记表

编号：____

工程名称：					施工单位(租赁单位)：			
序号	姓名	性别	身份证号	工种	证件编号	发证机关	发证日期	有效期至年月

总包项目部审查意见：

安全部门负责人(签字)：　　　　年　月　日

监理单位复核意见：

经复核，符合要求，同意上岗(　)
经复核，不符合要求，不同意上岗(　)

监理工程师(签字)：　　　　年　月　日

注：本表由施工单位填报，监理单位、施工单位各存一份。

5. 施工现场地上、地下管线保护措施验收记录表

施工现场地上、地下管线保护措施验收记录表的格式参见表 C1-21。

表 C1-21　　地上、地下管线保护措施验收记录表

编号：

工程名称		施工单位	
验收部位			
验收结果：			
验收人员(签字)：			

注：本表由施工单位填报，监理单位、施工单位各存一份。　　年　月　日

第二节　施工现场临时用电资料

一、施工现场临时用电资料分类

施工现场临时用电安全资料的分类见表 5-2。

表 5-2　　施工现场临时用电安全资料

类别编号	工程安全资料名称	表格编号（或资料来源）	保存单位				
			建设单位	监理单位	施工单位	租赁单位	拆装单位
C2	工程项目施工临时用电资料						
	临时用电施工组织设计及变更资料	施工单位		●	●		
	现场临时用电检查验收记录	C2-1		●	●		
	施工现场临时用电验收表	C2-2	●		●		
	施工现场电气设备调试记录	C2-3		●	●		
	临时用电接地电阻测试记录	C2-4			●		
	临时用电绝缘电阻测试记录	C2-5		●	●		
	临时用电漏电保护器检测记录	C2-6			●		
	临时用电定期检查记录	C2-7			●		
	临时用电复查验收记录	C2-8			●		
	临时用电巡视维修工作记录	C2-9			●		
	电气线路绝缘强度测试记录	C2-10			●		
	电工巡视维修记录	C2-11			●		

二、施工现场临时用电有关名词解释

1. 保护接地

保护接地，是指为防止因电气设备绝缘的损坏，而使人体有遭受触电危险，将电气设备的金属外壳与接地体相连接，见图 5-1。

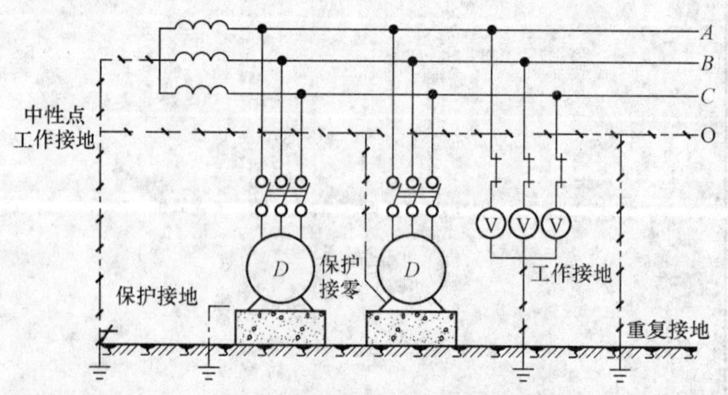

图 5-1　保护接地、保护接零、工作接地和重复接地示意图

2. 保护接零

保护接零，是指为防止因电气设备绝缘损坏而使人体有遭受触电危险，将电气设备的金属外壳与变压器的中性线相连接，见图 5-1。

3. 工作接地

工作接地，是指在正常或发生故障的情况下，为保证电气设备安全可靠地工作，即运行需要

的接地，见图 5-1。

4. 防雷接地

施工现场和临时生活区的高度在 20m 及以上的井字架、脚手架、正在施工的建筑物以及塔式起重机、机具、烟囱、水塔等设施为实现防雷保护而设置的接地。

5. 重复接地

重复接地，是指将零线的一处或多处通过接地装置与大地再次连接，见图 5-1。

6. 工作零线

引自电源的中性点，和相线构成单相用电设备的导电回路，正常情况下带有负荷。

7. 保护零线

引自工作接地线、配电室的零线或第一级漏电保护器电源侧的零线，和电气设备正常情况下不带电的外壳相连，正常情况下不带负荷，起保护系统安全的作用。

8. TN-S 接零保护系统

TN-S 接零保护系统即三相五线制系统（A、B、C 三相，N 线，PE 线），其原理见图 5-2。

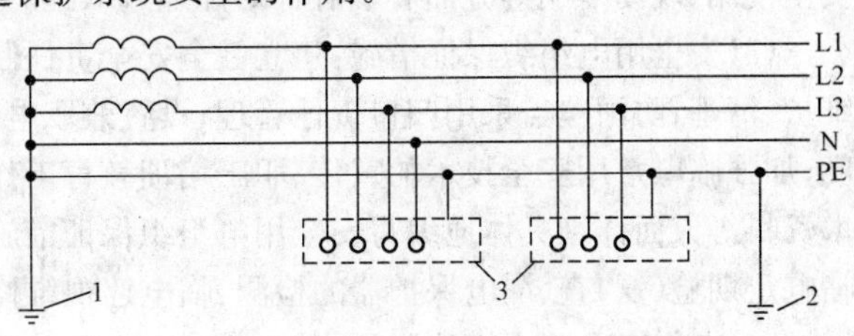

图 5-2　TN-S 接零保护系统原理

1—工作接地点；2—重复接地；3—金属外壳

9. 三级配电

三级配电是指施工现场配电，应设置总配电箱→分配电箱→开关箱，分三级实现配电的方式。

10. 两级漏电保护

两级漏电保护是指在总配电箱内各回路开关电器的末级设置第一级漏电保护，在开关箱内各回路隔离开关的负荷侧设置第二级漏电保护，两级漏电保护器的额定动作电流和额定漏电动作时间应合理配合。

11. 一机、一闸、一漏、一箱

一机、一闸、一漏、一箱是指每台用电设备（一机）设置各自专用的开关箱（一箱）；一个开关电器（一闸）只能控制一台用电设备（一机）；一台用电设备（一机）必须有自己专用的漏电保护器（一漏）。

12. 电气连接

电气连接含义有以下几方面：

(1)按规定要求搭接焊，并做好防腐处理。

(2)镀锌机螺丝连接，此时必须加平弹垫齐全；当铜和钢铁连接时，其接触面应按规定做上锡处理。

(3)导线之间按规定要求采用套管压接或绞接。

13. 安全电压

安全电压是为防止触电事故而采用的由特殊电源供电的电压系列，这个电压系列的上限值，在任何情况下，两导体间及任一导体对地之间均不得超过交流（50～500Hz）有效值 50V。其电压等级可分为：42V、36V、24V、12V、6V。

三、临时用电施工组织设计及变更资料

1. 临时用电施工组织设计的基本内容

(1)施工现场概况。

1)简要介绍工程概况,主要是便于施工操作层(面)移动配电箱——供电给电渣压力焊、电焊机、振捣器及工作面的局部照明使用。

2)介绍施工现场地形地貌、环境条件、主要机电设备的数量容量及位置、地下已有或待建的各种管线位置等有关情况。

(2)安全用电技术保证措施。现场临时用电的设计、安装、使用必须按照《施工现场临时用电安全技术规范》(JGJ 46—2005)和当地电力部门的有关规定进行。其可以从变配电、在建工程与临近高压线的距离、低压干线支线架设、配电箱的设置、熔丝开关的选择、防雷接地、电气设备的安全使用、现场照明等方面着手有针对性地选取编写具体的安全用电技术措施。

(3)安全用电组织保证措施:建立健全安全责任制和安全检查销项制度;现场配电箱的使用、维护、清理、防雨覆盖采用归口责任管理;设置兼职电气安全员;实施现场悬挂标志牌和警告牌制度;加强临电常用安全技术的宣传、职工培训教育工作;普及安全用电常识;认真及时整理临电技术资料等方面详细具体地编写安全用电组织保证措施。规定临电绝缘电阻测试、接地电阻测试、临电定期检(复)查、漏电保护器的检测、临电巡视维修的日期或时间间隔等内容。

(4)电气安全防火措施。

1)执行动火申请审批制度;

2)重点防火部位如库房、细木加工厂、职工宿舍等处确保安全用电;

3)现场电气设备密集区适于电气火灾灭火器材;编写电气火灾灭火安全技术措施,并在职工中进行宣传与培训。

(5)负荷计算、线路截面选择、电器开关选择的有关技术数据。

(6)电气平面图。电气平面图必须单独绘制,作为施工的依据,不可和设备、架具、材料位置,钢筋、木作、混凝土等加工场地以及给水、排水管线等绘制在一张图,以确保施工时电气平面图能起到具体的指导作用。

2. 临时用电施工组织设计编制步骤

(1)现场勘察。了解现场地形、地貌,甲方提供的电源(变压器、配电室)位置;弄清满足建筑施工所需要的机具设备的数量、容量及现场布置情况;查看甲方提供的有关地下管线位置图及场地建设规划总平面图。

(2)确定总配电箱和分配电箱的位置、线路敷设方式及供电线路的接线方式。

1)总配电箱和分配电箱位置的设置原则。尽量靠近负荷中心,以便使电能损耗、电压损失、有色金属消耗量接近最小;进出线方便;尽量靠近电源侧;避免设在多尘、低洼积水、妨碍车辆行走及施工的地方。

2)线路敷设方式的选择。

①架空线路:成本低,安装容易,维护检修方便,易于发现和排除故障。适用于不跨越建筑物及施工现场,不影响吊车行走及垂直运输、车辆行驶的场所。

②电缆线路:成本高,维修不便,运行可靠,不易受外界影响、不占地面、不碍观瞻。适用于供电可靠性要求较高的机电设备,需跨越建筑物或妨碍施工不能用架空线路的场所。

3)供电线路接线方式的选择。

①放射式接线：供电可靠性较高，但有色金属消耗量较大、开关设备投入多。适用于供电可靠性要求较高的大型设备、重要场所的供电。

②树干式接线(链式接线)：施工现场低压线路多采用此接线方式，它供电可靠性较差，但有色金属消耗量较少，开关设备投入少，较经济节省。

③放射式与树干式相结合的接线：采用此接线方式供电，放射式与树干式接线的优点兼顾，更好地满足了不同性质用电负荷的需要。

(3)用电负荷计算。现场用电负荷的计算可采用需要系数法。由每一回路的末端逐级向电源侧计算，然后计算出现场总的计算负荷。

(4)选择导线截面及开关电器的规格型号、选择或校验变压器容量。根据每一回路、每一级的计算负荷，按发热条件选择导线截面，同时校验电压损失和机械强度；选择开关电器的规格型号，并校验有关项目；按"三通一平"的要求，变压器应有甲方提供，一般情况下施工单位仅根据用电负荷校验其额定容量是否能满足使用要求即可。

(5)绘制电气平面图、立面图和接线系统图。配电线路采用三相五线制，其走向应避开已有(待建)地下管线、施工临时用地及近期规划待建的工程用地。绘制立面图用以指明配电室装设成列配电屏时的要求。

(6)制定安全用电技术措施、组织管理措施和电气防火措施。

(7)有关人员审核签字。

(8)编写要求。编写临电施工组织设计必须体现针对性、科学性、实用性的特点，不能流于一般化；为明确职责，施工组织设计必须经技术负责人审核，主管部门批准后方可实施。未经审批的施工组织设计不可实施。

3. 临时用电施工组织设计编制示例

(1)工程概况。某医院门诊和实验综合楼工程位于市区某繁华地段，是一座集门诊、办公、科研于一体的综合性办公楼。本工程由Ⅰ区、Ⅱ区、Ⅲ区三部分组成，建筑面积50111.8m^2。主楼Ⅰ区为地下二层、地上十八层，建筑总高度60.9m，框架剪力墙结构，填充墙选用非承重黏土空心砖。Ⅱ、Ⅲ区为六层框架结构，高度为28.5m，呈"L"形对称分布在Ⅰ区东西两侧。

水电安装工程包括：地下室通风工程；给水工程为镀锌钢管丝扣连接；排水工程，埋地部分为铸铁管，地上部分为UPVC管；消防工程为镀锌钢管丝扣连接，消火栓SN65；热水采暖工程，Ⅰ区选用CHGL型钢铝散热器，Ⅱ、Ⅲ区选用760型散热器，管材为镀锌钢管；电梯工程主楼四部三菱电梯。

工程建筑面积：Ⅰ区39511.25m^2，Ⅱ区5202.45m^2，Ⅲ区5398.10m^2。

(2)工程施工所需电气机械设备。为了满足施工要求，确保工程顺利、合理按计划进行，需配备以下主要电气机械设备：QTZ－80塔吊(55kW)一台，QT－60/80塔吊(20kW)两台，混凝土输送泵车(55kW)一台，JDY－500搅拌机(18.5kW)两台，配料机(2.2kW)两台，卷扬机(10kW)两台，施工电梯(18.5kW)两部，钢筋搣弯机(7.5kW)两台、(3.8kW)一台，冷拉机(11kW)一台，切断机(11kW)一台，电锯(5.5kW)一台，电焊机(BX－300)五台，闪光对焊机(100kV·A)一台。

照明灯具：镝灯(3.5kW)四个、(1kW)一个，低压变压器(5kW)六个。

(3)现场临时供电方案的确定。

1)供电系统的确定。380/220V市电由甲方配电室(接零保护)提供，以VV_{22}电缆埋地引至工地配电室，在总配电柜处做一组重复接地，施工现场采用TN－S三相五线制接零保护系统供电方式供电。

2)现场线路方案的确定。本设计中临时供电方式选择放射式与树干式相结合的供电方式，根据实际施工场地布置确定线路如下：

①N_1 回路由总配电柜至搅拌站 1#、2# 分配电箱；

②N_2 回路由总配电柜至钢筋加工厂 3#、4# 分配电箱；

③N_3 回路总配电柜至铁件加工厂 5#、6# 分配电箱，并包括生活区照明；

④N_4 回路由总配电柜至施工现场 7#、8#、9# 分配电箱。

3)配电箱的设置：

本设计临时供电配电箱设置为三级配电两级漏电保护，设备实行“一机、一闸、一漏、一箱”。

4)保护方式的确定：

①现场临时供电系统采用保护接零方式；

②重复接地：根据临电规范要求，在配电室总配电柜及中间分配电箱、末端分配电箱均做一组重复接地，$R_{地} \leqslant 4\Omega$；

③防雷接地：塔吊、龙门架、施工电梯等高大设备必须做防雷接地、接地及利用建筑物防雷接地，要求在建筑物防雷接地安装时，引出端子备用。

5)现场线路敷设方式的确定：

根据现场具体情况，现场线路主要采用电缆埋地敷设。

(4)设计计算内容。本设计主要计算选择主要开关设备及各段干线电缆的型号、规格以及确定施工现场用电平面布置。但实际施工时，应充分利用原有设备材料，以节约开支。本设计计算结果为材料型号最小值，可以根据实际情况酌情变动，但应保证所用线材的允许载流量大于或等于设计要求，并应保证所使用的设备开关能可靠动作。

本设计中要求现场完全按三级配电两级保护执行，计算中不再选择由分配电箱至开关箱的线路型号。以及由开关箱至设备的线路型号。要求现场安装时遵循以下几点要求：

1)三相设备计算电流，可以按设备的容量乘以 2 得出经验电流值，选接近而且较大的值来确定开关箱开关型号以及开关箱前后线路型号。

2)单相设备计算电流，按设备容量与电压(220V)的比值确定。

3)开关箱必须装隔离开关和漏电保护器，漏电保护器额定漏电动作电流按规范选择，若设备不需要零线时则只装 PE 端子板，否则需设 N 和 PE 两块端子板。

4)选择开关箱前后线路时，本着节约用铜的原则优先选择铝导线或者铝电缆，对于重要设备可以考虑用铜质导线或者铜质电缆。

5)导线截面选择：

本设计导线的截面根据电流确定，相线导线的截面积 $16mm^2$ 及以下的导线，零线及保护零线截面积与相线导线的截面积相同。此外，零线及保护零线截面积按相线 50%计算。

(5)具体计算。

1)本设计中计算负荷利用需要系数法确定，由表格形式体现出来。

$$P_{30}=K_d \times P_c$$

式中 K_d 为需要系数；P_{30} 为计算功率(kW)。

$$Q_{30}=P_{30} \times \tan\varphi$$

式中 Q_{30} 为无功计算负荷(kW)；$\tan\varphi$ 为设备功率因数正切值。

$$S_{30}=\sqrt{P_{30}^2+Q_{30}^2}$$

式中 S_{30} 为视在功率(kV · A)。

$$I_{30}=S_{30}/\sqrt{3}U_N$$

式中 I_{30} 为计算电流(A)。

2)计算过程：

①N_1 回路计算(表 5-3)。

表 5-3　　N_1 回路计算

名称	数量	K_d	$\cos\varphi$	$\tan\varphi$	P_e	P_{30}	Q_{30}	S_{30}	I_{30}
搅拌机	2	0.65	0.5	1.73	18.5	24.05	41.63	—	—
配料机	2	0.45	0.5	1.73	2.2	1.98	3.43	—	—
泵　车	1	0.65	0.5	1.73	61	39	67.47	—	—
电　锯	1	0.45	0.6	1.33	5.5	2.48	3.30	—	—
镝　灯	1	0.45	0.6	1.33	1	0.45	0.59	—	—
合　计	7	同时系数 $K_{\varepsilon p}=0.95$ $K_{\varepsilon p}=0.98$				67.96 64.56	116.4 114.07	131.07	199.15

经电压损耗和机械强度检验，由总配电框至 1#、2# 分配电箱，干线选择 VLV_{22}－3×120＋2×70 埋地敷设。开关选择 DZ10－250 空气开关和 DZL－250 漏电保护器。

②N_2 回路计算(表 5-4)。

表 5-4　　N_2 回路计算

名称	数量	K_d	$\cos\varphi$	$\tan\varphi$	P_e	P_{30}	Q_{30}	S_{30}	I_{30}
冷拉机	1	0.4	0.65	1.17	11	4.4	5.15	—	—
撼弯机	1 1	0.65 0.65	0.65 0.65	1.17 1.17	3.8 7.5	2.17 4.88	2.89 5.20	— —	— —
切断机	1 1	0.65 0.65	0.65 0.65	1.17 1.17	7.5 3.8	2.47 4.88	2.89 5.70	— —	— —
合　计	5	同时系数 $K_{\varepsilon p}=0.85$ $K_{\varepsilon p}=0.90$				19.11 16.24	22.33 20.08	25.84	38.26

对焊机 100kV·A：

$$I_{30}=\frac{100\text{kV}\cdot\text{A}}{0.38}=263\text{A}$$

考虑到 DZ10 空气开关允许短时过载 350A，所以选择 DZ10－250 空气开关和 DZL－250 漏电保护器。

导线选择 VLV_{22}－3×120＋2×70 埋地敷设。

③N_3 回路计算：

电焊 5 台每台 20kV·A，同时系数取 0.35。

$$S_{30}=35\text{kV}\cdot\text{A}$$

$$I_{30}=\frac{S_{30}}{U_N}=\frac{35}{0.38}=92\text{A}$$

生活区照明共计 8kW 计 36.36A。

为满足要求选择 DZ10－250(200A)空气开关，DZL－250(200A)漏电保护器。

BV－4×35＋1×25 导线穿 PVC 管埋地敷设。

④N_4 回路计算(表 5-5)。

表 5-5　　N_4 回路计算

名称	数量	K_d	$\cos\varphi$	$\tan\varphi$	P_e	P_{30}	Q_{30}	S_{30}	I_{30}
吊　车	1	0.6	0.6	1.33	55	33	43.89	—	—
	2	0.6	0.6	1.33	20	24	31.82	—	—
照　明	4	0.55	0.6	1.33	2.5	7.7	10.24	—	—
电　梯	1	0.85	0.6	1.33	18.5	15.73	20.91	—	—
合　计	8	同时系数 $K_{εp}$=0.95		$K_{εp}$=0.98			106.96 101.61	123.83	188

经电压损耗和机械强度校验到选择：

由总配电柜至 7# 配电箱选：

$$VLV_{22}-3\times120+2\times70$$

由 7# 配电箱至 8# 配电箱选：

$$VLV_{22}-3\times95+2\times50$$

由 8# 配电箱至 9# 配电箱选：

$$VLV_{22}-3\times50+2\times25$$

总开关选 DZ10－250(200)A 空气开关、DZL－250(200A)漏电保护器。

⑤总电缆和总开关选择：

$$P'_{30}=64.56+16.24+70.78=151.58\text{kW}$$

$$q'_{30}=114.07+20.08+101.61=235.7\text{kVar}$$

$$S'_{30}=280.28\text{kV}\cdot\text{A}$$

$$S_{30}=(280.28+100+35)\times0.7=373.75\text{kV}\cdot\text{A}$$

$$I_{30}=S_{30}/\sqrt{3}U_N=567.87\text{A}$$

总开关选择，630A 刀型隔离开关和 DW15－603 万能式断路器。

总干线选择 $VV_{22}-3\times240+1\times120$ 埋地敷设。

(6)接地。本设计要求在总配电柜处做一组重复接地，要求灯$_{地}\leqslant4\Omega$，各分配电箱处(特别是设备集中处)均做一组重复接地，要求 $R_{地}\leqslant4\Omega$。

(7)施工安全措施。

1)电缆线路敷设。电缆必须采用五芯电缆，敷设前必须进行测试，要求其绝缘阻值大于 10MΩ。

2)配电箱、开关箱及设备。

①严格执行三级配电两级保护，实行“一机、一闸、一漏、一箱”，严禁一闸多用。

②开关箱内除应设过负荷及短路保护装置外，还必须设置隔离开关及漏电保护器，且漏电保护器应装设在电源隔离开关的负荷侧。

③漏电保护器选择。漏电保护器的选择应符合《漏电电流动作保护器》(GB 6829—1986)的要求，一般环境的漏电保护器，其额定漏电动作电流，不得大于 30mA，额定漏电动作时间应小于 0.1s；特殊环境下及手持式电动工具的漏电保护器动作电流应不大于 15mA，动作时间小于 0.1s。

④所有用电设备的金属外壳，必须可靠地接到 PE 线上。

⑤固定电气设备应作防雨、防淹措施，如搭设防雨棚，做排水沟等。

⑥要求设备停用1小时以上的必须拉闸断电上锁。

3)制定相应的冬雨期电气安全管理措施,成立安全管理小组。

组长:×××

组员:×××　×××　×××

4)现场照明。照明回路与动力回路分开敷设,且应单独设置闸箱及漏电保护器,现场镝灯的金属外壳作保护接零。电缆绝缘性能良好,无破皮老化。工人宿舍内及工程内照明采用36V低压照明。

5)现场临时供电检查与巡视。

①必须建立对现场临电的检查制度,要求每周必须对现场临电做一次定期检查,并做好有关记录。

②设备安装后(线路敷设后),必须进行绝缘摇测,然后每一个月对重要的设备(线路)做一次绝缘摇测,要求雨(雪)后增加一次测试,并做好记录。

③对于主要设备的漏电保护器必须进行定期检测,要求每两周检查一次,对于性能达不到要求的漏电保护器,必须更换,并做更换记录。雨(雪)后增加一次测试,并做好记录。

④塔吊防雷接地,以及各配电箱的重复接地安装后进行测试,其测试结果必须满足要求,三个月进行复测,其测试结果也必须满足要求。

⑤每天对现场临电进行巡视维修,并建立巡视维修工作记录。

6)对职工进行安全教育,提高工人的安全防范意识。做到不私诉、接电器设备,不乱动开关设备,发现问题后、断电后应立即通知电工处理。

7)电气防火措施。

①执行动火申请审批制度,重点防火部位等处确保安全用电,现场电气设备密集区布置适于电气火灾的灭火器材。

②照明灯具与易燃物之间,应保持一定的安全距离,普通灯具不宜小于300mm,聚光灯、碘钨灯具不宜小于500mm,且不得直接照射易燃物。当间距不够时,应采取隔热措施。

③焊工在电焊操作时发生火灾,应立即切断电源,可用砂土覆盖灭火或用四氯化碳灭火器、二氧化碳灭火器,绝不能用水或一般酸碱泡沫灭火器灭火,否则可能有触电危险。

(8)建筑物内电源引入做法。本工程Ⅰ、Ⅱ、Ⅲ区分别引入一路电源供建筑物内照明及施工用电。Ⅰ区电源由8#电源分配箱提供,Ⅱ区由9#分配箱供电,Ⅲ区由7#分配箱提供,三路电源均由五芯电缆(VV－5×10)穿塑料管引入,电缆穿塑料管埋地敷设引至各区电气竖井内,沿电气竖井引上至各层。电缆在电气竖井内引上时应沿蝶式绝缘子引上,严禁固定在钢筋及预埋铁件上,且电气竖井每层应有门防护。当电气竖井进行抹灰等湿作业时应将电缆移出,穿管沿水暖预留洞引上。每区各设一电源分配箱,施工及临时照明均由此箱供电。当使用碘钨灯时应采用三芯电缆,使灯罩与保护零线相连。

(9)设计说明。

1)在有可能影响施工的地方,必须采用电缆埋地敷设方式。

2)施工时必须严格执行《施工现场临时用电安全技术规范》(JGJ 46—2005)及当地电力部门的有关规定。

(10)附图。配电室布置图(略)。

施工现场临电布置图(图5-3)。

供电线路系统图(图5-4)。

二次线路系统图(略)。

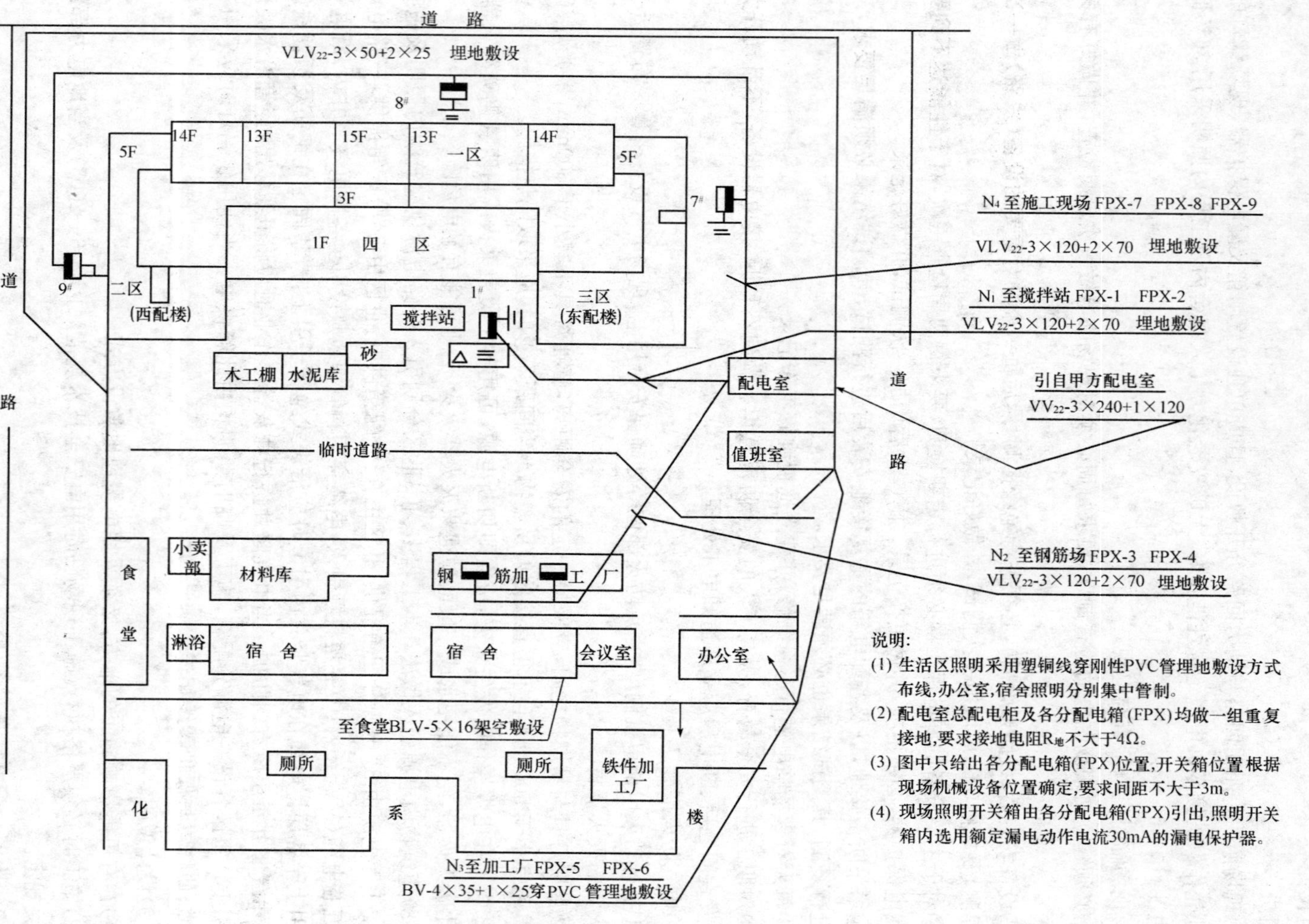

图 5-3 施工现场临电平面布置图

LMZJ1-0.5*500/5

HU11-B-600

DZ10-250　DZ10-250　DZ10-250　DZ10-250

DZL10-250　DZL10-250　DZL10-250　DZL10-250

名称(型　号)	总配电柜 (ZPG-1)	名　称	总配电柜(ZPG-2)			
计算容量(kV·A)	373.7kV·A	回路编号	N_1	N_2	N_3	N_4
		计算容量	131.07kV·A	125.84kV·A	100.00kV·A	123.83kV·A
计算电流(A)	567.87A	计算电流	199.15A	199.00A	188.00A	188.00A
		开关选型	DZ10-250(250A)	DZ10-250(250A)	DZ10-250(200A)	DZ10-250(200A)
		漏电选型	DZ10L-250(250A)	DZ10L-250(250A)	DZ10L-250(200A)	DZ10L-250(200A)

回路编号	N_1		N_2		N_3		N_4		
配电箱编号	FPX-1	FPX-2	FPX-3	FPX-4	FPX-5	FPX-6	FPX-7	FPX-8	FPX-9
箱内系统图	X; DZ10-200; X X X X X; 140 100 100 100 100	X; 100; X X X X; 60 60 60 60	X; 250; X X X X X; 200 60 60 60 60	X; 100; 30 30 30 30	X; 100; 30 30 30 30	X; 200; X X X X; 60 60 60 60	X; 140; X X X X; 60 60 60 60	X; 250; X X X X X; 140 60 60 60 60	X; 140; X X X X; 60 60 60 60
设备名称	泵车 搅拌机 搅拌机 备用 备用	配料机 配料机 备用 备用	对焊 冷拉 切断 备用 备用	煨弯机 煨弯机 切断机 备用	砂轮机 台钻 摵弯机 备用	电焊机 电焊机 备用 备用	塔吊 照明 备用 备用	塔吊 照明 备用 备用 备用	塔吊 照明 备用 备用

图 5-4　施工现场临时供电系统图

4. 临时用电施工组织设计变更

当现场布置和电气平面图不一致时，或者因为现场整体布置需要改动临时用电设备时必须填写变更单。只有临电设计人(负责人)签发的变更单方才有效。

变更单必须办理审核审批及接收签字手续；必须补充变更的有关图纸资料，附于变更单后面，《现场临时用电设计变更单》的格式参见表 5-6。

表 5-6　　现场临时用电设计变更单

工程名称：××大厦　　　　日期：××年×月×日

主要内容：

水泥库西侧木工棚，增加分配电箱及圆盘锯开关箱，分配电箱编号为 FPX－1－1；电源引自搅拌站 FPX－1 箱上口，电源线选用 RVV－5×10 穿管(VC25)埋地暗敷。分配电箱系统图如下：

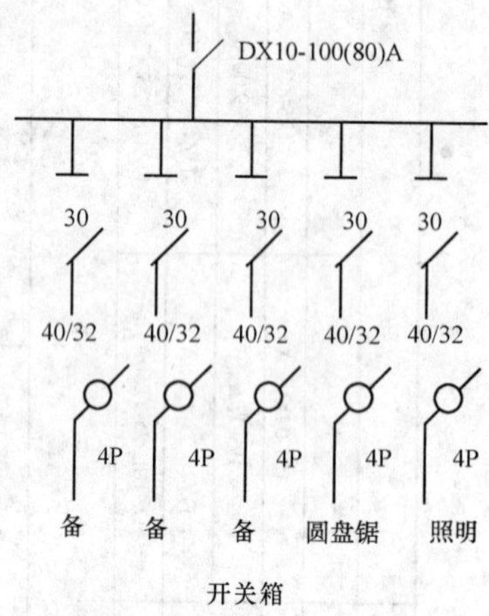

开关箱

设计变更人	×××	审核人	×××	接收人	×××

四、施工现场临时用电资料内容与常用表格

1. 现场临时用电检查验收记录

(1)当现场临电布置基本完成即将投入运行时应进行验收检查并填写《现场临时用电检查验收记录》(表 C2-1)，办理有关签字手续。

(2)检查的主要内容如下：

1)有关临电安全技术资料(施工组织设计全部资料、技术交底等)是否齐全。

2)临电安全管理的组织机构是否建立(临电安全责任制、定期不定期检查制度、职工培训教育制度等)。

3)现场检查:配电箱的设置、熔丝及线路的防护、线路的选择与敷设、配电箱的设置、熔丝及开关的选择、接零接地防雷保护、现场照明、临电标志、电气消防设施的布置等方面,依据施工现场临时用电安全技术规范、法规,进行详细全面的检查。

4)检测线路绝缘,接地、防雷保护的接地电阻值,并查看有关记录资料。

5)系统送电试运行:应进行72小时试运行,经巡视检查合格后方可投入正常运行。

6)验收记录中必须有量化验收内容。

表 C2-1　　　　**现场临时用电检查验收记录**

工程名称:××大厦　　　　日期:××年×月×日

<table>
<tr><td colspan="6">主要检查内容记录

(1)外电防护:该建筑物周围无高低压、通信等线路。
(2)接地与接零保护系统:现场采用 TN—S 接零保护系统;现场配电室处设重复接地;保护零线引自配电室的零线,检测接地电阻值为 1Ω,符合要求;现场分配电箱各处保护零线均设置重复接地,其做法符合规范要求;保护零线与工作零线分设 PE 和 N 线端子板,无混接现象。
(3)配电箱、开关箱:配电箱采用定型产品,设置符合“三级配电,两级漏电保护”要求;对现场漏电保护器经抽检测试均达到合格标准要求,其参数匹配,满足阶梯原则;配电箱、开关箱安装高度 1.5m;一机、一闸、一漏、一箱,开关箱内设隔离开关;配电箱内回路有标识,清晰、闸具无损坏,引出线用塑料卡子卡固不混乱,配电箱周围无杂物,操作方便;电箱有门、有锁、防雨。
(4)宿舍照明:采用 36V 安全电压供电,导线采用 BV—4mm^2 穿 PVC20 明敷设,符合规范规定;灯头距地 2.5m。
(5)配电线路:现场线路采用五芯电缆埋地敷设,埋深 0.7m,符合规范;检测线路绝缘符合规定。
(6)配电室:现场设配电室,有值班人员(专业电工),有管理制度,布置符合规范要求。
(7)接地:现场塔吊、龙门架等设置防雷接地,重复接地,经接地电阻测试符合规范。
(8)安全资料:有临电施工组织设计,详细具体,针对性较强,能指导施工,其他安全资料基本齐全。
(9)现场安全管理机构与制度:现场安全管理机构已建立,安全管理制度已落实,并责任到人。</td></tr>
<tr><td colspan="6">结论意见:

经检查验收,该现场临时供电系统符合《施工现场临时用电安全技术规范》(JGJ 46—2005)、临时用电施工组织设计及施工用电检查评分表的规定,经试运行合格后,可投入正式运行。</td></tr>
<tr><td>填表人</td><td>×××</td><td>验收人</td><td>×××</td><td>接收人</td><td>×××</td></tr>
</table>

2. 施工现场用电验收表

施工现场用电验收表的格式参见表 C2-2。

表 C2-2　　施工现场临时用电验收表

编号：×××

工程名称		××工程	总包单位	
临时用电工程名称			作业电工	
序号	检查项目	检查内容		检查结论
1	施工组织方案	用电设备 5 台以上或设备总容量在 50kW 以上者，应编制临时用电施工组织设计		**编有用电施工组织设计**
2	外电防护	小于安全距离时应有安全防护措施；防护措施应符合要求		**符合要求**
3	接地与接零保护系统	应采用 TN—S 系统供电；重复接地符合要求，其电阻值应不大于 10Ω；各种电气设备和施工机械的金属外壳、金属支架和底座必须按规定采取可靠的接零或接地保护		**符合要求**
4	三级配电	配电室的设置应符合要求；现场实行三级配电，总配电箱应装设电压表、总电流表、总电度表及其他仪表；总配电箱的电器应具备电源隔离，正常接通与分断电路，以及短路、过载、漏电保护功能。分配电箱应设总开关和分开关，总开关应采用自动空气开关(具有可见分断点)，分开关可采用漏电开关。开关箱内须安装断电器(具有可见分断点)或熔断器，以及漏电保护器		**符合要求**
5	漏电保护器	须实行两级漏电保护；严格实行“一机、一闸、一漏、一箱”；漏电保护装置应灵敏、有效，参数应匹配；在总、分配电箱上安装的漏电保护开关的漏电动作电流宜为 50～100mA，开关箱必须装漏电保护器，其额定漏电动作电流不大于 30mA，额定漏电动作时间 0.1s		**符合要求**
6	配电箱设置	配电箱安装位置应符合要求，箱体应采用铁板或优质绝缘材料制作，不得使用木质材料制作，箱体应牢固、防雨；箱内电器安装板应为绝缘材料；金属箱体等不带电的金属体必须作保护接零；进线口和出线口应设在箱体的下面，并加护套保护；工作零线、保护零线应分设接线端子板，并通过端子板接线；箱内接线应采用绝缘导线，接头不得松动，不得有带电体明露；闸具、熔断器参数与设备容量应匹配，安装应符合要求；不得用其他导线替代熔丝；箱内应设有线路图		**符合要求**
7	配电线路	电缆架设或埋设符合规定要求；须使用五芯线电缆，电缆完好，无老化、破皮现象		**符合要求**
8	其　他	照明灯具金属外壳须作保护接零，使用行灯和低压照明灯具，其电源电压不应超过 36V；行灯和低压灯的变压器应装设在电箱内，符合户外电气安装要求；交流电焊机须装设专用防触电保护装置、电焊把线应双线到位、电缆线应绝缘无破损		**符合要求**

（续）

<table>
<tr><th>序号</th><th>检查项目</th><th colspan="2">检查内容</th><th>检查结论</th></tr>
<tr><td>9</td><td>其他增加的验收项目</td><td colspan="2">—</td><td>—</td></tr>
<tr><td colspan="5">验收结论：

检验项目均符合相关规范要求，验收合格。

××年×月×日</td></tr>
<tr><td rowspan="2">验收人签名</td><td>总包单位</td><td colspan="2">分包单位</td><td>作业队伍</td></tr>
<tr><td>×××</td><td colspan="2">×××</td><td>×××</td></tr>
<tr><td colspan="5">监理单位意见：

同意验收。

监理工程师(签字)：×××
××年×月×日</td></tr>
</table>

注：本表由施工单位填报，监理单位、施工单位各存一份。

3. 施工现场电气设备调试记录

(1)进入现场的较大较复杂、易发生安全事故的电气设备(如吊车、混凝土输送泵、电渣压力焊机、闪光对焊机、电梯、电控竖井架等)运行前必须进行调试,并填写《施工现场电气设备调试记录》(表C2-3),调试合格后办理有关签字手续。

(2)调试过程及基本内容:

1)核查、检验电气设备的试验及检验凭单(合格证)、随机技术文件等资料是否齐全,是否符合设备制造技术标准要求,并认真阅读随机技术文件,特别是安装、调试、操作注意事项。

2)测试线路、电机等带电部分与非带电部分的绝缘电阻,并做好记录。

3)检查保护接零情况;检测保护接地、防雷接地的接地电阻值,并做好记录。

4)外观检查:检查电器开关、电机等有无损坏,是否受压变形,各种防护罩是否齐全。

5)通电试运行:检查控制电器、限位保险装置动作是否灵活可靠;电机转动是否正常;设备能否正常作业等。

6)对查出的问题应及时整改,不能让设备带“病”运行。设备只有试运行合格后方可投入正常运行。

表C2-3 **施工现场电气设备调试记录**

工程名称:××大厦 日期:××年×月×日

<table>
<tr><td>设备名称</td><td>泵　车</td><td>设备规格型号</td><td>HBT－50</td><td>设备安装地点</td><td>搅拌站</td></tr>
<tr><td colspan="6">主要调试过程:

测试分配电箱至泵车开关箱线路绝缘电阻最小值是AB间为360MΩ,满足要求。
测试泵车主电动机绝缘性能,最小值是350MΩ。
测试泵车漏电保护器性能(12月1日测)A相30mA/10ms;B相30mA/10ms;C相30mA/10ms。试验按钮动作灵敏。
合闸后无异常现象,试运转正常。
分配电箱重复接地电阻1Ω(9月1日测,12月1日复测)</td></tr>
<tr><td colspan="6">结论及处理意见:

试运转正常,可以投入使用。</td></tr>
<tr><td>填表人</td><td>×××</td><td>调试人(2人)</td><td>×××
×××</td><td>验收人</td><td>×××</td></tr>
</table>

4. 临时用电接地电阻测试记录

(1)《临时用电接地电阻测试记录》(表 C2-4)中,设计阻值可根据现场不同接地类别,按规定确定;季节系数值可查阅当地当月的季节系数表取得。实测阻值×季节系数=实际阻值。实际阻值和设计阻值相比较得出结论。对阻值超出临电规范规定值的接地装置,应采取必要的降阻措施(如换土、加电解质、增加接地极根数等)。

(2)完善其他栏目,画出简要的接地位置图,办理有关签字手续。

表 C2-4　　临时用电接地电阻测试记录

编号:×××

<table>
<tr><td>工程名称</td><td colspan="2">××大厦</td><td>施工单位</td><td colspan="3">××建筑公司</td></tr>
<tr><td>仪表型号</td><td colspan="2">××××</td><td>测试日期</td><td colspan="3">××年×月×日</td></tr>
<tr><td>计量单位</td><td colspan="2">××公司</td><td>天气情况</td><td>晴</td><td>气温</td><td>××℃</td></tr>
<tr><td>接地类型
测试内容</td><td>防雷接地</td><td>保护接地</td><td>重复接地</td><td colspan="2">接地</td><td>接地</td></tr>
<tr><td></td><td></td><td></td><td></td><td colspan="2"></td><td></td></tr>
<tr><td></td><td></td><td></td><td></td><td colspan="2"></td><td></td></tr>
<tr><td></td><td></td><td></td><td></td><td colspan="2"></td><td></td></tr>
<tr><td></td><td></td><td></td><td></td><td colspan="2"></td><td></td></tr>
<tr><td>设计要求</td><td>≤　Ω</td><td>≤　Ω</td><td>≤　Ω</td><td colspan="2">≤　Ω</td><td>≤　Ω</td></tr>
<tr><td>测试结论</td><td colspan="6"></td></tr>
<tr><td rowspan="2">参加人员
签　字</td><td>项目负责人</td><td>电气负责人</td><td>安全员</td><td colspan="3">测试电工(二人)</td></tr>
<tr><td>×××</td><td>××</td><td>××</td><td colspan="3">×××　××</td></tr>
<tr><td colspan="7">监理单位意见:

符合测试程序,同意使用(√)
不符合测试程序,重新组织验收(　)

监理工程师(签字):×××
××年×月×日</td></tr>
</table>

注:本表由施工单位填写,监理单位、施工单位各存一份。

5. 临时用电绝缘电阻测试记录

(1)低压线路绝缘电阻的临电规范规定值：

1)电缆线路：用1kV摇表摇测，绝缘电阻不低于10MΩ。

2)绝缘导线明敷或穿管敷设：用500V摇表摇测，绝缘电阻不低于0.5MΩ。

(2)按不同回路、分级、分清相序，用相应规格的绝缘摇表依次测量，把数值填入《临时用电绝缘电阻测试记录》(表C2-5)，和规范规定值相比较得出结论。发现问题时填写处理意见，并办理有关签字手续。

表C2-5　　临时用电绝缘电阻测试记录

工程名称	×××大厦		施工单位	××建筑公司			
测试日期	××年×月×日		仪表型号				
绝缘电阻/MΩ							问题及处理意见
设备名称	搅拌机	搅拌机	配料机	配料机	泵　车		
回路编号	—	—	—	—	—	—	
接地类别	阻值	阻值	阻值	阻值	阻值	阻值	
A B	350	400	350	400	400	—	
B C	350	350	350	350	350	—	
C A	350	400	350	350	350	—	
A O	—	—	300	400	—	—	
B O	—	—	300	400	—	—	
C O	—	—	300	400	—	—	
A 地	350	400	300	400	400	—	
B 地	400	400	300	400	350	—	
C 地	400	400	360	350	350	—	
O 地	—	—	300	400	—	—	
测验结果	合格	合格	合格	合格	合格	—	
临电技术负责人	×××		测试人(2人)		××× ×××		

6. 临时用电漏电保护器检测记录

(1)对施工现场所有配电箱内的漏电保护器逐个登记,建立《临时用电漏电保护器检测记录》(表 C2-6)。

(2)原则上漏电保护器每两周测试一次,故障掉闸或雨后或特殊情况,临时增加检测次数并记录。

(3)必须同时检测漏电保护器的漏电动作电流和动作时间。

(4)漏电保护器检测仪必须按规定时间进行检定。

表 C2-6　　**临时用电漏电保护器检测记录**

<table>
<tr><td>单位名称</td><td>××大厦</td><td>工程名称</td><td colspan="3">×××大厦</td><td>安装部位</td><td>××</td></tr>
<tr><td>保护器型号</td><td>DZ15LE－100/4902</td><td>额定电流</td><td>100A</td><td>额定漏电动作电流</td><td>30mA</td><td>生产厂家</td><td>上海</td></tr>
<tr><td>安装日期</td><td colspan="3">××年×月×日</td><td>安装人</td><td colspan="3">×××</td></tr>
<tr><td>配合使用的设备</td><td colspan="5">塔　吊</td><td>容　量</td><td>30kW</td></tr>
<tr><td>维护电工姓名</td><td>×××</td><td colspan="2">电工证号码</td><td colspan="2">×××</td><td>技术等级</td><td>×××</td></tr>
<tr><td colspan="8">安装后通电合闸模拟检测记录</td></tr>
<tr><td rowspan="2">检测日期</td><td colspan="5">检　测　项　目</td><td rowspan="2">检测结论</td><td rowspan="2">检测人签字</td></tr>
<tr><td>A 相对地</td><td>B 相对地</td><td>C 相对地</td><td>复位情况</td><td>试验按钮</td></tr>
<tr><td>2 月 14 日</td><td>16mA/15ms</td><td>17mA/14ms</td><td>16mA/13ms</td><td>能复位</td><td>灵敏</td><td>合格</td><td>×××</td></tr>
<tr><td>2 月 28 日</td><td>18mA/17ms</td><td>19mA/16ms</td><td>20mA/16ms</td><td>能复位</td><td>灵敏</td><td>合格</td><td>×××</td></tr>
<tr><td>3 月 14 日</td><td>17mA/16ms</td><td>18mA/15ms</td><td>17mA/16ms</td><td>能复位</td><td>灵敏</td><td>合格</td><td>×××</td></tr>
<tr><td>4 月 1 日</td><td>17mA/16ms</td><td>17mA/15ms</td><td>16mA/13ms</td><td>能复位</td><td>灵敏</td><td>合格</td><td>×××</td></tr>
<tr><td>4 月 14 日</td><td>18mA/16ms</td><td>17mA/15ms</td><td>16mA/17ms</td><td>能复位</td><td>灵敏</td><td>合格</td><td>×××</td></tr>
<tr><td>月　日</td><td></td><td></td><td></td><td></td><td></td><td></td><td></td></tr>
<tr><td>月　日</td><td></td><td></td><td></td><td></td><td></td><td></td><td></td></tr>
<tr><td>月　日</td><td></td><td></td><td></td><td></td><td></td><td></td><td></td></tr>
<tr><td>月　日</td><td></td><td></td><td></td><td></td><td></td><td></td><td></td></tr>
<tr><td>月　日</td><td></td><td></td><td></td><td></td><td></td><td></td><td></td></tr>
<tr><td>月　日</td><td></td><td></td><td></td><td></td><td></td><td></td><td></td></tr>
<tr><td>月　日</td><td></td><td></td><td></td><td></td><td></td><td></td><td></td></tr>
<tr><td>月　日</td><td></td><td></td><td></td><td></td><td></td><td></td><td></td></tr>
<tr><td>月　日</td><td></td><td></td><td></td><td></td><td></td><td></td><td></td></tr>
<tr><td></td><td></td><td></td><td></td><td></td><td></td><td></td><td></td></tr>
<tr><td></td><td></td><td></td><td></td><td></td><td></td><td></td><td></td></tr>
<tr><td>备　注</td><td colspan="7">(填写漏电保护器的拆除、更换、维修情况记录)</td></tr>
</table>

7. 临时用电定期检查记录

(1)临时用电工程的定期检查时间:施工现场建议每周一次(周六检查,可作为周一教育的内容);总公司每季一次;基层分公司每月一次,基层分公司检查时,应复查接地电阻值,并检查有关临电安全技术资料的整理情况。

(2)检查应按分部分项工程进行,对存在隐患部位、内容填入《临时用电定期检查记录》(表C2-7)中,逐项填出正确合理经济的整改措施,限定整改责任人及完成时间、复查负责人,办理签字手续,并按限定的整改完成时间进行复查验收。

表 C2-7　　临时用电定期检查记录

工程名称:××大厦　　日期:××年×月×日

隐患内容部位	整改措施	整改日期
(1)7#分配箱内回路标识不全,8#分配箱线路乱。	(1)箱贴回路标识,箱整理线路。	当日
(2)活动闸箱电源线架设未采用绝缘子。	(2)重新按照临电规范架设。	当日
(3)电焊机按零线松动。	(3)将接零线压紧。	当日

检查人	×××	接收人	×××

8. 临时用电复查验收记录

(1)复查验收应跟随定期检查记录中限定的整改完成时间进行，主要是为了核查临电工程存在的隐患是否按时得到了整改，实际整改措施是否符合规定。

(2)根据定期检查记录表中填写的隐患内容、部位，逐项在现场核查，在《临时用电复查验收记录》(表C2-8)中填写现场实际整改措施，并判断整改后是否满足了临电规范的规定。对整改合格的项目予以销项，对未整改或整改不合格的项目强行责令马上整改。

表 C2-8　　　　临时用电复查验收记录

工程名称：××大厦　　　　日期：××年×月×日

复查内容	实际整改措施	结论
(1)7#分配箱、8#分配箱线路及回路标识。		合格
(2)活动闸箱电源线架设。	按照整改措施整改	合格
(3)电焊机接零线。		合格

9. 临时用电巡视维修工作记录

(1)《临时用电巡视维修工作记录》(表 C2-9)由电气技术员负责建立和审查,可指定电工代管,当临时用电工程拆除后统一归档。

(2)巡视过程中发现的问题及隐患要进行记录,针对这些问题制定相应的维修措施,并对维修过程进行记录,限定维修完成时间。

(3)维修完成后,必须经有关人员验收;分析问题(隐患)产生的原因,制定预防措施,防止事故再次发生。有关人员签字齐全。

表 C2-9　　临时用电巡视维修工作记录

工程名称:××大厦　　日期:××年×月×日

<table>
<tr><td colspan="2">巡视发现问题、隐患记录</td><td colspan="2">维　修　记　录</td><td colspan="2">验证日期</td></tr>
<tr><td colspan="2">对钢筋加工厂及施工现场降水用开关箱进行全面巡视检查,发现现场降水用开关箱至水泵的电源线均未采取保护措施而且较乱。</td><td colspan="2">维修措施:
为防止碰坏电缆,由开关箱到水泵的电源线明露部分穿塑料管进行保护,排放整齐、顺直美观。
维修责任人:
维修时间:×月×日</td><td colspan="2">×月×日</td></tr>
<tr><td colspan="6">验收意见:
×月×日检查,均按要求整改</td></tr>
<tr><td colspan="6">问题、隐患预防措施(改进措施):
对临时供电电工进行安全培训,提高其临电安全意识,确保临电线路规范架设,防止发生事故。</td></tr>
<tr><td>巡视维修人</td><td>×××</td><td>验收人</td><td>×××</td><td>记录人</td><td>×××</td></tr>
</table>

10. 电气线路绝缘强度测试记录

电气线路绝缘强度测试记录的格式参见表C2-10。

表C2-10 **电气线路绝缘强度测试记录表**

编号：________

<table>
<tr><td>工程名称</td><td colspan="5"></td><td colspan="2">施工单位</td><td colspan="3"></td></tr>
<tr><td>计量单位</td><td colspan="5"></td><td colspan="2">测试日期</td><td colspan="3"></td></tr>
<tr><td>仪表型号</td><td colspan="2"></td><td>电压</td><td colspan="2"></td><td colspan="2">天气情况</td><td></td><td>气温</td><td>℃</td></tr>
<tr><td>测试项目</td><td colspan="3">相 间</td><td colspan="3">相对零</td><td colspan="3">相对地</td><td>零对地</td></tr>
<tr><td>测试内容</td><td>A—B</td><td>B—C</td><td>C—A</td><td>A—N</td><td>B—N</td><td>C—N</td><td>A—E</td><td>B—E</td><td>C—E</td><td>N—E</td></tr>
<tr><td></td><td></td><td></td><td></td><td></td><td></td><td></td><td></td><td></td><td></td><td></td></tr>
<tr><td></td><td></td><td></td><td></td><td></td><td></td><td></td><td></td><td></td><td></td><td></td></tr>
<tr><td></td><td></td><td></td><td></td><td></td><td></td><td></td><td></td><td></td><td></td><td></td></tr>
<tr><td></td><td></td><td></td><td></td><td></td><td></td><td></td><td></td><td></td><td></td><td></td></tr>
<tr><td></td><td></td><td></td><td></td><td></td><td></td><td></td><td></td><td></td><td></td><td></td></tr>
<tr><td>测试结论</td><td></td><td></td><td></td><td></td><td></td><td></td><td></td><td></td><td></td><td></td></tr>
<tr><td rowspan="2">参加人员签字</td><td colspan="3">项目负责人</td><td colspan="2">电气负责人</td><td colspan="3">安全员</td><td colspan="2">测试电工(二人)</td></tr>
<tr><td colspan="3"></td><td colspan="2"></td><td colspan="3"></td><td colspan="2"></td></tr>
<tr><td colspan="11">监理单位意见：

符合测试程序，同意使用(　　)
不符合测试程序，重新组织验收(　　)

监理工程师(签字)：
年　月　日</td></tr>
</table>

注：1. 本表由施工单位填写，建设单位、施工单位各存一份。

2. 本表适用于单相、单相三线、三相四线制、三相五线制的照明、动力线路及电缆线路、电机、设备电器等绝缘电阻的测试。

3. 表中A代表第一相、B代表第二相、C代表第三相、N代表零线(中性线)、E代表接地线。

11. 电工巡检维修记录

电工巡检维修记录的格式参见表 C2-11。

表 C2-11　　电工巡检维修记录

电工姓名		×××		值班时间	×时×分至×时×分
供电方式				额定容量	
序号	巡视检查项目	巡视检查内容	隐患	维修结果	
1	高压线防护	按方案进行防护并做到严密，安全可靠	—	—	
2	接地或接零保护系统	工作接地、重复接地牢固可靠。系统保护零线重复接地不少于 3 处。工作接地电阻不大于 4Ω，定期检测重复接地电阻，阻值不大于 10Ω。保护零线正确，采用绿/黄双色线其截面与工作零线截面相同或不小于相线的 1/2，严禁将绿/黄双色线用做负荷线	**工作接地不牢固**	**工作接地牢固、可靠**	
3	配电箱开关箱	总配电箱中应在电源隔离开关(可视明显断开点)的负荷侧装置漏电保护器，并灵敏可靠。分配电箱设置正确并与开关箱距离不大于 30m，固定开关箱(一机、一闸、一漏、一箱)漏电保护装置在设备负荷侧，灵敏可靠，并距离设备不大于 3m，固定配电箱、开关箱安装位置正确，高度在 1.4～1.6m，移动配电箱、开关箱安装高度在 0.8～1.6m。电箱底进出线，不混乱，并应加绝缘护套采用固定线夹成束卡固在箱体花栏架构上。箱内无杂物，有门、锁、编号、防触电标志及防雨措施。闸具、保护零线端子、工作零线端子齐全完好。箱门与箱体之间必须采用编制软铜线电气连接。电器用途明确标识。箱内不应有带电明露点。箱内应有本箱体的配电系统图	—	—	
4	现场、生活区照明	现场照明回路有漏电保护器，动作灵敏可靠。灯具金属外壳应做保护接零。室内 220V 灯具安装高度大于 2.5m，低于 2.5m 使用安全电压供电。手持照明灯具必须使用电压 36V(含)以下照明，电源线必须采用橡套电缆线，不得使用塑绞线，手柄及外防护罩完好无损。低压安全变压器应放置在专用配电箱内。碘钨灯照明必须采用密闭式防雨灯具，金属灯具和金属支架应做好保护接零，架杆手持部位应采取绝缘措施，电源线必须采用橡套电缆线，电源侧应装设漏电保护器	**电源线有塑绞线**	**全部换成橡套电缆线**	
5	配电线路	配电线路无老化、破损、断裂现象，与交通线路交叉的电源线应符合有关安装架设标准有线路过路保护。架空线路架符合有关规定，严禁架在树木、脚手架上	—	—	
6	变配电装置	露天变压器设置符合规定要求，配电元器件间距符合规范要求，并有可靠安全的防护措施，及正确悬挂警告标志，门应朝外开，有锁。变配电室内不得堆放杂物，并设有消防器材。发电机组及其配电室内严禁存放贮油桶，发电机设有短路、过负荷保护。配电室必须有相应的配电制度、配电平面图、配电系统图、防火管理制度、值班制度、责任人；具有良好的照明及应急照明；具有防止小动物的措施；具有良好的绝缘操作措施；良好通风条件。易发热元件是否在正常工作范围内	—	—	
7	其　他	除以上内容发现的其他隐患	—	—	

五、现场临时用电季节性安全技术措施

1. 雨期电气安全技术保证措施

针对容易雨期发生触电伤人事故的特点，对现场临电的线路、配电箱、设备等可能遭受雨淋、水淹、线路绝缘易损坏等情况，依据临电技术规范的有关规定，制定出具体的安全技术保证措施。

2. 雨期电气安全管理措施

(1)雨期施工前，对现场配电线路、电机绝缘、设备(配电箱)的防雨性能等进行一次全面的检查，并做好记录；对现场设有防雷保护装置的设备，应检查避雷针、引下线的连接质量，并检测接地装置的接地电阻值，做好记录。雨期施工中，要求现场每周必须进行一次定期检查；雨后必须经过巡视检查，认为合格后，设备方能投入运行。

(2)设立雨期电气安全管理小组，做好雨期电气安全管理和电气安全知识的宣传工作。

(3)现场配电箱的管理(拉闸设备断电、关箱门加锁、清理箱内及周围杂草杂物)、电气设备防雨覆盖等实行归口责任管理(由使用者负责管理)；电工负责公共配电箱的管理及所有配电箱、开关、线路的安装和维修工作，其他人员不可乱动。

3. 雨期防雷措施

(1)人身防雷措施。

1)雷雨时，停止野外露天作业。

2)雷雨时，尽量离开铁丝网、金属晒衣绳、烟囱、孤树等。

3)雷雨时，应关闭门窗，防止球形雷进入室内。尽量离开各种进户线1.5m以外。

(2)高大设施的防雷措施。高度在20m以上的建筑物四周的塔吊、竖井架、脚手架均需做避雷针、防雷接地引下线，其接地装置可利用在建工程的基础钢筋；引下线可单独敷设$\phi 8$圆钢或利用在建工程的防雷接地引下柱子主筋或利用可靠连接的设备的金属结构体。经常检测接地装置的接地电阻，并做好记录。

(3)高层建筑施工作业层的防雷措施。可采用加高一层在建工程的防雷接地引下线柱子主筋做避雷针，实现临时防雷的方法。此时一定要校验操作层(面)上的设备、脚手架等是否在其有效保护范围内。

4. 冬期电气安全技术措施

(1)需敷设在地下的电气管线，应在冬期施工前完成，以保证敷设质量和电气安全。

(2)取暖严禁使用电炉；室内严禁乱拉线，对现场用电应采取限电措施，并保证线路、设备不超负荷运行，防止火灾事故发生。

(3)建立用电检查小组，加强临时用电的安全管理。如检查督促电褥子的使用者，上班前一定要关掉开关、拔下插头；宿舍内严禁安装大功率照明灯(1kW碘钨灯)；杜绝长明灯等。

第三节 施工现场机械安全资料

一、施工现场机械安全资料分类

施工现场机械安全资料的分类见表5-7。

表 5-7　　施工现场机械安全资料分类

类别编号	工程安全资料名称	表格编号（或资料来源）	保存单位				
			建设单位	监理单位	施工单位	租赁单位	拆装单位
C3	塔式起重机租赁、使用、拆装管理资料	施工单位		●	●	●	●
	塔式起重机拆装统一检查验收表格	表 C3-1		●	●	●	●
	塔式起重机拆装方案及群塔作业方案、起重吊装作业的专项施工方案	施工单位		●	●	●	●
	塔式起重机平面布置图	施工单位		●	●	●	
	对塔机组和信号工安全技术交底	施工单位			●	●	●
	施工起重机械运行记录	表 C3-2			●	●	
	机械租赁合同、出租、承租双方安全管理协议书	施工单位	●	●	●	●	
	物料提升机、施工升降机、电动吊篮拆装方案	施工单位		●	●	●	●
	施工升降机拆装统一检查验收表格	表 C3-3		●	●	●	●
	电动吊篮检查验收表	表 C3-4		●	●	●	●
	打桩（钻孔）机械验收记录	表 C3-5		●	●	●	●
	混凝土搅拌机检查验收表	表 C3-6		●	●	●	
	机动翻斗车检查验收表	表 C3-7		●	●	●	
	龙门式起重机检查验收表	表 C3-8		●	●	●	●
	汽车式起重机检查验收表	表 C3-9		●	●	●	
	挖掘机检查验收表	表 C3-10		●	●	●	
	装载机检查验收表	表 C3-11		●	●	●	
	物料提升起检查验收表	表 C3-12		●	●	●	●
	混凝土泵检查验收表	表 C3-13		●	●	●	
	钢筋机械检查验收表	表 C3-14		●	●	●	
	木工设备检查验收表	表 C3-15		●	●	●	
	其他中小型施工机具检查验收表	表 C3-16			●	●	
	施工起重机械运行记录	施工单位			●	●	
	机械设备检查维修保养记录	表 C3-17			●	●	

二、施工机械安全资料有关名词解释

1. 龙门架提升机

以地面卷扬机为动力，由两根立柱与天梁和地梁成门式架体的提升机，吊篮（吊笼）在两根立柱中间沿轨道作垂直运动，也可由两台或三台门架并联在一起使用。

2. 井架提升机

以地面卷扬机为动力，由型钢组成井字形架体的提升机，吊篮（吊笼）在井孔内沿轨道作垂直运动。可组成单孔或多孔井架并联在一起使用。

3. 立柱

提升机架体支撑天梁的结构件，其外部可支撑和引导吊篮做垂直运动。立柱可制作标准节，按设计规定高度进行现场组装。

4. 天梁

安装在提升机架体顶部的横梁，支撑顶端滑轮的结构件。

5. 吊篮（吊笼）

装载物料沿提升机导轨作升降运行的部件。

6. 可逆式卷扬机

以动力正反转作业的卷扬机。

7. 低架卷扬机

提升高度在30m及以下的提升机。

8. 高架卷扬机

提升高度为31～150m的提升机。

9. 超高限制器

超高限位器是指吊具升至最高极限位置时起作用的限位器。

10. 起重力矩限制器

起重力矩限制器，是指当起重机的起重力矩超过规定值时，自行停止起升和变副机构运转的装置。

11. Ⅰ类工具

Ⅰ类工具，是指在防止触电的保护方面，不仅依靠基本绝缘，而且还包含一个附加的预防措施，其方法是将可触及的可导电的零件与已安装的固定线路中的保护(接地)导线连接起来，以这样的方法来使可触及的可导电的零件在基本绝缘损坏的事故中不成为带电体。

12. Ⅱ类工具

Ⅱ类工具，是指在防止触电的保护方面，不仅依靠基本绝缘，而且还提供双重绝缘或加强绝缘的附加安全预防措施和设有保护接地或依赖安装条件的措施。

Ⅱ类工具分绝缘外壳Ⅱ类工具和金属外壳Ⅱ类工具，在工具的明显部位标有Ⅱ类结构符号“回”。

13. Ⅲ类工具

Ⅲ类工具，是指在防止触电的保护方面，依靠由安全特低电压供电和在工具内部不会产生的比安全特低电压高的电压。

三、施工机械安全资料内容与常用表格

1. 塔式起重机起重吊装资料

(1)塔式起重机租赁、使用、拆装管理资料。对施工现场租赁的塔式起重机，出租和承租双方应签订租赁合同，并签订安全管理协议书，明确双方的责任和义务。委托安装单位拆装塔式起重机时，还应签订拆装合同。塔式起重机的拆装单位资质、相关人员的资格证等材料及设备统一编号、检测报告等应一并存档。

(2)塔式起重机拆装统一检查验收表格。塔式起重机安装过程中，安装单位或施工单位应根据施工进度分别认真填写《塔式起重机拆装统一检查验收表格》(表 C3-1)的有关内容。本套表格共有九张，适用于塔式起重机的安装、顶升、锚固和拆卸的过程控制记录。塔式起重机安装完毕后，应当由施工总承包单位、分包单位、出租单位和安装单位，按照表 C3-1-5 的内容共同进行验收。塔式起重机每次顶升、锚固时，均应填写表 C3-1-6 和表 C3-1-7。

1)安装固定式塔式起重机，应填写表 C3-1-1、表 3-1-2(1)、表 3-1-3、表 3-1-4、表 3-1-5。

2)安装行走式塔式起重机，应填写表 3-1-1、表 3-1-2(1)、表 3-1-2(2)、表 3-1-3、表 3-1-4、表 3-1-5。

3)塔式起重机折卸时，应填写表 C3-1-1、表 C3-1-3、表 C3-1-4。

塔式起重机拆装统一检查验收表格
(表 C3-1)

工 程 名 称：______________________________

拆装单位(盖章)：______________________________

施 工 单 位：______________________________

租 赁 单 位：______________________________

产 权 单 位：______________________________

拆 装 负 责 人：______________________________

表 C3-1-1

塔式起重机安装、拆卸任务书

档案编号：　　　　　　　　　　　　　　　　　　　　　　　　　　年　月　日

<table>
<tr><td>工程名称</td><td colspan="3"></td><td colspan="2">安、拆装单位</td><td colspan="4">（盖章）</td></tr>
<tr><td>施工地点</td><td colspan="3"></td><td colspan="2">工地负责人</td><td>××</td><td>电话</td><td colspan="2"></td></tr>
<tr><td>资质等级</td><td colspan="3"></td><td colspan="3">安全生产许可证编号</td><td colspan="3"></td></tr>
<tr><td>塔式起重机</td><td>型号</td><td></td><td>统一编号</td><td></td><td>塔高</td><td>m</td><td>臂长</td><td colspan="2">m</td></tr>
<tr><td>安、拆期限</td><td colspan="5"></td><td colspan="3">任务下达者</td><td></td></tr>
<tr><td colspan="10">要求及说明：
现场情况和建筑物平面示意图：</td></tr>
<tr><td colspan="10">任务接受者：

年　月　日</td></tr>
</table>

表 C3-1-2(1)　　塔式起重机基础检查记录

档案编号：　　年　月　日

工程名称		施工单位	
施工地点		工地负责人	
检　验　项　目		实测数据	结　论
路基允许承载能力	N/m²		
土壤干容重	g/cm³		
石灰：土＝　：			
基坑边坡坡度	°		
路基距基坑边距离	m		
暗沟、防空洞、坑(有、无)			
排水沟(有、无)			
高压线(有、无)			
场地平整情况			
混凝土强度			
固定支腿安装垂直度、平面度			
固定支腿接地电阻的设置			
其他			
检验意见		基础施工负责人(签字)： 年　月　日	

表 C3-1-2(2)　　**塔式起重机轨道验收记录**

档案编号：　　　　　　　　　　　　　　　　　　　　　　　　年　月　日

<table>
<tr><td>工程名称</td><td colspan="3"></td><td colspan="2">施工单位</td><td colspan="2"></td></tr>
<tr><td>施工地点</td><td colspan="3"></td><td colspan="2">工地负责人</td><td colspan="2"></td></tr>
<tr><td>塔机型号</td><td></td><td>钢轨型号</td><td></td><td colspan="3">轨道长度　　　m</td><td>轨距　　　m</td></tr>
<tr><td colspan="5">检验项目和标准</td><td colspan="2">实测数据</td><td>结论</td></tr>
<tr><td colspan="5">碎石粒度　　20～40mm</td><td colspan="2"></td><td></td></tr>
<tr><td colspan="5">路基碎石厚度　　>250mm</td><td colspan="2"></td><td></td></tr>
<tr><td colspan="5">枕木间距　　≤600mm</td><td colspan="2"></td><td></td></tr>
<tr><td colspan="5">钢轨接头间隙　　≤4mm</td><td colspan="2"></td><td></td></tr>
<tr><td colspan="5">钢轨接头高度差　　≤2mm</td><td colspan="2"></td><td></td></tr>
<tr><td colspan="5">两头钢轨接头错开距离　　≥1.5m</td><td colspan="2"></td><td></td></tr>
<tr><td colspan="5">两头拉杆距离　　≤6m</td><td colspan="2"></td><td></td></tr>
<tr><td colspan="5">轨距误差　　≤1‰</td><td colspan="2"></td><td></td></tr>
<tr><td colspan="5">钢轨顶面纵、横方向倾斜度小于等于2.5‰，测量点距离不大于10m</td><td colspan="2"></td><td></td></tr>
<tr><td colspan="5">接地装置组数(每隔20m 1组)和质量</td><td colspan="2"></td><td></td></tr>
<tr><td colspan="5">接地电阻　　≤4Ω</td><td colspan="2"></td><td></td></tr>
<tr><td>检　查
意　见</td><td colspan="4"></td><td colspan="3">验收签字：
轨道铺设负责人：
塔吊安装负责人：
土建施工安全负责人：

年　月　日</td></tr>
</table>

表 C3-1-3 塔式起重机安装、拆卸安全和技术交底书

档案编号： 年 月 日

<table>
<tr><td>工程名称</td><td colspan="4"></td><td>施工地点</td><td colspan="3"></td></tr>
<tr><td>施工单位</td><td colspan="4"></td><td>安、拆装单位</td><td colspan="3">（盖章）</td></tr>
<tr><td>塔式起重机</td><td>型号</td><td></td><td>统一编号</td><td></td><td>塔高</td><td>m</td><td>臂长</td><td>m</td></tr>
<tr><td>起重设备配备</td><td colspan="4"></td><td>运输设备配备</td><td colspan="3"></td></tr>
<tr><td colspan="9">交底内容
一、安全交底

交底人(签字)：
年 月 日

二、技术交底

交底人(签字)：
年 月 日</td></tr>
<tr><td colspan="9">

安装负责人(签字)： 年 月 日</td></tr>
</table>

说明：1. 常规拆装只需写明按说明书或按照拆装工艺。

2. 特殊情况拆装必须进行交底并附拆装方案。

表 C3-1-4

塔式起重机安装、拆卸过程记录

档案编号：　　　　　　　　　　　　　　　　　　　　　　　　　年　月　日

工程名称				安、拆装单位				(盖章)
施工地点				安、拆负责人				
塔式起重机	型号		统一编号		塔高	m	臂长	m
起重设备配备				司机				

日期/风力 人员/工种							
	工　作　内　容						

姓　名	工　种							

表 C3-1-5　　　　**塔式起重机安装完毕验收记录**

档案编号：　　　　　　　　　　　　　　　　　　　　　　　　　　年　月　日

<table>
<tr><td>工程名称</td><td colspan="3"></td><td colspan="2">安、拆装单位</td><td colspan="2">（盖章）</td></tr>
<tr><td>施工地点</td><td colspan="3"></td><td colspan="2">安、拆负责人</td><td colspan="2"></td></tr>
<tr><td rowspan="3">塔式起重机</td><td>型号</td><td></td><td>统一编号</td><td></td><td>起升高度</td><td colspan="2">m</td></tr>
<tr><td>幅度</td><td>m</td><td>起重力矩</td><td>t·m</td><td>最大起重量</td><td colspan="2">t</td></tr>
<tr><td>中心压重重量</td><td>t</td><td>平衡重重量</td><td>t</td><td>臂端起重量（2/4 绳）</td><td colspan="2">t</td></tr>
<tr><td>项　目</td><td colspan="5">内 容 和 要 求</td><td colspan="2">结　果</td></tr>
<tr><td rowspan="5">塔吊结构</td><td colspan="5">部件、附件、连接件安装是否齐全，位置是否正确</td><td colspan="2"></td></tr>
<tr><td colspan="5">螺栓拧紧力矩是否达到技术要求，开口销是否安全撬开</td><td colspan="2"></td></tr>
<tr><td colspan="5">结构是否有变形、开焊、疲劳裂纹</td><td colspan="2"></td></tr>
<tr><td colspan="5">压重、配重重量、位置是否达到说明书要求</td><td colspan="2"></td></tr>
<tr><td colspan="5"></td><td colspan="2"></td></tr>
<tr><td rowspan="6">绳轮钩系统</td><td colspan="5">钢丝绳在卷筒上面缠绕是否整齐、润滑是否良好</td><td colspan="2"></td></tr>
<tr><td colspan="5">钢丝绳规格是否正确、断丝和磨损是否达到报废标准</td><td colspan="2"></td></tr>
<tr><td colspan="5">钢丝绳固定和编插是否符合国家标准</td><td colspan="2"></td></tr>
<tr><td colspan="5">各部件滑轮转动是否灵活、可靠，有无卡塞现象</td><td colspan="2"></td></tr>
<tr><td colspan="5">吊钩磨损是否达到报废标准、保险装置是否可靠</td><td colspan="2"></td></tr>
<tr><td colspan="5"></td><td colspan="2"></td></tr>
<tr><td rowspan="4">系统传动</td><td colspan="5">各机构转动是否平稳、有无异常响声</td><td colspan="2"></td></tr>
<tr><td colspan="5">各润滑点是否润滑良好、润滑油牌号是否正确</td><td colspan="2"></td></tr>
<tr><td colspan="5">制动器、离合器动作是否灵活可靠</td><td colspan="2"></td></tr>
<tr><td colspan="5"></td><td colspan="2"></td></tr>
<tr><td rowspan="7">电气系统</td><td colspan="5">电缆供电系统供电是否充分、正常工作、电压 380±5%（V）</td><td colspan="2"></td></tr>
<tr><td colspan="5">炭刷、接触器、继电器触点是否良好</td><td colspan="2"></td></tr>
<tr><td colspan="5">仪表、照明、报警系统是否完好、可靠</td><td colspan="2"></td></tr>
<tr><td colspan="5">控制、操纵装置动作是否灵活、可靠</td><td colspan="2"></td></tr>
<tr><td colspan="5">电气各种安全保护装置是否齐全、可靠</td><td colspan="2"></td></tr>
<tr><td colspan="5">电气系统对塔吊的绝缘电阻不小于 0.5MΩ</td><td colspan="2"></td></tr>
<tr><td colspan="5"></td><td colspan="2"></td></tr>
</table>

（续）

<table>
<tr><th>项 目</th><th colspan="7">内 容 和 要 求</th><th>结 果</th></tr>
<tr><td rowspan="10">安全限位和保险装置</td><td colspan="7">力矩限制器是否灵活、可靠、其综合误差不大于额定值的8%</td><td></td></tr>
<tr><td colspan="7">重量限制器是否灵活、可靠、其误差不大于额定值的8%</td><td></td></tr>
<tr><td colspan="7">回转限位器是否灵活、可靠</td><td></td></tr>
<tr><td colspan="7">行走限位器是否灵活、可靠</td><td></td></tr>
<tr><td colspan="7">变幅限位器是否灵活、可靠</td><td></td></tr>
<tr><td colspan="7">超高限位器是否灵活、可靠</td><td></td></tr>
<tr><td colspan="7">吊钩保险是否灵活、可靠</td><td></td></tr>
<tr><td colspan="7">卷筒保险是否灵活、可靠</td><td></td></tr>
<tr><td colspan="7">小车断绳保护器是否灵敏可靠</td><td></td></tr>
<tr><td colspan="7">小车断轴保护器是否灵敏可靠</td><td></td></tr>
<tr><td rowspan="9">路基复验</td><td colspan="7">复查路基资料是否齐全、准确</td><td></td></tr>
<tr><td colspan="7">钢轨顶面纵、横方向上的倾斜度不大于5‰</td><td></td></tr>
<tr><td colspan="7">在空载无风状态下塔身对支承面垂直度小于等于4‰</td><td></td></tr>
<tr><td colspan="7">止挡装置距钢轨两端距离 ≥1m</td><td></td></tr>
<tr><td colspan="7">行走限位装置距止挡装置距离 ≥1.5m</td><td></td></tr>
<tr><td rowspan="3">空载荷</td><td colspan="2">额定载荷</td><td colspan="2">超载10%动载</td><td colspan="2">超载25%静载</td><td></td></tr>
<tr><td>幅度</td><td>重量</td><td>幅度</td><td>重量</td><td>幅度</td><td>重量</td><td></td></tr>
<tr><td></td><td></td><td></td><td></td><td></td><td></td><td></td></tr>
<tr><td colspan="8">检查各传动机构工作是否准确、平稳，有无异常声音，液压系统是否渗漏，操作和控制系统是否灵敏可靠，钢结构是否有永久变形和开焊，制动是否可靠。调整安全装置并进行不少于3次的检验</td></tr>
<tr><td>验收结论</td><td colspan="8">安装单位(盖章)</td></tr>
<tr><td rowspan="2">验收责任人签字</td><td>安装单位</td><td colspan="7">质量检查员：
拆装负责人：
安 全 员：
技术负责人：</td></tr>
<tr><td>设备租赁(或产权)单位</td><td colspan="7">单位负责人：
塔吊机长：</td></tr>
</table>

说明：“试运行”栏中“超过25%静载”只在新塔和大修后第一次安装时做。

表 C3-1-6 塔式起重机顶升检验记录

档案编号： 年 月 日

<table>
<tr><td>工程名称</td><td colspan="2"></td><td>安装单位</td><td colspan="2">（盖章）</td></tr>
<tr><td>施工地点</td><td colspan="2"></td><td>顶升负责人</td><td colspan="2"></td></tr>
<tr><td>塔机型号</td><td></td><td>统一编号</td><td></td><td>原塔高 m</td><td>顶升后高 m</td></tr>
<tr><td rowspan="8">顶升之前检查</td><td colspan="4">标准节数量和型号是否正确</td><td></td></tr>
<tr><td colspan="4">标准节套架、平台等是否开焊、变形和裂纹</td><td></td></tr>
<tr><td colspan="4">套架滚轮转动是否灵活，与塔身的间隙是否合适</td><td></td></tr>
<tr><td colspan="4">液压系统压力是否达到要求，油路是否畅通，无泄漏</td><td></td></tr>
<tr><td colspan="4">钢轨顶面纵横方向倾斜度是否超过 5‰</td><td></td></tr>
<tr><td colspan="4">电缆线是否放松到足够高度</td><td></td></tr>
<tr><td colspan="4">顶升套架和回转支承是否可靠连接</td><td></td></tr>
<tr><td colspan="4"></td><td></td></tr>
<tr><td rowspan="6">顶升之后检查</td><td colspan="4">塔身连接是否可靠，螺栓和销子是否齐全</td><td></td></tr>
<tr><td colspan="4">塔身与回转平台连接是否可靠，螺栓拧紧力矩是否达标</td><td></td></tr>
<tr><td colspan="4">套架是否降低到规定位置，电源是否接好</td><td></td></tr>
<tr><td colspan="4">塔身对支承面垂直度是否小于 4‰</td><td></td></tr>
<tr><td colspan="4">顶升油缸是否放置在规定位置</td><td></td></tr>
<tr><td colspan="4"></td><td></td></tr>
<tr><td>检查验收结论</td><td colspan="5"></td></tr>
<tr><td>验收签字</td><td colspan="5">安装单位技术负责人：
安装单位安全员：
顶升作业负责人： 年 月 日</td></tr>
</table>

表 C3-1-7　　**塔式起重机附着锚固检验记录**

档案编号：　　　　　　　　　　　　　　　　　××年×月×日

<table>
<tr><td>工程名称</td><td colspan="3">××大厦</td><td colspan="2">安装单位</td><td colspan="3">××机械安装公司　（盖章）</td></tr>
<tr><td>施工地点</td><td colspan="3">××市××区</td><td colspan="2">锚固负责人</td><td colspan="3">×××</td></tr>
<tr><td rowspan="2">塔式起重机</td><td>型号</td><td></td><td>统一编号</td><td></td><td>塔高</td><td>m</td><td>锚固后高</td><td>m</td></tr>
<tr><td>附着道数</td><td></td><td colspan="2">与下面一道附着间距</td><td colspan="2">m</td><td>与建筑物水平附着距离</td><td>m</td></tr>
<tr><td rowspan="6">附着锚固之前检查项目</td><td colspan="7">框架、锚杆、墙板等是否开焊、变形和裂纹</td><td></td></tr>
<tr><td colspan="7">锚杆长度和结构形式是否符合附着要求</td><td></td></tr>
<tr><td colspan="7">建筑物上附着点布置和强度是否符合要求</td><td></td></tr>
<tr><td colspan="7">基础经过加固后强度是否满足承压要求</td><td></td></tr>
<tr><td colspan="7">第一道锚固以下高度不得大于说明书中规定</td><td></td></tr>
<tr><td colspan="7">锚固之间距离是否符合要求</td><td></td></tr>
<tr><td rowspan="7">附着锚固之后检查项目</td><td colspan="7">锚固框架安装位置是否符合规定要求</td><td></td></tr>
<tr><td colspan="7">塔身与锚固框架是否固定牢靠</td><td></td></tr>
<tr><td colspan="7">框架、锚杆、墙板等各处螺栓、销轴是否齐全、正确、可靠</td><td></td></tr>
<tr><td colspan="7">垫铁、楔块等零、部件是否齐全可靠</td><td></td></tr>
<tr><td colspan="7">最高附着点以下塔身轴线对支承面垂直度不得大于相应高度的2‰</td><td></td></tr>
<tr><td colspan="7">最高附着点以上塔身轴线对支承面垂直度不得大于4‰</td><td></td></tr>
<tr><td colspan="7">锚固点以上塔机自由高度不得大于说明书要求</td><td></td></tr>
<tr><td>检查验收结论</td><td colspan="8"></td></tr>
<tr><td>验收负责人签字</td><td colspan="8">安装技术负责人：
安全员：
土建安全负责人：　　　　　　　　　　　　年　月　日</td></tr>
</table>

(3)起重机械拆装方案及群塔作业方案、起重吊装作业的专项施工方案。塔式起重机安装与拆除、起重吊装作业等必须编制专项施工方案,涉及群塔(2 台及 2 台以上)作业时必须制定相应的方案和措施。群塔作业时,总承包单位应根据方案要求,合理布置塔式起重机的位置,确保各相邻塔式起重机之间的安全距离,并绘制平面布置图。

(4)对塔机组和信号工安全技术交底。塔式起重机使用前,总承包单位与机械出租单位应共同对塔机组人员和信号工进行联合安全技术交底,对塔式起重机性能、安全使用、施工现场注意事项等内容对相关人员做出安全技术交底,并做好记录。

(5)施工机械运行记录。塔式起重机、施工电梯、移动式起重机、物料提升机等起重机械操作人员应在每班作业后填写《施工起重机械运行记录》(表 C3-2),运行中如发现设备有异常情况,应立即停机检查报修,排除故障后方可继续运行,同时将情况填入记录。起重机械运行记录填写完后送交设备产权单位存档。

施工起重机械运行记录
(表 C3-2)

工 程 名 称:________________

施 工 单 位:________________

使 用 单 位:________________

设备租赁单位:________________

设 备 名 称:________________

设 备 编 号:________________

（续）

年				主要内容	司机(签名)
年	日	时	分		
			起		
			止		
			起		
			止		
			起		
			止		
			起		
			止		
			起		
			止		

注：1. 外用电梯、塔吊、移动式起重机、物料提升机等起重机械的司机，应按照规定认真填写记录并在机组存放。

2. 工作记录主要内容：(1)每班首次作业前试验情况；(2)各安全装置、电气线路检查的情况；(3)设备作业的情况。

3. 运行中如发现设备有异常情况，应立即停机检查报修，排除故障后方可继续运行，同时将情况填入记录。

4. 起重机械运行记录单独组卷，每本填写完后送交设备产权单位存档。

2. 其他施工机械安全资料

(1)机械租赁合同、出租、承租双方安全管理协议书。对施工现场租赁的机械设备,出租和承租双方应签订租赁合同和安全管理协议书,明确双方责任和义务。设备租赁合同范本如下:

设备租赁合同

出租方(甲方):________________ 地　　址:________________
邮 政 编 码:________________ 电　　话:________________
法定代表人:________________ 职　　务:________________
承租方(乙方):________________ 地　　址:________________
邮 政 编 码:________________ 电　　话:________________
法定代表人:________________ 职　　务:________________

甲、乙双方根据《中华人民共和国合同法》的规定,签订设备租赁合同,并商定如下条款,共同遵守执行。

第一条　甲方根据乙方的项目和乙方自行选定的设备和技术质量标准,向购进以下设备租给乙方使用。

1. ________________________________
2. ________________________________
3. ________________________________
4. ________________________________

第二条　甲方根据与生产厂(商)签订的设备订货合同规定,于________年________季交货,由供货单位直接发运给乙方。乙方直接到供货单位自提自运。乙方收货后应立即向甲方开回设备收据。

第三条　设备的验收、安装、调试、使用、保养、维修管理等,均由乙方自行负责。设备的质量问题由生产厂负责,并在订货合同予以说明。

第四条　设备在租赁期间的所有权属于甲方。乙方收货后,应以甲方名义向当地保险公司投保综合险,保险费由乙方负责。乙方应将投保合同交甲方作为本合同附件。

第五条　在租赁期内,乙方享有设备的使用权,但不得转让或作为财产抵押,未经甲方同意亦不得在设备上增加或拆除任何部件和迁移安装地点。甲方有权检查设备的使用和完好情况,乙方应提供一切方便。

第六条　设备租赁期限为________年,租期从供货厂向甲方托收款时算起,租金总额为人民币________元(包括手续费________%),分______期交付,每期租赁金________元,由甲方在每期期末按期向乙方托收。如乙方不能按期承付租金,甲方则按逾期租金总额每天加收万分之三的罚金。

第七条　本合同一经签订不能撤销。如乙方提前交清租金,结束合同,甲方给予退还一部分利息的优惠。

第八条　本合同期满,甲方同意按人民币______元的优惠价格将设备所有权转给乙方。

第九条　乙方上级单位______同意作为乙方的经济担保人,负责乙方切实履行本合同各条款的规定,如乙方在合同期内不能承担合同中规定的经济责任时,担保人应向甲方支付乙方余下的各期租金和其他损失。

第十条　因本合同发生争议,按(　　)项解决。

1. 向仲裁委员会申请仲裁。

2. 向人民法院提出诉讼。

第十一条　本合同经双方和乙方担保人盖章后生效。本合同正本两份，甲、乙方各执一份。

甲　方：____________

代表人：____________

______年______月______日

乙　方：____________

代表人：____________

______年______月______日

担保单位：____________

代 表 人：____________

______年______月______日

(2)物料提升机、施工升降机、电动吊篮拆装方案。施工现场物料提升机、施工升降机、电动吊篮安装前，应编制设备的安装、拆除方案，经审核、审批后方可进行安装与拆卸工作。

(3)施工升降机拆装统一检查验收表格。施工升降机安装过程中，安装单位或施工单位应根据施工进度分别填写《施工升降机拆装统一检查验收表格》(表 C3-3)的有关内容。本套表格共有七张，其适用于施工升降机的安装、接高、附着和拆卸的过程控制记录。

1)施工升降机拆卸时填写表 C3-3-1、表 C3-3-2、表 C3-3-4。

2)每次接高时，均应填写表 C3-3-6。

3)除表 C3-3-3 外，其他表格均应由拆装单位加盖公章。

施工升降机拆装统一检查验收表格
(表 C3-3)

工 程 名 称：____________________

拆装单位(盖章)：____________________

施 工 单 位：____________________

租 赁 单 位：____________________

产 权 单 位：____________________

拆 装 负 责 人：____________________

表 C3-3-1　　施工升降机安装/拆卸任务书

档案编号：　　　　年　月　日

安装/拆卸单位	(章)		
施工地点		工程名称	
施工单位		统一编号	
设备型号		安装高度	
安/拆日期		任务下达者	
安装/拆卸说明、要求： 安装单位负责人(签字)：　　年　月　日			

表 C3-3-2　　施工升降机安装/拆卸安全、技术交底

档案编号：　　　　年　月　日

安装/拆卸单位	(章)		
施工地点		工程名称	
施工单位		统一编号	
设备型号		安装高度	m
安/拆日期		任务下达者	
一、安全交底： 安全交底人(签字)： 年　月　日			
二、技术交底： 技术交底人(签字)： 年　月　日			
安装负责人(签字)： 年　月　日			

表 C3-3-3　　施工升降机基础验收表

档案编号：　　　　年　月　日

<table>
<tr><td>施工单位</td><td></td><td>施工地点</td><td colspan="2"></td></tr>
<tr><td>工程名称</td><td colspan="2"></td><td>工地负责人</td><td></td></tr>
<tr><td colspan="3">验收项目及标准要求</td><td>实测数据</td><td>验收结论</td></tr>
<tr><td colspan="3">地基的承载能力不小于　　MPa</td><td></td><td></td></tr>
<tr><td colspan="3">土壤干容重　　g/cm³</td><td></td><td></td></tr>
<tr><td colspan="3">基础混凝土强度　　（并附试验报告）</td><td></td><td></td></tr>
<tr><td colspan="3">基础周围有无排水设施</td><td></td><td></td></tr>
<tr><td colspan="3">基础地下有无暗沟、孔洞(附钎探资料)</td><td></td><td></td></tr>
<tr><td colspan="3">混凝土基础尺寸(预埋件尺寸)和地脚螺栓数量、规格</td><td></td><td></td></tr>
<tr><td colspan="3">是否符合图纸及说明书要求</td><td></td><td></td></tr>
<tr><td colspan="3">混凝土基础表面平整情况</td><td></td><td></td></tr>
<tr><td colspan="3"></td><td></td><td></td></tr>
<tr><td colspan="3"></td><td></td><td></td></tr>
<tr><td colspan="4">验收意见：</td><td></td></tr>
<tr><td colspan="5">基础施工负责人(签字)：

年　月　日</td></tr>
</table>

表 C3-3-4　　施工升降机安装/拆卸过程记录

档案编号：　　　　　　　　　　　　　　　　　　　　　　年　月　日

<table>
<tr><td>安装/拆卸单位</td><td colspan="4">（章）</td></tr>
<tr><td>工程名称</td><td colspan="4"></td></tr>
<tr><td>施工地点</td><td colspan="2"></td><td>安、拆装负责人</td><td></td></tr>
<tr><td>设备编号</td><td colspan="2"></td><td>设备型号</td><td></td></tr>
<tr><td>装/拆时间</td><td colspan="2"></td><td>安、拆装高度</td><td>m</td></tr>
<tr><td>姓名</td><td>工种</td><td colspan="3">工作内容</td></tr>
<tr><td></td><td></td><td colspan="3"></td></tr>
<tr><td></td><td></td><td colspan="3"></td></tr>
<tr><td></td><td></td><td colspan="3"></td></tr>
<tr><td></td><td></td><td colspan="3"></td></tr>
<tr><td></td><td></td><td colspan="3"></td></tr>
<tr><td></td><td></td><td colspan="3"></td></tr>
<tr><td></td><td></td><td colspan="3"></td></tr>
<tr><td></td><td></td><td colspan="3"></td></tr>
<tr><td></td><td></td><td colspan="3"></td></tr>
<tr><td></td><td></td><td colspan="3"></td></tr>
<tr><td></td><td></td><td colspan="3"></td></tr>
<tr><td></td><td></td><td colspan="3"></td></tr>
<tr><td></td><td></td><td colspan="3"></td></tr>
<tr><td colspan="5">安装/拆卸负责人(签字)：

年　月　日</td></tr>
</table>

表 C3-3-5 **施工升降机安装完毕验收记录**

档案编号: 年 月 日

<table>
<tr><td>安装单位</td><td colspan="4">(章)</td></tr>
<tr><td>施工地点</td><td></td><td>工程名称</td><td colspan="2"></td></tr>
<tr><td>施工单位</td><td></td><td>统一编号</td><td colspan="2"></td></tr>
<tr><td>型号</td><td></td><td>安装高度</td><td colspan="2">m</td></tr>
<tr><td>最大载重量</td><td></td><td>安装负责人</td><td colspan="2"></td></tr>
<tr><td>结构名称</td><td colspan="3">验收内容和标准要求</td><td>验收记录</td></tr>
<tr><td rowspan="7">金属结构</td><td colspan="3">零部件是否齐全,安装是否符合产品说明书要求</td><td></td></tr>
<tr><td colspan="3">结构有无变形、开焊、裂纹、破损等问题</td><td></td></tr>
<tr><td colspan="3">连接螺栓和拧紧力矩是否符合产品说明书要求</td><td></td></tr>
<tr><td colspan="3">相邻标准节的立管对接处的错位阶差不大于 0.8mm</td><td></td></tr>
<tr><td colspan="3">对重安装是否符合产品说明书要求</td><td></td></tr>
<tr><td colspan="3">导轨架对底座水平基准面的垂直度是多少(是否符合国家标准)</td><td></td></tr>
<tr><td colspan="3"></td><td></td></tr>
<tr><td rowspan="6">电器及控制系统</td><td colspan="3">电线、电缆有无破损,供电电压 380±5%(V)</td><td></td></tr>
<tr><td colspan="3">接地是否符合技术要求,接地电阻是否小于 4Ω</td><td></td></tr>
<tr><td colspan="3">电机及电气元件(电子元器件部分除外)的对地缘电阻应≥0.5MΩ,电气线路的对地缘电阻应≥1MΩ</td><td></td></tr>
<tr><td colspan="3">仪表、照明、电笛是否完好有效</td><td></td></tr>
<tr><td colspan="3">操纵装置动作是否灵敏可靠</td><td></td></tr>
<tr><td colspan="3">是否配备专门的供电电源箱</td><td></td></tr>
<tr><td rowspan="5">绳轮系统</td><td colspan="3">钢丝绳的规格是否正确,是否达到报废标准</td><td></td></tr>
<tr><td colspan="3">滑轮、滑轮组在运行中有无卡塞,润滑是否良好</td><td></td></tr>
<tr><td colspan="3">滑轮、滑轮组的防绳脱槽装置是否有效、可靠</td><td></td></tr>
<tr><td colspan="3">钢丝绳的固定方式是否符合国家标准</td><td></td></tr>
<tr><td colspan="3">卷扬机传动时,应有排绳措施,润滑是否良好(对 SS 型)</td><td></td></tr>
<tr><td rowspan="3">导轨架附着</td><td colspan="3">附着连接方式及紧固是否符合产品说明书要求</td><td></td></tr>
<tr><td colspan="3">最上一道附着以上自由高度是多少(说明要求 m)</td><td></td></tr>
<tr><td colspan="3">附着架的间距是多少(说明书要求 m)</td><td></td></tr>
</table>

（续）

<table>
<tr><td>结构名称</td><td colspan="3">验收内容和标准要求</td><td>验收记录</td></tr>
<tr><td rowspan="10">安全装置</td><td colspan="3">吊笼门的机电、联锁装置是否灵敏、可靠</td><td></td></tr>
<tr><td colspan="3">吊笼顶部活板门安全开关是否灵敏、可靠</td><td></td></tr>
<tr><td colspan="3">基础防护围栏门的机、电联锁装置是否灵敏可靠</td><td></td></tr>
<tr><td colspan="3">防坠安全器（即限速器）的上次标定时间（是否符合国家标准）</td><td></td></tr>
<tr><td colspan="3">吊笼的安全钩是否可靠（对SC型）</td><td></td></tr>
<tr><td colspan="3">上、下限位开关是否灵敏、可靠</td><td></td></tr>
<tr><td colspan="3">上、下极限开关是否灵敏、可靠</td><td></td></tr>
<tr><td colspan="3">急停开关是否灵敏、可靠</td><td></td></tr>
<tr><td colspan="3">防松（断）强保护安全装置是否灵敏、可靠</td><td></td></tr>
<tr><td colspan="3">安全标志（限载标志、危险警示、操作标识、操作规程、是否齐全）</td><td></td></tr>
<tr><td rowspan="6">传动系统检查</td><td colspan="3">各机构传动是否平稳、是否有漏油等异常现象、润滑是否良好</td><td></td></tr>
<tr><td colspan="3">齿轮与齿条的啮合侧隙应为0.2～0.5mm（对SC型）</td><td></td></tr>
<tr><td colspan="3">相邻两齿条的对接处沿齿高方向的附差不大于0.3mm（对SC型）</td><td></td></tr>
<tr><td colspan="3">滚轮与导轨架立管的间隙是否符合产品说明书要求</td><td></td></tr>
<tr><td colspan="3">齿轮齿的磨损是否符合产品说明书要求</td><td></td></tr>
<tr><td colspan="3">靠背轮与齿条背面的间隙是否符合产品说明书要求</td><td></td></tr>
<tr><td rowspan="3">试运行</td><td>空载荷</td><td>额定载荷</td><td>超载25％动载</td><td></td></tr>
<tr><td></td><td></td><td></td><td></td></tr>
<tr><td colspan="3">双笼升降机应该分别进行空载荷和额定载荷试运行，试验应符合起、制动正常，运行平稳，无异常现象</td><td></td></tr>
<tr><td>坠落实验</td><td colspan="3">吊笼制动停止后：结构及连接应无任何损坏及永久变形、制动距离是多少（是否符合国家标准）</td><td></td></tr>
<tr><td colspan="5">验收结论：

（安装单位盖章） 年 月 日</td></tr>
</table>

<table>
<tr><td rowspan="4">验收责任人签字</td><td>安装单位</td><td>质量检查员： 安全员：
拆装负责人： 技术负责人：</td></tr>
<tr><td>设备租赁（或产权）单位</td><td>单位负责人： 外梯机长：</td></tr>
<tr><td>总承包单位</td><td>单位负责人：</td></tr>
<tr><td>分包单位</td><td>单位负责人：</td></tr>
</table>

注：新安装的施工升降机及在用的施工升降机至少每三个月进行一次额定载荷的坠落实验；只有新安装及大修后的施工升降机才做“超载25％动载”试运行。

表 C3-3-6　　**施工升降机接高验收记录**

档案编号：　　　　　　　　　　　　　　　　年　月　日

<table>
<tr><td>安装单位</td><td colspan="2"></td><td>工程名称</td><td colspan="3"></td></tr>
<tr><td>设备编号</td><td colspan="2"></td><td>施工地点</td><td colspan="3"></td></tr>
<tr><td>规格型号</td><td colspan="2"></td><td>原高度</td><td>m</td><td>接高后高度</td><td>m</td></tr>
<tr><td>项目</td><td colspan="4">检查内容</td><td colspan="2">验收记录</td></tr>
<tr><td rowspan="8">接高前检查</td><td colspan="4">天轮及对重是否按要求拆下</td><td colspan="2"></td></tr>
<tr><td colspan="4">附着件、标准节型号及数量是否正确、齐全</td><td colspan="2"></td></tr>
<tr><td colspan="4">附着件、标准节是否有开焊、变形和裂纹等问题</td><td colspan="2"></td></tr>
<tr><td colspan="4">吊杆是否灵活可靠、吊具是否齐全</td><td colspan="2"></td></tr>
<tr><td colspan="4">吊笼起、制动是否正常，无异常响声</td><td colspan="2"></td></tr>
<tr><td colspan="4">表 C3-3-5 中所列安全装置是否灵敏、可靠</td><td colspan="2"></td></tr>
<tr><td colspan="4">地线是否压接牢固</td><td colspan="2"></td></tr>
<tr><td colspan="4">在使用控制盒操作时，其他操作装置应均不起作用，但吊笼的安全装置仍应起保护作用</td><td colspan="2"></td></tr>
<tr><td rowspan="8">接高后检查</td><td colspan="4">标准节联合是否可靠，螺栓是否齐全</td><td colspan="2"></td></tr>
<tr><td colspan="4">标准节连接螺栓拧紧力矩是否符合技术要求</td><td colspan="2"></td></tr>
<tr><td colspan="4">导轨架安装垂直误差是否符合技术要求</td><td colspan="2"></td></tr>
<tr><td colspan="4">天轮与对重安装是否符合技术要求</td><td colspan="2"></td></tr>
<tr><td colspan="4">附位开关、极限开关安装是否符合技术要求、是否灵敏、可靠</td><td colspan="2"></td></tr>
<tr><td colspan="4">限着件的安装是否符合设计要求</td><td colspan="2"></td></tr>
<tr><td colspan="4">附着架的安装间距是多少米（说明书要求　　m）</td><td colspan="2"></td></tr>
<tr><td colspan="4"></td><td colspan="2"></td></tr>
<tr><td>验收结论</td><td colspan="6">验收单位（章）</td></tr>
<tr><td>验收责任人签字</td><td colspan="2">安装负责人：
外梯机长：</td><td colspan="4">安装技术负责人：
安装单位安全员：　　　　　年　月　日</td></tr>
</table>

(4)电动吊篮检查验收表。电动吊篮安装完成后,应由项目经理部组织分包单位、安装单位出租单位相关人员对设备进行安装验收施工,并填写《电动吊篮检查验收表》(表 C3-4)。

表 C3-4　　电动吊篮检查验收表

编号:______

工程名称		设备型号	
总包单位		项目负责人	
使用单位		额定载荷	
租赁单位		安全锁编号	
市建委统一编号		提升机编号	
标定日期		验收日期	
项目	验收项目	验收记录	
技术资料	经过审批合格的安装;技术方案		
	出租单位营业执照、产品合格证齐全		
	安全锁的标定证书		
	安装、使用维护保养说明书齐全		
	安装人员的操作证件		
	产品标牌内容是否齐全(产品名称、主要技术性能、制造日期、出厂编号、制造厂名称)		
吊篮平台防护	吊篮主构件有无开焊或明显腐蚀,螺栓有无松动、缺损,外框有无明显变形、锈蚀		
	吊篮平台使用所需的长度不能超过厂家使用说明书所规定的长度		
	吊篮平台底板四周是否装有标准高度的踢脚板,吊篮平台底板是否有防滑措施,三面用密目网封闭		
提升机构	提升机构的所有装置外露部分是否装防护装置		
	提升机的连接螺母是否紧固		
	电磁制动器和机械制动器是否灵敏有效		
安全装置	上、下行程限位装置是否灵敏可靠		
	超高限位器止挡安装在距顶端 800mm 处固定		
	安全锁灵敏可靠,在标定有效期内,离心触发式制动距离 100mm,摆臂防倾 3°~8°锁绳		
	独立设置保险绳,直径不小于 16mm 的锦纶绳,锁绳器符合要求		

（续）

<table>
<tr><td>项目</td><td colspan="4">验收项目</td><td>验收记录</td></tr>
<tr><td rowspan="3">钢丝绳</td><td colspan="4">钢丝绳无断丝、磨损、扭结、变形、腐蚀，无砂砾、灰尘附着，符合吊篮安全使用要求</td><td></td></tr>
<tr><td colspan="4">钢丝绳的固定是否符合要求</td><td></td></tr>
<tr><td colspan="4">钢丝绳坠重应距地 15cm 垂直绷紧</td><td></td></tr>
<tr><td rowspan="4">悬挂机构</td><td colspan="4">钢丝绳坠重应距地 15cm 垂直绷紧</td><td></td></tr>
<tr><td colspan="4">配重应固定牢固，重量及块数__________（是否符合要求）</td><td></td></tr>
<tr><td colspan="4">悬挂机构挑梁外伸长度____（≤1.5m），两根挑梁之间的距离是____，悬挂机构前高后低设置，纤绳张紧度为前端上翘 2～3cm，抗倾覆系数符合安全使用要求____（>2）</td><td></td></tr>
<tr><td colspan="4">行走轮用木方垫起脱离地面</td><td></td></tr>
<tr><td rowspan="5">电气系统</td><td colspan="4">电动吊篮专用箱必须达到一机、一闸、一漏</td><td></td></tr>
<tr><td colspan="4">配电箱外壳的绝缘电阻不小于 0.5MΩ</td><td></td></tr>
<tr><td colspan="4">电线、电缆有无破损，供电电压 380±10%V</td><td></td></tr>
<tr><td colspan="4">电气系统各种安全保护装置是否齐全、可靠</td><td></td></tr>
<tr><td colspan="4">电气元件是否灵敏可靠</td><td></td></tr>
<tr><td>验收结论</td><td colspan="5"></td></tr>
<tr><td rowspan="2">验收人签字</td><td>总包单位</td><td>分包单位</td><td>租赁单位</td><td colspan="2">安装单位</td></tr>
<tr><td></td><td></td><td></td><td colspan="2"></td></tr>
<tr><td colspan="6">监理单位验收：</td></tr>
<tr><td colspan="6">符合验收程序，同意使用（　）不符合验收程序，重新组织验收（　）</td></tr>
<tr><td colspan="6">监理工程师（签字）：　　　　　　　　年　月　日</td></tr>
</table>

注：本表由施工单位填报，监理单位、施工单位、租赁单位、拆装单位各存一份。

(4)施工现场其他机械安装验收记录的格式参见表C3-5～表C3-16。

表C3-5　　打桩(钻孔)机械验收记录

编号：

工程名称			设备型号	
总包单位			分包单位	
租赁单位			安装单位	
验收日期				
序号	检查项目	验收内容		验收结果
一	外观验收	灯光正常、仪表正常，齐全有效		
		全车各部位无变形，驱动轮、托链轮、支重轮无变形，行走链条磨损符合机械性能要求		
		配重安装符合要求		
		无任何部位的漏油、漏气、漏水，机容机况整洁		
二	油位水位检查	水箱水位、电瓶水位正常		
		机油油位正常、液压油位正常		
		方向机油油位正常、刹车制动油正常		
		变速箱油位正常、各齿轮油位正常		
三	发动机部分	机油压力怠速时不少于1.5kg/cm²		
		水温正常		
		发动机运转正常无异响		
		各辅助机构工作正常		
四	传动液压部分	液压泵压力正常、液压油温无异常		
		支腿正常伸缩，无下滑拖滞现象、回转正常		
		变幅油缸无下滑现象、钻斗提升油缸正常		
五	底盘部分	变速箱正常		
		刹车系统正常、各操作控制机构正常		
		动力头运转正常、钻杆无弯扭变形		

（续）

序号	检查项目	验收内容	验收结果
六	安全防护部分	有产品质量合格证	
		起重钢丝绳无断丝、断股，无乱绳，润滑良好，符合安全使用要求	
		吊钩、卷筒、滑轮无裂纹，符合安全使用要求	
		起升高度限位器的报警切断动力功能正常	
		水平仪的指示正常	
		防过放绳装置的功能正常	
		高压线附近作业，保证足够的安全距离	
		设置专用配电箱，符合临电规范要求，电源线按要求架设或有保护措施	
		操作工持证上岗，遵守操作规程	
		驾驶室内挂设安全技术性能表和操作规程	
验收结论			

验收人签字	总包单位	分包单位	租赁单位	安装单位

监理单位意见：

符合验收程序，同意使用（ ）
不符合验收程序，重新组织验收（ ）

监理工程师签字：　　　　年　月　日

注：本表由施工单位填报，监理单位、施工单位、租赁单位、安装单位各存一份。

表 C3-6　　混凝土搅拌机检查验收表

编号:____

<table>
<tr><td>工程名称</td><td colspan="2"></td><td>设备型号</td><td colspan="2"></td></tr>
<tr><td>施工单位</td><td colspan="2"></td><td>分包单位</td><td colspan="2"></td></tr>
<tr><td>租赁单位</td><td colspan="2"></td><td>机具安装位置</td><td colspan="2"></td></tr>
<tr><td>验收日期</td><td colspan="2"></td><td></td><td colspan="2"></td></tr>
<tr><td rowspan="16">检查项目</td><td colspan="2">检查内容与要求</td><td colspan="3">验收结果</td></tr>
<tr><td colspan="2">机体安装在有防雨、防砸、防噪音操作棚内</td><td colspan="3"></td></tr>
<tr><td colspan="2">设备周围排水通畅、严禁积水,必须设置沉淀池</td><td colspan="3"></td></tr>
<tr><td colspan="2">安装牢固平稳,轮胎离地并做保护</td><td colspan="3"></td></tr>
<tr><td colspan="2">搅拌机离合器、制动器、传动部位有防护罩</td><td colspan="3"></td></tr>
<tr><td colspan="2">操作手柄有保险装置</td><td colspan="3"></td></tr>
<tr><td colspan="2">料斗保险挂钩齐全完好</td><td colspan="3"></td></tr>
<tr><td colspan="2">钢丝绳使用符合规定要求</td><td colspan="3"></td></tr>
<tr><td colspan="2">开关箱距设备距离不大于 3m 且电源线穿管保护</td><td colspan="3"></td></tr>
<tr><td colspan="2">挂设安全操作规程牌</td><td colspan="3"></td></tr>
<tr><td colspan="2">操作人员持证上岗</td><td colspan="3"></td></tr>
<tr><td colspan="2">按要求设置喷淋降尘装置</td><td colspan="3"></td></tr>
<tr><td colspan="2"></td><td colspan="3"></td></tr>
<tr><td colspan="2"></td><td colspan="3"></td></tr>
<tr><td colspan="2"></td><td colspan="3"></td></tr>
<tr><td colspan="2"></td><td colspan="3"></td></tr>
<tr><td>验收结论</td><td colspan="5"></td></tr>
<tr><td rowspan="2">验收人签字</td><td>总包单位</td><td>分包单位</td><td>租赁单位</td><td colspan="2">安装单位</td></tr>
<tr><td></td><td></td><td></td><td colspan="2"></td></tr>
<tr><td colspan="6">监理单位意见:

符合验收程序,同意使用(　)
不符合验收程序,重新组织验收(　)

监理工程师(签字):　　　　年　月　日</td></tr>
</table>

注:本表由施工单位填写,监理单位、施工单位、租赁单位各存一份。

表 C3-7 **机动翻斗车检查验收表**

编号：

工程名称		设备型号	
总包单位		分包单位	
租赁单位		验收日期	
检查项目	检查内容与要求	验收结果	
发动机	冷却水充足，水箱浮子有效		
	曲轴箱机油油面在油标尺上两条刻线中间		
	机油指示器有效		
	空气滤清器清洁，机油添加符合要求		
	减压装置灵敏有效		
	不漏水，不漏油，不漏气		
	放水嘴通畅		
转向系统	方向盘自由行程小于15°		
	转向桥与车架连接可靠		
行驶系统	离合器踏板自由行程25～30mm		
	离合器结合时不发抖、不打滑		
	轮胎气压符合要求		
	变速箱齿轮油添加符合要求		
	车辆制动灵敏有效		
	脚制动踏板自由行程10～15mm		
	传动三角皮带不老化，张紧度符合要求		
	手刹手柄向后拉过3～4齿时，制动应起作用		

（续）

<table>
<tr><td>检查项目</td><td colspan="2">检查内容与要求</td><td>验收结果</td></tr>
<tr><td rowspan="7">其他</td><td colspan="2">锁斗器、回斗器灵敏有效</td><td></td></tr>
<tr><td colspan="2">灯光、喇叭齐全有效</td><td></td></tr>
<tr><td colspan="2">蓄电池外观清洁，符合要求</td><td></td></tr>
<tr><td colspan="2">设备操作人员持证上岗操作</td><td></td></tr>
<tr><td colspan="2">设备具有生产合格证书</td><td></td></tr>
<tr><td colspan="2">驾驶室内挂设设备操作规程</td><td></td></tr>
<tr><td colspan="2">整机清洁、防护齐全</td><td></td></tr>
<tr><td>验收结论</td><td colspan="3"></td></tr>
<tr><td rowspan="3">验收人
签名</td><td>总包单位</td><td>分包单位</td><td>租赁单位</td></tr>
<tr><td></td><td></td><td></td></tr>
<tr><td colspan="3"></td></tr>
<tr><td colspan="4">监理单位意见：

符合验收程序，同意使用（　）
不符合验收程序，重新组织验收（　）

监理工程师（签字）：　　　　年　月　日</td></tr>
</table>

注：本表由施工单位填写，监理单位、施工单位、租赁单位各存一份。

表 C3-8　　　　　　　　　　　　龙门式起重机检查验收表

编号：________

工程名称		设备名称及型号	
总包单位		分包单位	
租赁单位		安装单位	
验收日期			
验收项目	验收内容		验收结果
安全管理	施工方案		
	安全使用技术交底		
	操作人员持证上岗		
	设备产品生产合格证		
轨道铺设	路基、固定基础承载能力符合要求，有排水、防雨设施，没有积水；道渣层厚度大于 250mm；枕木间距小于 600mm，道钉数量不得少于 50%		
	钢轨接头间隙不大于 2～4mm，两轨顶高度差不大于 2mm。鱼尾板安装符合要求		
	纵横方向上钢轨顶面倾斜度不得大于 1‰		
安全装置	起升超高限位器		
	小车行走限位器		
	大车行走限位器		
	操作室门连锁安全限位器		
	维修平台门连锁安全限位器		
	警示电铃完好有效		
	多机在同一轨道作业防碰撞限位器		
	吊钩保险装置齐全		
	大车夹轨器，轨道终端 1m 处必须设置缓冲止挡器		

（续）

验收项目	验收内容			验收结果
钢丝绳	起重钢丝绳无断线、断股，无乱绳，润滑良好，符合安全使用要求			
吊钩滑轮	吊钩、卷筒、滑轮无裂纹，符合安全使用要求			
架体	架体稳固、焊缝无开裂，符合安装技术要求			
用电管理	设置专用配电箱，符合临电规范要求			
	卷线器、滑线器运转正常，电源线无破损，压接、固定牢固			
	地线设置符合规范要求，地线接地电阻≤4Ω			
机械结构				
验收结论				
验收人签字	总包单位	分包单位	出租单位	安装单位

监理单位意见：

符合验收程序要求，同意使用（ ）
不符合验收程序要求，重新组织验收（ ）

监理工程师（签字）： 年 月 日

注：本表由施工单位填写，监理单位、施工单位、租赁单位、拆装单位各存一份。

表 C3-9 **汽车式起重机检查验收表**

编号：

工程名称			设备型号	
总包单位			分包单位	
租赁单位			验收日期	年 月 日
序号	检查项目	验收内容	验收结果	
一	外观验收	灯光正常		
		仪表正常，齐全有效		
		轮胎螺丝紧固无缺少		
		传动轴螺丝紧固无缺少		
		方向机横竖拉杆无松动		
		无任何部位的漏油、漏气、漏水		
		全车各部位无变形		
二	检查各油位水位	水箱水位正常		
		机油油位正常		
		方向机油油位正常		
		刹车制动油正常		
		变速箱油位正常		
		液压油位正常		
		各齿轮油位正常		
		电瓶水位正常		
三	发动机部分	机油压力怠速时不少于 1.5kg/cm^2		
		水温正常		
		发动机运转正常无异响		
		各附属机构齐全正常		

（续）

序号	检查项目	验收内容	验收结果
四	液压传动部分	液压泵压力正常	
		支腿正常伸缩,无下滑拖滞现象	
		变幅油缸无下滑现象	
		主臂伸缩油缸正常,无下滑	
		回转正常	
		液压油温无异常	
五	底盘部分	离合器正常无打滑	
		变速箱正常	
		刹车系统正常	
		各操控机构正常	
		行走系统正常	
六	安全防护部分	有产品合格证	
		起重钢丝绳无断丝、断股,润滑良好,直径缩径不大于10%	
		吊钩及滑轮无裂纹,危险断面磨损不大于原尺寸的10%	
		起重量—幅度指示器正常	
		力矩限制器(安全载荷限制器)装置灵敏可靠	
		起升高度限位器的报警切断动力功能正常	
		水平仪的指示正常	
		防过放绳装置的功能正常	
		卷筒无裂纹无乱绳现象	
		吊钩防脱装置工作可靠	
		操作人员持证上岗	
		驾驶室内挂设安全技术操作规程	
验收结论			
验收人签字	总包单位	分包单位	租赁单位
监理单位意见:			
符合验收程序,同意使用(　) 不符合验收程序,重新组织验收(　)			
监理工程师(签字): 年 月 日			

注:本表由施工单位填写,监理单位、施工单位、租赁单位各存一份。

表 C3-10　　　　**挖掘机检查验收表**

编号:________

<table>
<tr><td>工程名称</td><td colspan="2"></td><td>设备型号</td><td></td></tr>
<tr><td>总包单位</td><td colspan="2"></td><td>分包单位</td><td></td></tr>
<tr><td>租赁单位</td><td colspan="2"></td><td>验收日期</td><td></td></tr>
<tr><td>序号</td><td>检查项目</td><td colspan="2">验收内容</td><td>验收结果</td></tr>
<tr><td rowspan="7">一</td><td rowspan="7">外观验收</td><td colspan="2">灯光正常</td><td></td></tr>
<tr><td colspan="2">仪表齐全有效</td><td></td></tr>
<tr><td colspan="2">驱动轮、托链轮、支重轮无变形</td><td></td></tr>
<tr><td colspan="2">行走链条磨损符合机械性能要求</td><td></td></tr>
<tr><td colspan="2">配重安装正常</td><td></td></tr>
<tr><td colspan="2">无任何部位的漏油、漏气、漏水</td><td></td></tr>
<tr><td colspan="2">全车各部位无变形</td><td></td></tr>
<tr><td rowspan="6">二</td><td rowspan="6">检查各油位水位</td><td colspan="2">水箱水位正常</td><td></td></tr>
<tr><td colspan="2">机油油位正常</td><td></td></tr>
<tr><td colspan="2">变速箱油位正常</td><td></td></tr>
<tr><td colspan="2">液压油位正常</td><td></td></tr>
<tr><td colspan="2">各齿轮油位正常</td><td></td></tr>
<tr><td colspan="2">电瓶水位正常</td><td></td></tr>
<tr><td rowspan="4">三</td><td rowspan="4">发动机部分</td><td colspan="2">机油压力怠速时不少于 $1.5kg/cm^2$</td><td></td></tr>
<tr><td colspan="2">水温正常</td><td></td></tr>
<tr><td colspan="2">发动机运转正常无异响</td><td></td></tr>
<tr><td colspan="2">各辅助机构工作正常</td><td></td></tr>
<tr><td rowspan="6">四</td><td rowspan="6">液压传动部分</td><td colspan="2">液压泵压力正常</td><td></td></tr>
<tr><td colspan="2">大臂油缸伸缩正常</td><td></td></tr>
<tr><td colspan="2">小臂油缸伸缩正常</td><td></td></tr>
<tr><td colspan="2">转斗油缸伸缩正常</td><td></td></tr>
<tr><td colspan="2">回转正常</td><td></td></tr>
<tr><td colspan="2">液压油温无异常</td><td></td></tr>
<tr><td rowspan="4">五</td><td rowspan="4">底盘部分</td><td colspan="2">变速箱正常</td><td></td></tr>
<tr><td colspan="2">刹车系统正常</td><td></td></tr>
<tr><td colspan="2">各操控正常</td><td></td></tr>
<tr><td colspan="2">行走系统正常</td><td></td></tr>
</table>

(续)

<table>
<tr><td>序号</td><td>检查项目</td><td colspan="2">验收内容</td><td>验收结果</td></tr>
<tr><td rowspan="3">六</td><td rowspan="3">安全防护</td><td colspan="2">具有产品质量合格证</td><td></td></tr>
<tr><td colspan="2">操作人员持证上岗</td><td></td></tr>
<tr><td colspan="2">驾驶室内挂设安全技术操作规程</td><td></td></tr>
<tr><td colspan="2">验收结论</td><td colspan="3"></td></tr>
<tr><td colspan="2" rowspan="2">验收人签字</td><td>总包单位</td><td>分包单位</td><td>租赁单位</td></tr>
<tr><td></td><td></td><td></td></tr>
<tr><td colspan="5">监理单位意见：

符合验收程序，同意使用（ ）
不符合验收程序，重新组织验收（ ）

监理工程师(签字)：　　　　　　年　月　日</td></tr>
</table>

注：本表由施工单位填写，监理单位、施工单位、租赁单位各存一份。

表 C3-11　　**装载机检查验收表**

编号：

<table>
<tr><td colspan="2">工程名称</td><td></td><td>设备型号</td><td></td></tr>
<tr><td colspan="2">总包单位</td><td></td><td>分包单位</td><td></td></tr>
<tr><td colspan="2">租赁单位</td><td></td><td>验收日期</td><td></td></tr>
<tr><td>序号</td><td>检查项目</td><td colspan="2">验收内容</td><td>验收结果</td></tr>
<tr><td rowspan="7">一</td><td rowspan="7">外观验收</td><td colspan="2">1. 灯光正常</td><td></td></tr>
<tr><td colspan="2">2. 仪表正常，齐全有效</td><td></td></tr>
<tr><td colspan="2">3. 轮胎螺丝紧固无缺少</td><td></td></tr>
<tr><td colspan="2">4. 传动轴螺丝紧固无缺少</td><td></td></tr>
<tr><td colspan="2">5. 方向机横竖拉杆无松动</td><td></td></tr>
<tr><td colspan="2">6. 无任何部位的漏油、漏气、漏水</td><td></td></tr>
<tr><td colspan="2">7. 全车各部位无变形</td><td></td></tr>
<tr><td rowspan="8">二</td><td rowspan="8">检查各油位水位</td><td colspan="2">1. 水箱水位正常</td><td></td></tr>
<tr><td colspan="2">2. 机油油位正常</td><td></td></tr>
<tr><td colspan="2">3. 方向机油油位正常</td><td></td></tr>
<tr><td colspan="2">4. 刹车机动油正常</td><td></td></tr>
<tr><td colspan="2">5. 变速箱油位正常</td><td></td></tr>
<tr><td colspan="2">6. 液压油位正常</td><td></td></tr>
<tr><td colspan="2">7. 各齿轮油位正常</td><td></td></tr>
<tr><td colspan="2">8. 电瓶水位正常</td><td></td></tr>
<tr><td rowspan="4">三</td><td rowspan="4">发动机部分</td><td colspan="2">1. 机油压力怠速时不少于 1.5kg/cm^2</td><td></td></tr>
<tr><td colspan="2">2. 水温正常</td><td></td></tr>
<tr><td colspan="2">3. 发动机运转正常无异响</td><td></td></tr>
<tr><td colspan="2">4. 各辅助机构工作正常</td><td></td></tr>
<tr><td rowspan="5">四</td><td rowspan="5">液压传动部分</td><td colspan="2">1. 液压泵压力正常</td><td></td></tr>
<tr><td colspan="2">2. 行走系统正常</td><td></td></tr>
<tr><td colspan="2">3. 举臂油缸起升正常无下滑</td><td></td></tr>
<tr><td colspan="2">4. 转斗油缸起升正常</td><td></td></tr>
<tr><td colspan="2">5. 液压油温无异常</td><td></td></tr>
</table>

（续）

<table>
<tr><td>序号</td><td>检查项目</td><td colspan="3">验收内容</td><td>验收结果</td></tr>
<tr><td rowspan="5">五</td><td rowspan="5">底盘部分</td><td colspan="3">1. 液压耦合器正常</td><td></td></tr>
<tr><td colspan="3">2. 变速箱正常</td><td></td></tr>
<tr><td colspan="3">3. 刹车系统正常</td><td></td></tr>
<tr><td colspan="3">4. 各操控正常</td><td></td></tr>
<tr><td colspan="3">5. 行走系统正常</td><td></td></tr>
<tr><td rowspan="3">六</td><td rowspan="3">安全防护</td><td colspan="3">1. 具有产品质量合格证</td><td></td></tr>
<tr><td colspan="3">2. 操作人员持证上岗</td><td></td></tr>
<tr><td colspan="3">3. 驾驶室内挂设安全技术操作规程</td><td></td></tr>
<tr><td colspan="2">验收结论</td><td colspan="4"></td></tr>
<tr><td colspan="2" rowspan="2">验收人签字</td><td>总包单位</td><td>分包单位</td><td colspan="2">租赁单位</td></tr>
<tr><td></td><td></td><td colspan="2"></td></tr>
<tr><td colspan="6">监理单位意见：

符合验收程序，同意使用（ ）
不符合验收程序，重新组织验收（ ）

监理工程师（签字）： 年 月 日</td></tr>
</table>

注：本表由施工单位填写，监理单位、施工单位、租赁单位各存一份。

表 C3-12　　**物料提升机检查验收表**

编号：

<table>
<tr><td>工程名称</td><td colspan="2"></td><td colspan="2">设备型号</td><td></td></tr>
<tr><td>总包单位</td><td colspan="2"></td><td colspan="2">分包单位</td><td></td></tr>
<tr><td>租赁单位</td><td colspan="2"></td><td colspan="2">安装单位</td><td></td></tr>
<tr><td colspan="2">验收项目</td><td>验收结果</td><td colspan="2">验收项目</td><td>验收结果</td></tr>
<tr><td rowspan="2">管理</td><td>安装方案</td><td></td><td rowspan="2">吊盘</td><td>两侧防护</td><td></td></tr>
<tr><td>安全技术交底</td><td></td><td>导轨间隙</td><td></td></tr>
<tr><td rowspan="2">基础</td><td>基础承载能力</td><td></td><td rowspan="7">安全装置</td><td>安全停靠装置</td><td></td></tr>
<tr><td>水平偏差</td><td></td><td>超高(低)限位装置</td><td></td></tr>
<tr><td rowspan="6">架体</td><td>标准节连接</td><td></td><td>信号装置</td><td></td></tr>
<tr><td>垂直度</td><td></td><td>断绳保护装置</td><td></td></tr>
<tr><td>架体防护</td><td></td><td>限重装置</td><td></td></tr>
<tr><td>缆风和拉接</td><td></td><td>制动装置</td><td></td></tr>
<tr><td>自由高度</td><td></td><td rowspan="3">防护门</td><td>进料门</td><td></td></tr>
<tr><td>防雷装置</td><td></td><td>出料门</td><td></td></tr>
<tr><td rowspan="3">卷扬机</td><td>锚固</td><td></td><td>吊盘防护门</td><td></td></tr>
<tr><td>与定滑轮距离</td><td></td><td rowspan="3">首层防护</td><td>护头棚</td><td></td></tr>
<tr><td>机棚及护栏</td><td></td><td>周边防护</td><td></td></tr>
<tr><td rowspan="2">钢丝绳</td><td>钢丝绳过路</td><td></td><td>其他</td><td></td></tr>
<tr><td>钢丝绳</td><td></td><td>持证上岗</td><td></td><td></td></tr>
<tr><td>验收结论</td><td colspan="5"></td></tr>
<tr><td rowspan="2">验收人签字</td><td>总包单位</td><td>分包单位</td><td colspan="2">租赁单位</td><td>安装单位</td></tr>
<tr><td></td><td></td><td colspan="2"></td><td></td></tr>
<tr><td colspan="6">监理单位意见：
符合验收程序，同意验收(　)
不符合验收程序，重新组织验收(　)

监理工程师(签字)：　　　　年　月　日</td></tr>
</table>

注：本表由施工单位填写，监理单位、施工单位、租赁单位、拆装单位各存一份。

表 C3-13

混凝土泵检查验收表

编号：______

工程名称			设备型号	
总包单位			分包单位	
租赁单位			验收日期	
序号	检查项目	验收内容		验收结果
1	外观验收	设备基础平整坚实，安装平稳，有足够的操作空间		
		仪表齐全有效		
		轮胎螺丝紧固无缺失，地泵支腿插销入位，安全可靠		
		料斗螺丝紧固无缺失，隔栅安装可靠		
		机容机况整洁，无任何部位的漏油、漏气、漏水		
		泵体各部位无变形		
2	检查各油位水位	水箱水位正常		
		机油油位正常		
		液压油位正常		
		电瓶水位正常		
3	发动机部分	机油压力怠速时不少于 1.5kg/cm^2		
		水温正常		
		发动机运转正常无异响		
		液压泵压力正常		
		各辅助机构工作正常		
4	底盘部分	变速箱正常		
		行走、刹车系统正常		
		各操控机构正常		
5	安全防护	具有产品质量合格证		
		泵管布设合理，壁厚和材质符合安全使用要求，卡箍安装到位，逆止阀工作可靠		
		搭设符合要求的防雨、防砸、防噪声的操作棚，棚内悬挂安全技术操作规程，操作人员持证上岗		
验收结论				
验收人签字	总包单位		分包单位	租赁单位
监理单位意见： 符合验收程序，同意使用（ ） 不符合验收程序，重新组织验收（ ） 监理工程师（签字）： 年 月 日				

注：本表由施工单位填写，监理单位、施工单位、租赁单位各存一份。

表 C3-14　　　　　　钢筋机械安装验收表

编号：________

<table>
<tr><td>工程名称</td><td colspan="2"></td><td>验收日期</td><td colspan="2"></td></tr>
<tr><td>总包单位</td><td colspan="2"></td><td>分包单位</td><td colspan="2"></td></tr>
<tr><td>安装单位</td><td colspan="2"></td><td>机具安装位置</td><td colspan="2"></td></tr>
<tr><td rowspan="9">检查项目</td><td colspan="2">检查内容与要求</td><td colspan="3">验收结果</td></tr>
<tr><td colspan="2">钢筋机械必须安装在符合要求的防护棚内，基础平整坚实，周围排水畅通，安装平稳牢固，保持水平位置</td><td colspan="3"></td></tr>
<tr><td colspan="2">调直机工作区域应设置警戒区，并且安装防护栏杆及警告标志；冷拉机防护棚前用钢管做防回弹隔挡；切断机旁应有存放材料、半成品的场地</td><td colspan="3"></td></tr>
<tr><td colspan="2">设备完好，安全装置齐全有效，传动部位必须安装防护罩，传动箱齿轮油应清洁饱满，切断机切刀无裂痕、刀架螺栓紧固，防护罩牢固可靠</td><td colspan="3"></td></tr>
<tr><td colspan="2">弯曲机传动机构间隙符合要求，齿轮啮合和滑动部位润滑良好，运行无异响；芯轴和成型轴、挡铁轴及轴套符合工作要求并且无裂痕和损伤</td><td colspan="3"></td></tr>
<tr><td colspan="2">冷拉卷扬机联轴器的连接螺栓连接牢固、抱闸间隙符合 1～1.5mm 要求；钢丝绳应经滑轮并和被拉钢筋水平方向成直角；操作人员要能看见整个冷拉场地，卷扬机与冷拉中线不得小于 5m；卷扬机必须使用封闭式导向滑轮，严禁使用开口拉板式滑轮，卷筒上的钢丝绳应排列整齐，至少保留 3～5 圈，夹板完好；卷扬机背后应设置稳固可靠的地锚并与卷扬机底座牢固连接</td><td colspan="3"></td></tr>
<tr><td colspan="2">设置独立的开关箱必须达到“一机、一闸、一箱、一漏”，开关箱距设备距离不大于 3m 且电源线穿管保护。漏电保护开关灵敏、匹配正确、保护接零符合要求，严禁使用铁壳倒顺开关</td><td colspan="3"></td></tr>
<tr><td colspan="2">电动机、电缆线绝缘电阻是否符合要求</td><td colspan="3"></td></tr>
<tr><td colspan="2">机旁悬挂设安全操作规程牌，明确责任人，操作人员持证上岗</td><td colspan="3"></td></tr>
<tr><td>验收结论</td><td colspan="5"></td></tr>
<tr><td rowspan="2">验收人签字</td><td>总包单位</td><td colspan="2">分包单位</td><td colspan="2">安装单位</td></tr>
<tr><td></td><td colspan="2"></td><td colspan="2"></td></tr>
<tr><td colspan="6">监理单位意见：
符合验收程序，同意使用（ ）
不符合验收程序，重新组织验收（ ）
监理工程师(签字)：　　　　年　月　日</td></tr>
</table>

注：1. 以钢筋加工棚为单位进行验收。

2. 本表由施工单位填写，监理单位、施工单位、租赁单位各存一份。

表 C3-15 **木工设备检查验收表**

编号：×××

<table>
<tr><td>工程名称</td><td></td><td>验收日期</td><td colspan="2"></td></tr>
<tr><td>总包单位</td><td></td><td>分包单位</td><td colspan="2"></td></tr>
<tr><td>租赁单位</td><td></td><td>安装单位</td><td colspan="2"></td></tr>
<tr><td>机具安装位置</td><td colspan="4"></td></tr>
<tr><td rowspan="9">检查项目</td><td>检查内容与要求</td><td colspan="3">验收结果</td></tr>
<tr><td>安装在符合降低噪声要求的防护棚内并有良好的通风</td><td colspan="3"></td></tr>
<tr><td>安装平稳牢固、工作台平整光滑，床身工作时不得有明显震动，有足够宽敞场地保证操作</td><td colspan="3"></td></tr>
<tr><td>平刨必须安装安全保护手装置，圆盘锯锯盘护罩、分料器（锯尾刀）、防护挡板安全装置齐全有效</td><td colspan="3"></td></tr>
<tr><td>刀片和刀片螺丝的硬度、重量必须一致，刀片严禁有裂纹，刀架夹板必须平整贴紧，合金刀片焊缝的高度不得超出刀头，刀片紧固螺丝应按入刀片槽内，槽端离刀背不得小于10mm</td><td colspan="3"></td></tr>
<tr><td>传动部位防护罩齐全牢固</td><td colspan="3"></td></tr>
<tr><td>设置独立的开关箱必须达到“一机、一闸、一箱、一漏”，开关箱距设备距离不大于3m且电源线穿管保护。漏电保护开关灵敏、匹配正确、保护接零符合要求，严禁使用铁壳倒顺开关</td><td colspan="3"></td></tr>
<tr><td>必须独立使用一台电动机，不得与其他机械用同一台电动机，多功能木工设备严禁两项（含）以上功能同时使用</td><td colspan="3"></td></tr>
<tr><td>设备旁悬挂设安全操作规程牌，明确责任人，操作人员持证上岗</td><td colspan="3"></td></tr>
<tr><td>验收结论</td><td colspan="4"></td></tr>
<tr><td rowspan="2">验收人签字</td><td>总包单位</td><td colspan="2">分包单位</td><td>安装单位</td></tr>
<tr><td></td><td colspan="2"></td><td></td></tr>
<tr><td colspan="5">监理单位意见：
符合验收程序，同意使用（ ）
不符合验收程序，重新组织验收（ ）
监理工程师（签字）：　　　　年　月　日</td></tr>
</table>

注：1. 以木工房为单位进行验收。

2. 本表由施工单位填写，监理单位、施工单位、租赁单位各存一份。

表 C3-16　　　　其他中小型施工机具安装验收表

编号：＿＿＿＿

<table>
<tr><td colspan="2">工程名称</td><td colspan="2"></td><td colspan="2">设备名称及型号</td><td></td></tr>
<tr><td colspan="2">总包单位</td><td colspan="2"></td><td colspan="2">分包单位</td><td></td></tr>
<tr><td colspan="2">租赁单位</td><td colspan="2"></td><td colspan="2">验收日期</td><td></td></tr>
<tr><td colspan="3">验收项目</td><td>验收结果</td><td colspan="2">验收项目</td><td>验收结果</td></tr>
<tr><td rowspan="3">状况</td><td colspan="2">机架、机座</td><td></td><td rowspan="5">电源部分</td><td>开关箱</td><td></td></tr>
<tr><td colspan="2">动力、传动部分</td><td></td><td>一(二)次线长度</td><td></td></tr>
<tr><td colspan="2">附件</td><td></td><td>漏(触)电保护</td><td></td></tr>
<tr><td rowspan="5">防护装置</td><td colspan="2">防护罩</td><td></td><td>接零保护</td><td></td></tr>
<tr><td colspan="2">轴盖</td><td></td><td>绝缘保护</td><td></td></tr>
<tr><td colspan="2">刃口防护</td><td></td><td colspan="3" rowspan="3"></td></tr>
<tr><td colspan="2">挡板</td><td></td></tr>
<tr><td colspan="2">阀</td><td></td></tr>
<tr><td>验收结论</td><td colspan="6"></td></tr>
<tr><td rowspan="2">验收人签字</td><td colspan="2">总包单位</td><td colspan="2">分包单位</td><td colspan="2">出租单位</td></tr>
<tr><td colspan="2"></td><td colspan="2"></td><td colspan="2"></td></tr>
</table>

监理单位意见：

符合验收程序，同意使用(　)

不符合验收程序，重新组织验收(　)

监理工程师(签字)：　　　　　　年　月　日

注：本表由施工单位填写，施工单位、租赁单位各存一份。

(5)机械设备检查维修保养记录(表 C3-17)。项目经理部应建立机械设备的检查、维修和保养制度,编制设备保修计划。对设备的检查维修保养情况应有文字记录。

表 C3-17 机械设备检查维修保养记录表

编号:________

<table>
<tr><td>工程名称</td><td colspan="2"></td><td>使用单位</td><td colspan="2"></td></tr>
<tr><td>租赁单位</td><td colspan="2"></td><td>备案号</td><td colspan="2"></td></tr>
<tr><td>设备名称</td><td>规格型号</td><td>自编号码</td><td>出厂日期</td><td>使用年限</td><td>上次维修保养时间</td></tr>
<tr><td></td><td></td><td></td><td></td><td></td><td></td></tr>
<tr><td>检查维修保养记录</td><td colspan="5"></td></tr>
<tr><td rowspan="3">更换主要配件记录</td><td colspan="5"></td></tr>
<tr><td>记录人</td><td colspan="4"></td></tr>
<tr><td colspan="5">年 月 日</td></tr>
</table>

注:本表由施工单位填写,施工单位、租赁单位各存一份。

四、主要施工机械安全防护

1. 塔式起重机安全防护

塔式起重机在建筑施工中有着广泛的应用，塔式起重机的安全防护内容如表 5-8 所示。

表 5-8　　塔式起重机安全防护

名称	内　　容
类型	塔式起重机的种类繁多，主要有以下几种方法划分： (1)按工作方法分。 1)固定式塔式起重机。塔身不移动，工作范围由塔臂的转动和小车变幅决定，多用于高层建筑、构筑物、高炉安装工程。 2)运行式塔式起重机。它可由一个工作点移到另一个工作点，如轨道式塔吊，可以带负荷运行，在建筑群中使用可以不用拆卸，通过轨道直接开进新的工程幢号施工。 (2)按旋转方式分。 1)上旋式。塔身上旋转，在塔顶上安装可旋转的起重臂。因塔身不转动，所以塔臂旋转时塔身不受限制，因塔身不动，所以塔身与架体连接结构简单，但由于平衡重在塔吊上部，重心高不利稳定，另外当建筑物高度超过平衡臂时，塔吊的旋转角度受到了限制，给工作造成了一定困难。 2)下旋式。塔身与起重臂共同旋转。这种塔吊的起重臂与塔顶固定，平衡重和旋转支承装置布置在塔身下部。因平衡重及传动机构在起重机下部，所以重心低，稳定性好，又因起重臂与塔身一同转动，因此塔身受力变化小。 (3)按起重性能分。 1)轻型塔式起重机。起重量在 0.5～3t，适用于五层以下砖混结构施工。 2)中型塔式起重机。起重量在 3～15t，适用于工业建筑综合吊装和高层建筑施工。 3)重型塔式起重机。适用于多层工业厂房以及锅炉设备安装
基本参数	(1)起重力矩。起重力矩是衡量塔吊起重能力的主要参数。选用塔式起重机，不仅考虑起重量，而且还应考虑工作幅度。 起重力矩＝起重量×工作幅度(t · m) (2)起重量。起重量是以起重吊钩上所悬挂的索具与重物的重量之和计算(t)。 (3)工作幅度。工作幅度也称回转半径，是起重吊钩中心到塔吊回转中心线之间的水平距离(m)。 (4)起升高度。起升高度是在最大工作幅度时，吊钩中心线至轨顶面(固定式至地面)的垂直距离(m)。 (5)轨距。轨距值的确定是从塔式起重机的整体稳定和经济效果而定(m)
工作机构和安全装置	(1)行走机构。行走机构是由四个行走台车组成，由 7.5kW 电动机驱动。行走机构没有制动装置，避免刹车引起的震动和倾斜，司机停车采取高速档转换到低速档，再到零位后滑行的方法。 (2)行程限位。行程限位装置一般安装在主动台车内侧，装一个可以拨动搬把的行程开关，另在轨道的尽端安装一固定的极限位置挡板，当塔式起重机向前运行到达限定位置时，极限挡板即拨动行程开关的搬把，切断行走控制电源，当开关再闭合时，塔式起重机只能向相反方向行走。 (3)回转机构。起重机旋转部分与固定部分的相对转动，是借助电动机驱动的单独机构来实现的。 电动机的轴上装有一个锁紧制动装置，主要用于有风的情况下，工作时可将起重臂 Q 锁定在一定位置上，以保证构件准确就位。此装置是待旋转的电动机停止后才使用的，而不能做为刹车机构。 (4)变幅机构。变幅机构有两个用途，一是改变起重高度；二是改变吊物的回转半径。塔式起重机的变幅机构是由装在起重臂头部与塔幅之间的滑轮组和安装在平衡臂上的变幅卷扬机组成，用 7.5kW 电动机驱动。 (5)幅度限度装置。幅度限度装置装在塔幅轴的外端架子上，由一活动半圆形盘、抱杆及两个限位开关组成。抱杆与起重臂同时转动，电刷根据不同角度分别接通指标灯触点，将角度位置通过指标灯光信号，传递到操作室指标盘上，根据指标灯信号，可知起重臂的仰角，由此可查出相应起重量

2. 龙门架垂直升降机安全防护

龙门架由天梁及两立柱组成，用做施工中的物料垂直运输机械，其安全防护内容如表5-9所示。

表5-9　　龙门架垂直升降机安全防护内容

名　称	内　　容
1. 构造	(1)立柱。 立柱制作材料可选用型钢或钢管，焊成格构式标准节，其断面可组合成三角形、方形，其具体尺寸经计算选定。 (2)天梁。 天梁是安装在架体顶部的横梁，主要是承受吊篮自重及其物料重量，断面经计算选定。 (3)吊篮。 吊篮是装载物料沿升降机导轨作上下运行的部件，由型钢及连接板焊成吊篮框架。吊篮两侧应有高度不小于1m的安全档板或档网，上料口与卸料口应装防护门，防止上下运行中物料或小车落下。 (4)导轨。 龙门架的导轨可做成单滑道或双滑道与架体焊在一起，双滑道可减少吊篮运行中的晃动；井字架的导轨也可设在架体内的四角，在吊篮的四角装置滚轮沿导轨运行，有较好的稳定作用。 (5)底盘与滑轮。 架体的最下部装有底盘，用于架体与基础连接。装在天梁上的滑轮习惯称天轮，装在架体最底部的滑轮称地轮，钢丝绳通过天轮、地轮及吊篮上的滑轮穿绕后，一端固定在天梁的锁轴上，另一端与卷扬机卷筒锚固。滑轮应按钢丝绳的直径选用，钢丝绳直径与滑轮直径的比值越大，钢丝绳产生的弯曲应力也应越小。 (6)卷扬机。 卷扬机宜选用正反转卷扬机，吊篮的上下运行都依靠卷扬机的动力。 (7)摇臂抱杆。 摇臂是为解决一些长材料的运输，可在架体的一侧安装一根起重臂杆，用另一台卷扬机为动力，控制吊钩上下，臂杆的转向由人工拉缆风绳操作
2. 安全防护装置	(1)安全停靠装置。 安全停靠装置必须在吊篮到位时，使吊篮稳定停靠，在人员进入吊篮内作业时有安全感。目前各地区停靠装置形式，有自动型和手动型。 (2)吊篮安全门。 吊篮安全门在吊篮运行中起防护作用，最好制成自动开启型，即当吊篮落地时，安全门自动开启，吊篮上升时，安全门自行关闭。 (3)断绳保护装置。 当钢丝绳突然断开时，断绳保护装置即弹出，两端将吊篮卡在架体上，使吊篮不坠落，保护。 (4)护栏(或门)。 升降机与各层进料口的结合处搭设了运料通道以运送材料，吊篮在上下运行时，各通道口处于危险的边缘，卸料人员在此等候运料应给予封闭，以防发生高处坠落事故。 (5)超高限位装置。 为防止吊篮上升与天梁碰撞事故的发生而安装超高限位装置，需按提升高度进行调试。 (6)进料口防护棚。 升降机地面进料口是运料人员经常出入和停留的地方，易发生落物伤人。因此在距离地面一定高度处搭设护棚，其材料需能承受一定的冲击荷载。 (7)下极限限位装置。 主要用于高架升降机，防止吊笼下行时不停机。 (8)超载限位器。 是为防止装料过多以及司机对各类散状重物难以估计重量造成的超载运行而设置的

第四节 施工现场安全防护资料

一、施工现场安全防护资料分类

施工现场安全防护资料的分类见表 5-10。

表 5-10 施工现场安全防护资料分类

类别编号	工程安全资料名称	表格编号（或资料来源）	保存单位				
			建设单位	监理单位	施工单位	租赁单位	拆装单位
C4	脚手架、卸料平台及支撑体系设计及施工方案	施工单位		●	●		
	钢管扣件式支撑体系验收表	表 C4-1		●	●		
	落地式（或悬挑）脚手架搭设验收表	表 C4-2		●	●		
	工具式脚手架安装验收表	表 C4-3		●	●		
	基坑、土方及护坡方案、模板施工方案	施工单位		●	●		
	各项安全防护设施检查记录	施工单位			●		
	基坑支护验收表	表 C4-4		●	●		
	基坑支护沉降观测记录表	表 C4-5		●	●		
	基坑支护水平位移观测记录表	表 C4-6		●	●		
	人工挖孔桩防护检查表	表 C4-7		●	●		
	特殊部位气体检测记录	表 C4-8		●	●		

二、施工现场安全防护有关概念

1. 脚手架相关概念

脚手架，是指为建筑施工而搭设的上料、堆料与施工作业用的临时结构架。

(1)单排脚手架（单排架）。是指只有一排立杆，横向水平杆的一端搁置在墙体上的脚手架。

(2)双排脚手架（双排架）。是指由内外两排立杆和水平杆等构成的脚手架。

(3)结构脚手架。是指用于砌筑和结构工程施工作业的脚手架。

(4)装修脚手架。是指用于装修工程施工作业的脚手架。

(5)敞开式脚手架。是指仅设有作业层栏杆和挡脚板，无其他遮挡设施的脚手架。

(6)局部封闭脚手架。是指遮挡面积小于 30%的脚手架。

(7)半封闭脚手架。是指遮挡面积占 30%～70%的脚手架。

(8)全封闭脚手架。是指沿脚手架外侧全长和全高封闭的脚手架。

(9)开口型脚手架。是指沿建筑周边非交圈设置的脚手架。

(10)封圈型脚手架。是指沿建筑周边交圈设置的脚手架。

(11)横向斜撑。是指与双排脚手架内、外立杆或水平杆斜交呈“之”字形的斜杆。

(12)剪刀撑。是指在脚手架外侧面成对设置的交叉斜杆。

(13)连墙件。是指连接脚手架与建筑物的构件。

(14)主节点。是指立杆、纵向水平杆、横向水平杆三杆紧靠的扣接点。

2. 建筑基坑相关概念

建筑基坑,是指为进行建筑物(包括构筑物)基础与地下室的施工所开挖的地面以下空间。

(1)基坑侧壁。是指构成建筑基坑围体的某一侧面。

(2)基坑周边环境。是基坑开挖影响范围内包括既有建(构)筑物、道路、地下设施、地下管线、岩土体及地下水体等的统称。

(3)基坑支护。是指为保证地下结构施工及基坑周边环境的安全,对基坑侧壁及周边环境采用的支挡、加固与保护措施。

(4)基坑支撑体系。是指由钢或钢管混凝土构件组成的用以支撑基坑侧壁的结构体系。

3. "三宝"、"四口"相关概念

(1)"三宝"。是指安全帽、安全带、安全网。

(2)"四口"。是指楼梯口、电梯井口、预留洞口(坑井)、通道口。

(3)安全帽。是用来保护头部,防止物体打击头部和自身头部意外撞击物体的个人防护用品。

(4)安全带。是防止高处作业人员坠落的防护用品。

(5)安全网。是用来防止人、物坠落或用来避免或减轻坠落及物击伤害的网具。

4. 临边及高处作业相关概念

(1)五临边。是指尚未安装栏杆的阳台周边,无外架防护的屋面周边,框架工程楼层周边,上下通道、斜道两侧边,卸料平台的外侧边。

(2)高处作业。是指凡在坠落高度基准面 2m 以上(含 2m)有可能坠落的高处进行的作业。

(3)平网。是指安装平面不垂直水平面,用来防止人或物坠落的安全网。

(4)立网。是指安装平面垂直水平面,用来防止人或物坠落的安全网。

(5)密目式安全立网。是指网目密度不低于 2000 目/100cm^2,垂直于水平面安装用于防止人员坠落及坠物伤害的网。一般由网体、开眼环扣、边绳和附加系绳组成。

三、施工现场安全防护资料内容与常用表格

(一)脚手架安全防护资料

1. 脚手架施工方案

(1)落地式外脚手架。

1)施工方案必须体现全面性、针对性、可行性、经济性、法令性等特点。

2)施工方案必须明确脚手架材质、立杆基础、架体与建筑结构拉结、杆件间距与剪刀撑、脚手板与防护栏杆、小横杆设置、杆件搭接、架体内封闭、通道及卸料平台搭设、防雷接地等内容的具体要求。

3)一般搭设高度在 25m 以下应有搭设方案,绘制架体建筑物拉结作法详图;搭设高度超过 25m 时,不允许使用木脚手架。使用钢管脚手架应采用双立杆及缩小间距等加强措施,并绘制搭设图纸及说明脚手架基础作法;搭设高度超过 50m 时,应有设计计算书及卸荷方法详图,并说明脚手架基础施工方法。

4)架体结构变更必须经方案设计人员重新计算,出具有效的变更通知书。

(2)悬挑式脚手架。

1)施工方案必须体现全面性、针对性、可行性、经济性、法令性等特点。

2)施工方案必须明确脚手架材质;悬挑梁及架体稳定;杆件间距;架体防护;层间防护;脚手板铺设;荷载限定;防雷接地等内容的具体要求。

3)悬挑式脚手架应有搭设方案,标明立杆与建筑结构的连接方法,不能将外挑立杆与建筑结构以外的不稳定的物体连接。外挑立杆除必须满足间距要求外,还应按规定设置大横杆以增加立杆的刚度。

4)高层建筑施工分段搭设的悬挑脚手架必须有设计计算书,设计计算书要经上一级技术部门审批。

5)架体结构变更必须经方案设计人员重新计算,出具有效的变更通知书。

2. 脚手架搭设

(1)脚手架搭设交底。

脚手架搭设时应按相关内容进行安全技术交底,分段(分层)搭设的脚手架必须进行分段(分层)安全技术交底;脚手架拆除时应按相关内容进行安全技术交底。

(2)脚手架验收。

脚手架搭设完成后,必须进行验收;只有经有关人员验收合格后,方能投入使用;分段(分层)搭设的脚手架必须进行分段(分层)验收;验收资料必须有量化验收内容。

3. 脚手架检查和验收

(1)构配件检查与验收。

1)新钢管的检查规定要求:

①应有产品质量合格证。

②应有质量检验报告,钢管材质检验方法应符合现行国家标准《金属材料室温拉伸试验方法》(GB/T 228—2002)的有关规定,质量应符合规范规定。

③钢管表面应平直光滑,不应有裂缝、结疤、分层、错位、硬弯、毛刺、压痕和深的划道。

④钢管外径、壁厚、端面等的偏差,应分别符合表5-11的规定。

⑤钢管必须涂有防锈漆。

2)旧钢管的检查应符合下列规定:

①表面锈蚀深度应符合表5-11中的规定。

②钢管弯曲变形应符合表5-11中的规定。

3)扣件的验收应符合下列规定:

①新扣件应有生产许可证、法定检测单位的测试报告和产品质量合格证。当对扣件质量怀疑时,应按现行国家标准《钢管脚手架扣件》(GB 15831—2006)的规定抽样检测。

②旧扣件使用前应进行质量检查,有裂缝、变形的严禁使用,出现滑丝的螺栓必须更换。

③新、旧扣件均应进行防锈处理。

4)脚手板的检查应符合下列规定:

①冲压钢脚手板的检查应符合下列规定:

a. 新脚手板应有产品质量合格证。

b. 尺寸偏差应符合表5-11中的规定,且不得有裂纹、开焊与硬弯。

c. 新、旧脚手板均应涂防锈漆。

②木脚手板的检查应符合下列规定:

a. 木脚手板的宽度不宜小于200mm,厚度不应小于50mm;其质量应符合规范的规定;腐朽的脚手板不得使用。

b. 竹笆脚手板、竹串片脚手板的材料应符合规范的规定。

5)构配件的允许偏差。构配件的允许偏差应符合表5-11的规定。

表5-11　　构配件的允许偏差

序号	项目	允许偏差Δ/mm	示意图	检查工具
1	焊接钢管尺寸/mm 外径　48 壁厚　3.5 外径　51 壁厚　3.0	 −0.5 −0.5 −0.5 −0.45		游标卡尺
2	钢管两端面斜切偏差	1.70	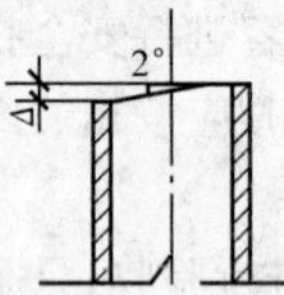	塞尺、拐角尺
3	钢管外表面锈蚀深度	≤0.50	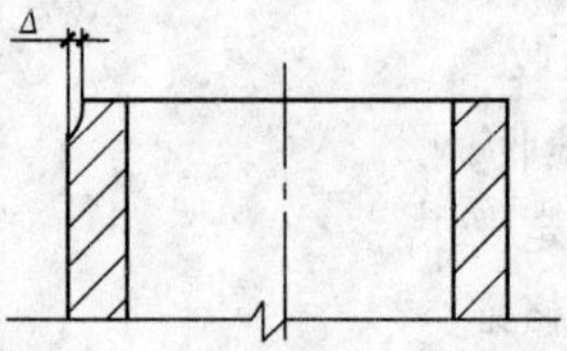	游标卡尺
4	钢管弯曲 a. 各种杆件钢管的端部弯曲 $l\leqslant1.5$m	≤5	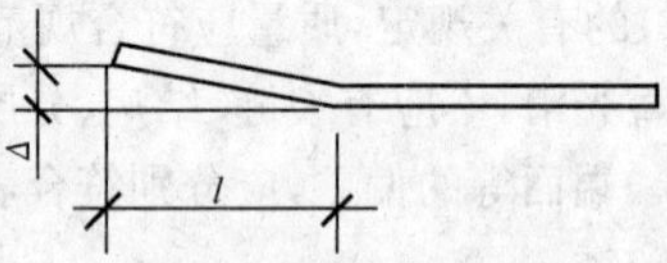	钢板尺
	b. 立杆钢管弯曲 $3\text{m}<l\leqslant4\text{m}$ $4\text{m}<l\leqslant6.5\text{m}$	 ≤12 ≤20	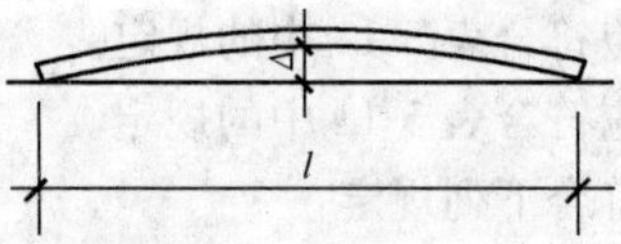	
	c. 水平杆、斜杆的钢管弯曲 $l\leqslant6.5$m	≤30		
5	冲压钢脚手板 a. 板面挠曲 $l\leqslant4$m $l>4$m	 ≤12 ≤16	—	钢板尺
	b. 板面扭曲（任一角翘起）	≤5	—	

(2)脚手架检查与验收。

1)脚手架及其地基基础应在下列阶段进行检查与验收：

②基础完工后及脚手架搭设前；

②作业层上施加荷载前；

③每搭设完 10～13m 高度后；

④达到设计高度后；

⑤遇到六级大风与大雨后、寒冷地区开冻后；

⑥停用超过一个月。

2)脚手架使用中，应定期检查下列项目：

①杆件的设置和连接，连墙件、支撑、门洞桁架等的构造是否符合要求；

②地基是否积水，底座是否松动，立杆是否悬空；

③扣件螺栓是否松动；

④高度在 24m 以上的脚手架，其立杆的沉降与垂直度的偏差是否符合表 5-12 中的规定；

⑤安全防护措施是否符合要求。

⑥是否超载。

3)脚手架搭设的技术要求、允许偏差与检验方法应符合表 5-12 的规定。

表 5-12　　脚手架搭设的技术要求、允许偏差与检验方法

<table>
<tr><th>项次</th><th colspan="2">项　目</th><th>技术要求</th><th>允许偏差
Δ/mm</th><th colspan="2">示 意 图</th><th>检查方法
与工具</th></tr>
<tr><td rowspan="5">1</td><td rowspan="5">地基基础</td><td>表面</td><td>坚实、平整</td><td rowspan="4">—</td><td rowspan="5" colspan="2">—</td><td rowspan="5">观察</td></tr>
<tr><td>排水</td><td>不积水</td></tr>
<tr><td>垫板</td><td>不晃动</td></tr>
<tr><td rowspan="2">底座</td><td>不滑动</td></tr>
<tr><td>不沉降</td><td>−10</td></tr>
<tr><td rowspan="11">2</td><td rowspan="11">立杆垂直度</td><td>最后验收
垂直度
20～80m</td><td>—</td><td>±100</td><td colspan="2">Δ　Δ　H_{max}</td><td>用经纬仪
或吊线
和卷尺</td></tr>
<tr><td colspan="5">下列脚手架允许水平偏差/mm</td><td rowspan="10">检查方法
与工具同上</td></tr>
<tr><td colspan="2" rowspan="2">搭设中检查偏差的
高度/m</td><td colspan="3">总高度</td></tr>
<tr><td>50m</td><td>40m</td><td>20m</td></tr>
<tr><td colspan="2">$H=2$</td><td>±7</td><td>±7</td><td>±7</td></tr>
<tr><td colspan="2">$H=10$</td><td>±20</td><td>±25</td><td>±50</td></tr>
<tr><td colspan="2">$H=20$</td><td>±40</td><td>±50</td><td>±100</td></tr>
<tr><td colspan="2">$H=30$</td><td>±60</td><td>±75</td><td>—</td></tr>
<tr><td colspan="2">$H=40$</td><td>±80</td><td>±100</td><td>—</td></tr>
<tr><td colspan="2">$H=50$</td><td>±100</td><td>—</td><td>—</td></tr>
<tr><td colspan="5">中间档次用插入法</td></tr>
</table>

（续一）

项次	项目		技术要求	允许偏差 Δ/mm	示意图	检查方法与工具
3	间距	步距 纵距 横距	—	±20 ±50 ±20	—	钢板尺
4	纵向水平杆高差	一根杆的两端	—	±20	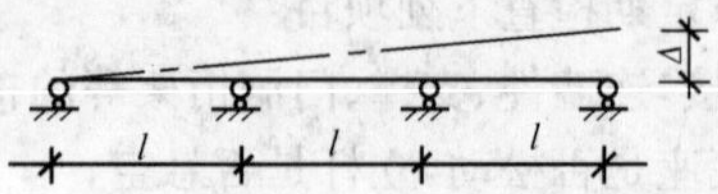	水平仪或水平尺
		同跨内两根纵向水平杆高差	—	±10	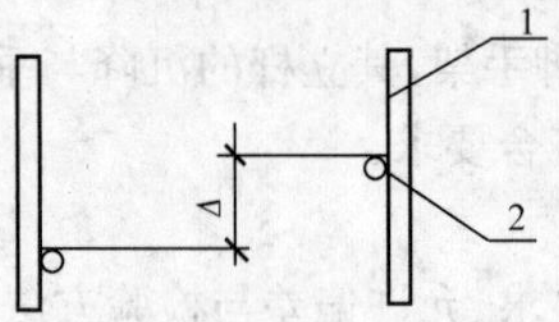	
5	双排脚手架横向水平杆外伸长度偏差		外伸 500mm	−50	—	钢板尺
6	扣件安装	主节点处各扣件中心点相互距离	$a \leqslant 150$mm	—	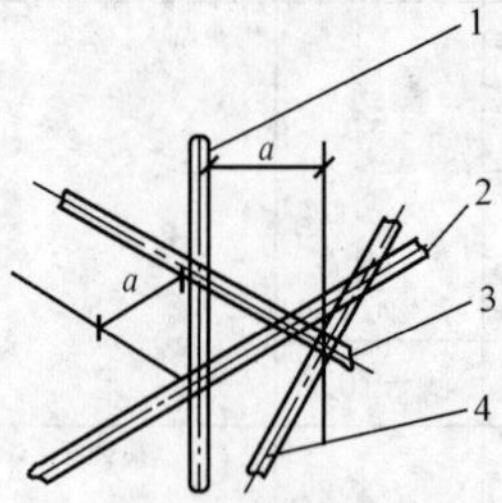	钢板尺
		同步立杆上两个相隔对接扣件的高差	$a \geqslant 500$mm	—	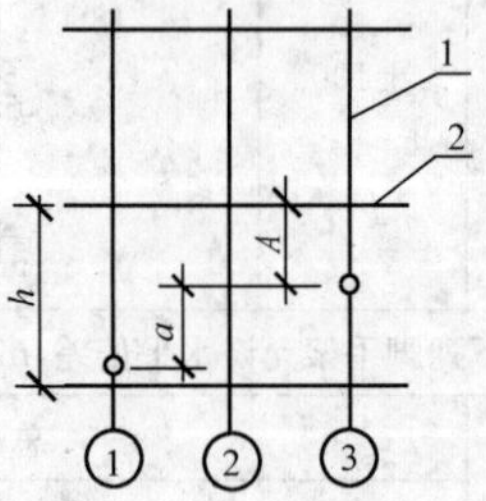	钢卷尺
		立杆上的对接扣件至主节点的距离	$A \leqslant h/3$			
		纵向水平杆上的对接扣件至主节点的距离	$A \leqslant l_a/3$	—	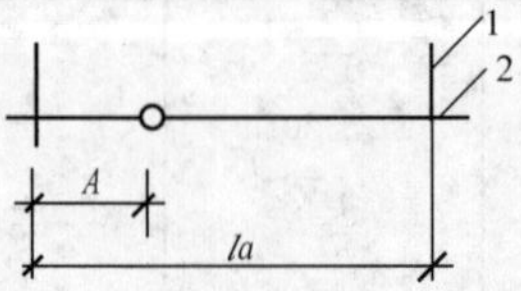	钢卷尺
		扣件螺栓拧紧扭力矩	40～65 N·m	—	—	扭力扳手
7	剪刀撑斜杆与地面的倾角		45°～60°	—	—	角尺

（续二）

项次	项目		技术要求	允许偏差 Δ/mm	示意图	检查方法与工具
8	脚手板外伸长度	对接	a=130～150mm l≤300mm	—	a l≤300	卷尺
		搭接	a≥100mm l≥200mm	—	a l≥200	卷尺

注：图中1—立杆；2—纵向水平杆；3—横向水平杆；4—剪刀撑。

4)安装后的扣件螺栓拧紧扭力矩应采用扭力扳手检查，抽样方法应按随机分布原则进行。抽样检查数目与质量判定标准，应按表5-13的规定确定。不合格的必须重新拧紧，直至合格为止。

表5-13　　扣件螺栓拧紧抽样检查数目及质量判定标准

项次	检查项目	安装扣件数量/个	抽检数量/个	允许的不合格数
1	连接立杆与纵（横）向水平杆或剪刀撑的扣件；接长立杆、纵向水平杆或剪刀撑的扣件	51～90	5	0
		91～150	8	1
		151～280	13	1
		281～500	20	2
		501～1200	32	3
		1201～3200	50	5
2	连接横向水平杆与纵向水平杆的扣件（非主节点处）	51～90	5	1
		91～150	8	2
		151～280	13	3
		281～500	20	5
		501～1200	32	7
		1201～3200	50	10

4. 脚手架防护资料内容及常用表格

(1)脚手架、卸料平台和支撑体系设计及施工方案。落地式钢管扣件式脚手架、工具式脚手架、卸料平台及支撑体系等应在施工前编制相应专项施工方案。

(2)钢管扣件式支撑体系验收表。水平混凝土构件模板或钢结构安装使用的钢管扣件式支撑体系搭设完成后，工程项目部应依据相关规范、施工组织设计、施工方案及相关技术交底文件，由总承包单位项目技术负责人组织相关部门和搭设、使用单位进行验收，填写《钢管扣件式支撑体系验收表》(表C4-1)，项目监理部对验收资料及实物进行检查并签署意见。

表 C4-1　　　　　　　　钢管扣件式支撑体系验收表

编号：________

工程名称			
施工单位		分包单位	
支撑体系的类别		高度	
验收部位		安装日期	

序号	检查项目	检查内容与要求	验收结果
1	安全施工方案	模板支撑体系工程应有专项安全施工技术方案（或设计），审批手续完备、有效	
		高度超过 8m，或跨度超过 18m，施工总荷载大于 $10kN/m^2$，或集中线荷载大于 15kN/m 的支撑体系，其专项方案应经过专家论证，并根据专家意见进行修改	
		支撑体系的材质应符合有关要求	
		施工前应有技术交底，交底应有针对性	
2	构造要求	立杆基础必须坚实，满足立柱承载力要求，立杆下部必须设置纵横向扫地杆，立杆与结构应有可靠拉接	
		立杆的构造应符合《建筑施工扣件式钢管脚手架安全技术规范》(JGJ 130—2001)的有关规定	
		立杆、横杆的间距必须按安全施工技术方案（计算书）要求搭设	
		可调丝杆的伸出长度应符合要求	
		立杆最上端的自由端长度应符合安全施工技术方案（或设计）的要求	
3	剪刀撑	采用满堂红支撑体系时，四边与中间每隔 4 排支架立杆应设置一道纵向剪刀撑，由底至顶连续设置；高于 4m 时，其两端与中间每隔 4 排立杆从顶层开始向下每隔 2 步设置一道水平剪刀撑	
		剪刀撑应按规范要求设置	
4	其他要求		

验收结论： 年　月　日			
验收人签名	项目技术负责人	安装单位负责人	其他验收人员
监理单位意见： 监理工程师（签字）：　　　　年　月　日			

注：本表由施工单位填报，监理单位、施工单位各存一份。

(3)落地式（或悬挑）脚手架搭设验收表（表 C4-2）。落地式（或悬挑）脚手架应根据实际情况分段、分部位，由工程项目技术负责人组织相关单位验收。六级以上大风及大雨后、停用超过一个月后均要进行相应的检查验收，检查验收内容应按照表 C4-2 进行。

表 C4-2　　落地式(或悬挑)脚手架搭设验收表

编号：________

工程名称		总包单位	
作业队伍		负责人	
验收部位		搭设高度	
验收时间			

序号	检查项目	检查内容	验收结果
1	施工方案	符合《建筑施工扣件式钢管脚手架安全技术规范》(JGJ 130—2001)规范要求	
		悬挑式脚手架和高度 20m 以上的落地式脚手架搭设前必须编制安全专项施工方案，附设计计算书，审批手续齐全，搭设前需有技术交底，特殊脚手架应有专家论证	
2	立杆基础	脚手架基础必须平整、坚实，有排水措施，架体必须支搭在底座(托)或通长脚手板上。纵、横向扫地杆应符合要求	
3	钢管、扣件要求	钢管、扣件有复试检测报告，应采用外径 48～51mm，壁厚 3～3.5mm 的钢管	
		钢管无裂纹、弯曲、压扁、锈蚀	
4	架体与建筑结构拉结	脚手架必须按楼层与结构拉结牢固，拉结点垂直、水平距离符合要求，拉结必须使用钢性材料。20m 以上的高大脚手架须有卸荷措施	
5	剪刀撑设置	脚手架必须设置连续剪刀撑，宽度及角度符合要求。搭接方式应符合规范要求	
6	立杆、大横杆、小横杆的设置要求	立杆间距应符合要求；立杆对接必须符合要求	
		大横杆宜设置在立杆内侧，其间距及固定方式应符合要求；对接须符合有关规定	
		小横杆的间距、固定方式、搭接方式等应符合要求	
7	脚手板及密目网的设置	操作面脚手板铺设必须符合规范要求。操作面护身栏杆和挡脚板的设置符合要求。操作面下方净空超 3m 时须设一道水平网。架体须用密目网沿内侧进行封闭，并固定牢固	
8	悬挑设置情况	悬挑梁设置应符合设计要求；外挑杆件与建筑结构连接牢固；悬挑梁无变形；立杆底部应固定牢固	

（续）

序号	检查项目	检查内容	验收结果
9	其　他	卸料平台、泵管、缆风绳等不能固定在脚手架上；脚手架与外电架空线之间的距离应符合规范要求，特殊情况须采取防护措施；马道搭设符合要求；门洞口的搭设符合要求	
10	其他增加的验收项目		
验收结论：			
验收人签名	项目技术负责人	搭设单位负责人	其他验收人员
监理单位意见： 监理工程师(签字)： 年　月　日			

注：本表由施工单位填报，监理单位、施工单位各存一份。

(4)工具式脚手架安装验收表(表 C4-3)。外挂脚手架、吊篮脚手架、附着式升降脚手架、卸料平台等搭设完成后，应由工程项目技术负责人组织有关单位按照表 C4-3 所列内容进行验收，合格后方可使用。

表 C4-3

工具式脚手架安装验收表

编号：________

<table>
<tr><td colspan="2">工程名称</td><td></td><td>总包单位</td><td></td></tr>
<tr><td colspan="2">搭设(安装)单位</td><td></td><td>负责人</td><td></td></tr>
<tr><td colspan="2">验收部位</td><td colspan="3"></td></tr>
<tr><td>序号</td><td>检查项目</td><td colspan="2">检查内容</td><td>验收结果</td></tr>
<tr><td>1</td><td>施工方案</td><td colspan="2">应有安全专项施工方案及设计计算书，审批手续齐全</td><td></td></tr>
<tr><td>2</td><td>外　挂
脚手架</td><td colspan="2">架体制作与组装应符合设计要求；悬挂点部件材质和制作、埋设应符合设计要求；采用穿墙螺栓的，其材质、强度必须满足要求；悬挂点强度必须满足要求</td><td></td></tr>
<tr><td>3</td><td>吊　篮
脚手架</td><td colspan="2">吊篮组装应符合设计要求；挑梁锚固或配重等抗倾覆装置应符合要求；锚固点建筑物强度必须满足要求；吊篮应设置独立的保险绳及销绳器，绳径不小于 12.5mm</td><td></td></tr>
<tr><td rowspan="3">4</td><td rowspan="3">附着式升
降脚手架</td><td colspan="2">产品须通过省级以上建设行政主管部门组织的鉴定，产品应有详细的安装及使用说明书</td><td></td></tr>
<tr><td colspan="2">须有防坠落、防外倾安全装置；穿墙螺栓的强度必须满足要求；悬挂点结构强度必须满足要求；吊具、索具符合要求</td><td></td></tr>
<tr><td colspan="2">安装单位必须具备相应资质，安装应符合《说明书》要求</td><td></td></tr>
<tr><td>5</td><td>卸料平台</td><td colspan="2">卸料平台应有安全专项方案；应有最大载荷标志；其搭设应符合设计要求；卸料平台周边防护应符合要求；锚固点设置符合“一锚一绳”要求</td><td></td></tr>
<tr><td>6</td><td>其　　他</td><td colspan="2">脚手架外侧应使用密目网封闭；操作层应设防护栏杆及挡脚板；施工负荷符合说明书或设计书的要求；脚手板应符合有关要求</td><td></td></tr>
<tr><td>7</td><td>其他增加
的验收项目</td><td colspan="2"></td><td></td></tr>
<tr><td colspan="5">验收结论：</td></tr>
</table>

<table>
<tr><td rowspan="2">验收人签名</td><td>项目技术负责人</td><td>安装单位负责人</td><td>其他验收人员</td></tr>
<tr><td></td><td></td><td></td></tr>
<tr><td colspan="4">监理单位意见：

监理工程师(签字)：
年　月　日</td></tr>
</table>

注：本表由施工单位填报，监理单位、施工单位各存一份。

(二)基坑工程防护资料

1. 基坑施工支护方案

(1)基坑施工支护方案中必须明确施工前准备工作、土方开挖顺序和方法、坑壁支护设计及施工详图、临边防护、排水措施、坑边荷载限定、上下通道设置、基坑支护变形监测方案、作业环境的要求等内容。

(2)基坑施工必须有支护方案。

1)基坑深度不足 2m 时，原则上不再进行支护，按规范要求放坡。若与相邻建筑物、管线、道路较近或地质情况较差时仍需支护。

2)基坑深度超过 2m 小于 5m 时，坑壁土质为粉质黏土、粉土，湿度为稍湿状态下，周围没有其他荷载，可根据规范放坡。雨期、坡壁土质不良或周围有附加荷载时，应进行支护。

3)基坑深度超过 5m 时，无论边坡土质情况和周边荷载如何，必须进行支护，并有详细的支护计算。

(3)施工方案必须体现全面性、针对性、可行性、经济性、法令性的特点；必须经上级主管部门审批。

2. 基坑支护验收

基坑支护验收表的格式参见表 C4-4。

表 C4-4 **基坑支护验收表**

编号：

工程名称		总包单位	
验收部位		施工单位	
序号	检查项目	检查内容	检查结果
1	各类 管线保护	基础施工前建设单位必须以书面形式向施工企业提供详细的地上(下)管线及毗邻区域内建(构)筑物资料，施工企业应采取保护措施	
2	基坑支护	开挖深度超过 1.5m，应根据土质和深度情况按规定放坡或加可靠支撑，边坡设置应符合要求；基坑深度超过 5m 或不到 5m 但情况复杂的，必须编制安全专项施工方案，并组织专家进行论证，经企业技术负责人和总监理工程师签字后，方可施工	
3	临边防护 及排水措施	开挖深度超过 2m 的，必须设立两道防护栏杆，用密目网封闭，夜间应设红色标志灯；雨期施工期间必须有良好的排水措施	
4	其　他	坑边堆物、堆料、停置机具等符合有关规定；马道或爬梯设置应符合要求；应定期对基坑支护变形情况、毗邻建筑物沉降情况等进行监测	
5	其他增加 的验收项目		
验收结论： 年　月　日			
验收人员： 总包项目技术负责人： 分包单位项目负责人： 其他验收人员： 年　月　日			
监理单位意见： 监理工程师(签字)：　年　月　日			

注：本表由施工单位填报，监理单位、施工单位各存一份。

3. 基坑支护沉降观测记录和水平位移观测记录

总承包单位和专业承包单位应按有关规定对支护结构进行监测，参照《基坑支护沉降观测记录表》(表 C4-5)和《基坑支护水平位移观测记录表》(表 C4-6)的要求进行记录，项目监理部对监测的程序进行审核并签署意见。如发现监测数据异常，应立即督促项目经理部采取必要的措施。

表 C4-5　　　　　　　　**基坑支护沉降观测记录表**

编号：

<table>
<tr><td>工程名称</td><td colspan="4"></td><td>监测项目</td><td colspan="4"></td></tr>
<tr><td>工程地点</td><td colspan="4"></td><td>监测仪器及编号</td><td colspan="4"></td></tr>
<tr><td>监测单位</td><td colspan="9"></td></tr>
<tr><td>日　期</td><td colspan="7"></td><td colspan="2">单位：mm</td></tr>
<tr><td>测点</td><td>初测值</td><td>上次位移值</td><td>本次位移值</td><td>累计位移值</td><td>测点</td><td>初测值</td><td>上次位移值</td><td>本次位移值</td><td>累计位移值</td></tr>
<tr><td></td><td></td><td></td><td></td><td></td><td></td><td></td><td></td><td></td><td></td></tr>
<tr><td></td><td></td><td></td><td></td><td></td><td></td><td></td><td></td><td></td><td></td></tr>
<tr><td></td><td></td><td></td><td></td><td></td><td></td><td></td><td></td><td></td><td></td></tr>
<tr><td></td><td></td><td></td><td></td><td></td><td></td><td></td><td></td><td></td><td></td></tr>
<tr><td></td><td></td><td></td><td></td><td></td><td></td><td></td><td></td><td></td><td></td></tr>
<tr><td></td><td></td><td></td><td></td><td></td><td></td><td></td><td></td><td></td><td></td></tr>
<tr><td></td><td></td><td></td><td></td><td></td><td></td><td></td><td></td><td></td><td></td></tr>
<tr><td colspan="2">沉降报警值</td><td colspan="8"></td></tr>
<tr><td colspan="2">监测单位</td><td colspan="2"></td><td>监测人</td><td></td><td colspan="2">项目技术负责人</td><td colspan="2"></td></tr>
<tr><td colspan="10">监理单位意见：

符合程序要求(　)
不符合程序要求，请重新组织观测(　　)

监理工程师(签字)：　　　　　　　　　　　　年　月　日</td></tr>
</table>

注：本表由施工单位填报，附监测点布置图，监理单位、施工单位各存一份。

表 C4-6 基坑支护水平位移观测记录表

编号：

工程名称				监测项目					
工程地点				监测仪器及编号					
监测单位									
日　期								单位：mm	
测点	初测值	上次位移值	本次位移值	累计位移值	测点	初测值	上次位移值	本次位移值	累计位移值
沉降报警值									
监测单位			监测人		项目技术负责人				

监理单位意见：

符合程序要求（ ）

不符合程序要求，请重新组织观测（ ）

监理工程师（签字）：　　　　　　　　　　年　月　日

注：本表由施工单位填报，附监测点布置图，监理单位、施工单位各存一份。

4. 人工挖孔桩防护检查表

人工挖孔桩防护检查表的格式参见表 C4-7。

表 C4-7　　　　　　**人工挖孔桩防护检查表**

编号：

工程名称			
施工单位		项目负责人	
分包单位		分包负责人	

序号	检查项目	检查内容与要求	检查情况
1	资料	有专项分包单位人工挖孔桩施工资质	
		有经审批的专项施工组织设计	
		气体测试记录	
		有混凝土护壁强度检测记录	
2	井孔周边防护	第一护壁高出地面 20cm 及以上	
		井孔周边有防护栏并符合要求	
		夜间施工有指示灯	
		成孔后有盖孔板	
3	井内防护	井内有半圆平板(网)防护	
		井内有上下梯	
		上下联络信号明确	
4	送风	送风管、设备数量满足并性能完好	
		风管材料符合要求不破损	
		孔深超过 5m 施工过程坚持送风	
5	护壁拆模	护壁及时	
		护壁拆模应经工程技术人员同意	
6	井内作业	井内作业，井上有人监护	
		井内作业人员必须戴安全帽，系安全带或安全绳	
		井内抽水，作业人员必须脱离水面	
		作业人员连续作业不得超过 2h	
7	现场照明	井孔内使用 36V(含)以下安全电压照明	
		井孔内应使用防水电缆和防水灯泡	
8	配电箱	配电系统符合规范要求，漏电保护器动作电流不大于 15mA	
9	垂直运输	料斗和吊索材质应具有轻、软性能，并应有防附装置	
		机具符合规范要求	
		料斗装土、料斗不得过满	

检查(验收)意见：		
验收人签名	总包单位	分包单位
监理单位意见： 监理工程师(签字)：　　　　年　月　日		

注：本表由施工单位填报，监理单位、施工单位各存一份。

5. 特殊部位气体检测记录

在对人工挖孔桩和密闭空间施工时，应在每班作业前进行气体检验，并填写《特殊部位气体检测记录》(表 C4-8)。

表 C4-8 特殊部位气体检测记录

编号：

工程名称				施工单位			
检测时间	部位	检测仪器			气体的种类和检测数值	是否超标	检测人
		名称	规格型号	编号			

注：本表由施工单位填报，监理单位、施工单位各存一份。

第五节 施工现场保卫消防资料

一、施工现场保卫消防资料分类

施工现场保卫消防资料的分类见表 5-14。

表 5-14 保卫消防资料分类

类别编号	工程安全资料名称	表格编号（或资料来源）	保存单位				
			建设单位	监理单位	施工单位	租赁单位	拆装单位
C5	施工现场保卫消防资料						
	施工现场消防重点部位登记表	表 C5-1			●		
	保卫消防设备平面图	施工单位			●		
	现场保卫消防制度、方案、预案	施工单位			●		
	现场保卫消防协议	施工单位			●		
	现场保卫消防组织机构及活动记录	施工单位			●		
	施工项目消防审批手续	施工单位		●	●		
	施工用保温材料产品检测及验收资料	施工单位			●		
	消防设施、器材验收、维修记录	施工单位			●		
	防水施工现场安全措施及交底	施工单位			●		
	警卫人员值班、巡查工作记录	施工单位			●		
	用火作业审批表	表 C5-2			●		

二、施工现场保卫消防资料内容与常用表格

1. 施工现场消防重点部位登记表

施工现场消防重点部位登记表(表 C5-1)是指根据防火制度要求对施工现场消防重点部位进行登记形成的表格。

表 C5-1　　施工现场消防重点部位登记表

编号:______

工程名称				
序号	部位名称	消防器材配备情况	防火责任人	检查时间和结果
1				
2				
3				

消防安全员		项目负责人		填表日期	年　月　日

注:本表由施工单位填写,施工单位存一份。

2. 保卫消防设备平面图

保卫消防设施、器材平面图应明确现场各类消防设施、器材的布置位置和数量。

3. 现场保卫消防制度、方案、预案

项目经理部应制定施工现场的保卫消防制度,现场保卫消防管理方案,重大事件、重大节日管理方案,现场火灾应急救援预案等相关技术文件。

4. 现场保卫消防协议

建设单位与总包单位、总包单位与分包单位必须签订现场保卫消防协议,明确各方相关责任,协议必须履行签字、盖章手续。

5. 现场保卫消防组织机构及活动记录

施工现场应设立保卫消防组织机构,成立义务消防队,定期组织教育培训和消防演练,各项活动应有文字和图片记录。

6. 施工项目消防审批手续

项目经理部应将消防安全许可证存档,以备查验。

7. 施工用保温材料产品检测及验收资料

施工现场使用的施工用保温材料、密目式安全网、水平安全网等材料应为阻燃产品,进场有相关验收手续,其产品资料、检测报告等技术文件项目经理部应予存档保管。

8. 消防设施、器材验收、维修记录

施工现场各类消防设施、器材的生产单位应具有公安部门颁发的生产许可证,各类设施、器

材的相关技术资料项目经理部应进行存档。项目经理部应定期对消防设施、器材检查，按使用年限及时更换、补充、维修，验收、维修等工作应有文字记录。

9. 防水施工现场安全措施及交底

施工现场防水作业施工时，应制定相关的防中毒、防火灾的安全防范技术措施，并对所有参与防水作业的施工人员进行书面交底，所有被交底人必须履行签字手续。

10. 警卫人员值班、巡查工作记录

施工现场警卫人员应在每班作业后填写警卫人员值班、巡查工作记录，对当班期间主要事项进行登记。

11. 用火作业审批表

作业人员每次用火作业前，必须到项目经理部办理用火申请，并按要求填写《用火作业审批表》(表 C5-2)。

表 C5-2 **用火作业审批表**

编号：________

工程名称		施工单位	
申请用火单位		用火班组	—
用火部位		用火作业级别及种类(用火、气焊、电焊等)	
用火作业 起止时间	由　年　月　日　时　分起 至　年　月　日　时　分止		
用火原因、防火的主要安全措施和配备的消防器材： 看火员(签字)：　　申请人(签字)：　　年　月　日			
审批意见： 同意 审批人(签字)：　　年　月　日			

注：1. 本表由施工单位填写，施工单位存一份。

2. 用火证当日有效，变换用火部位时应重新申请。

三、施工现场防火防爆

1. 施工防火防爆管理规定

(1)基本规定。

1)重点工程和高层建筑应编制防火防爆技术措施并履行报批手续，一般工程在拟定施工组织设计的同时，要拟定现场防火防爆措施。

2)按规定施工现场配置消防器材、设施和用品，并建立消防组织。

3)施工现场明确划定用火和禁火区域，并设置明显安全标志。

4)现场动火作业必须履行审批制度,动火操作人员必须经考试合格持证上岗。

5)施工现场应定期进行防火检查,及时消除火灾隐患。

(2)安全管理制度。

1)建立防火防爆知识宣传教育制度。组织施工人员认真学习《中华人民共和国消防条例》和公安部《关于建筑工地防火的基本措施》,教育参加施工的全体职工认真贯彻执行消防法规,增强全员的法律意识。

2)建立定期消防技能培训制度。定期对职工进行消防技能培训,使所有施工人员都懂得基本防火防爆知识,掌握安全技术,能熟练使用工地上配备的防火防爆器具,能掌握正确的灭火方法。

3)建立现场明火管理制度。施工现场未经主管领导批准,任何人不准擅自动用明火。从事电、气焊的工作人员要持证上岗(用火证),在批准的范围内作业。要从技术上采取安全措施,消除火源。

4)存放易燃易爆材料的库房建立严格管理制度。现场的临建设施和仓库要严格管理,存放易燃液体和易燃易爆材料的库房,要设置专门的防火防爆设备,采取消除静电等防火防爆措施,防止火灾、爆炸等恶性事故的发生。

5)建立定期防火检查制度。定期检查施工现场设置的消防器具,存放易燃易爆材料的库房、施工重点防火部位和重点工种的施工操作,不合格者责令整改,及时消除火灾隐患。

2. 消防器材管理规定

(1)常用灭火器材用途。

1)泡沫灭火器:油脂、石油产品及一般固体物质的初起火灾。

2)酸碱灭火器:竹、木、棉、毛、草、纸等一般可燃物质的初起火灾。

3)干粉灭火器:石油及其产品、可燃气体和电气设备的初起火灾。

4)二氧化碳灭火器:贵重设备、档案资料、仪器仪表、600V以下电器及油脂火灾。

5)"2111"灭火器:油脂、精密机械设备、仪表、电子仪器设备、文物、图书、档案等贵重物品的初起火灾。

6)水:适用范围较广,但不得用于以下几个方面。

①非水溶性可燃、易燃物体火灾。

②与水反应产生可燃气体、可引起爆炸的物质起火。

③直流水不得用于带电设备和可燃粉尘集聚处的火灾,贮存大量浓硫、硝酸场所的火灾。

(2)施工现场器材管理。

1)各种消防梯经常保持完整、完好。

2)水枪经常检查,保持开关灵活、喷嘴畅通,附件齐全无锈蚀。

3)水带充水后防骤然折弯,不被油类污染,用后清洗晾干,收藏时应单层卷起,竖放在架上。

4)各种管接口和扪盖应接装灵便、松紧适度、无泄漏,不得与酸、碱等化学品混放,使用时不得摔压。

5)消火栓按室内、室外(地上、地下)的不同要求定期进行检查和及时加注润滑油,消火栓井应经常清理,冬期采取防冻措施。

6)工地设有火灾探测和自动报警灭火系统时,应由专人管理,保证处于完好状态。

3. 施工现场防火防爆要求

(1)特殊施工场所的防火防爆要求。

1)设备安装与调试安全防火防爆要求见表5-16。

表5-16　设备安装与调试安全防火防爆要求

项　目	内　容
设备安装与调试防火防爆要求	(1)在设备安装与调试施工前,应进行详细的调查,根据设备安装与调试施工中的火灾危险性及特点,制定消防保卫工作方案,规定必要的制度和措施,制定调试运行过程中单项的和整体的调试运行工作计划或方案,做到定人、定岗、定要求。 (2)在有易燃、易爆气体和液体的附近进行用火作业前,应先用测量仪器测试可燃气体的爆炸浓度,然后再进行动火作业。动火作业时间长应设专人随时进行测试。 (3)调试过的可燃、易燃液体和气体的管道、塔、容器、设备等,在进行修理时,必须使用惰性气体或蒸汽进行置换和吹扫,用测量仪器测定爆炸浓度后,方可进行修理。 (4)调试过程中,应组织一支专门的应急力量,随时处理一些紧急事故。 (5)有可燃、易燃液体及气体附近的用电设备,应采用与该场所相匹配的防火等级的临时用电设备。 (6)调试过程中,应准备一定数量的填料、堵料及工具、设备,以应对滴、漏、跑、冒的发生,减少火灾和险患

2)地下工程施工防火防爆安全要求见表5-17。

表5-17　地下工程施工防火防爆安全要求

项　目	内　容
临时电源线的敷设	施工现场的临时电源线不宜直接敷设在墙壁或土墙上,应用绝缘材料架空安装。配电箱应采取防水措施,潮湿地段或渗水部位照明灯具应采取相应措施或安装防潮灯具
出入口、疏散通道的设置	施工现场应有不少于两个出入口或坡道,施工距离长时应适当增加出入口的数量。施工区面积不超过50m²,且施工人员不超过20人时,可只设一个直通地上的安全出口。 (1)安全出入口、疏散走道和楼梯的宽度应按其通过人数每100人不小于1m的净宽计算。每个出入口的疏散人数不宜超过250人。安全出入口、疏散走道、楼梯的最小净宽不应小于1m。 (2)疏散走道、楼梯及坡道内,不宜设置突出物或堆放施工材料和机具。 (3)疏散走道、安全出入口、疏散马道(楼梯)、操作区域等部位,应设置火灾事故照明灯。火灾事故照明灯在上述部位的最低光照度应不低于5lx(勒〔克斯〕)。 (4)疏散走道及其交叉口、拐弯处、安全出口处应设置疏散指示标志灯。疏散指示标志灯的间距不宜过大,距地面高度应为1~1.2m,标志灯正前方0.5m处的地面照度不应低于1lx
照明设置	火灾事故照明灯和疏散指示灯工作电源断电后,应能自动投合
消防给水管道和消火栓的设置	地下工程施工区域应设置消防给水管道和消火栓,消防给水管道可以与施工用水管道合用。特殊地下工程不能设置消防用水时,应配备足够数量的轻便消防器材
粉刷施工要求	大面积油漆粉刷和喷漆应在地面施工,局部的粉刷可在地下工程内部进行,但一次粉刷的量不宜过多,同时在粉刷区域内禁止一切火源,加强通风
禁用装置	禁止中压式乙炔发生器在地下工程内部使用及存放
应急疏散计划的制定	地下工程施工前必须制定应急的疏散计划

3)古建筑物的修缮防火防爆安全要求见表5-18。

表 5-18 古建筑物的修缮防火防爆安全要求

项 目	内 容
照明管理	电源线、照明灯具不应直接敷设在古建筑的柱、梁上。照明灯具应安装在支架上或吊装，同时加装防护罩
雨期施工	古建筑的修缮若是在雨期施工，应考虑安装避雷设备（因修缮时原有避雷设备拆除）对古建筑及架子进行保护
用火管理	加强用火管理，对电、气焊实施一次动焊的审批制度和管理
油漆彩画施工注意事项	(1)在室内油漆彩画时，应逐项进行，每次安排油漆彩画量不宜过大，以不达到局部形成爆炸极限为前提。油漆彩画时应禁止一切火源。夏季对剩下的油皮子要及时处理，防止因高温而造成自燃。施工中的油棉丝、手套、油皮子等不要乱扔，应集中进行处理。 (2)冬期进行油漆彩画时，不应使用炉火进行采暖，应尽量使用暖气采暖
可燃材料管理	(1)古建筑施工中，剩余的可燃材料（刨花、锯末、贴金箔）较多，应随时随地进行清理，做到活完脚下清。 (2)易燃、可燃材料应选择在安全地点存放，不宜靠近树林等
消防设施设置	施工现场应考虑设置消防给水设施、水池或消防水桶

(2)重点部位的防火防爆要求。

1)料场仓库、油漆料库和调料间防火防爆要求见图 5-5。

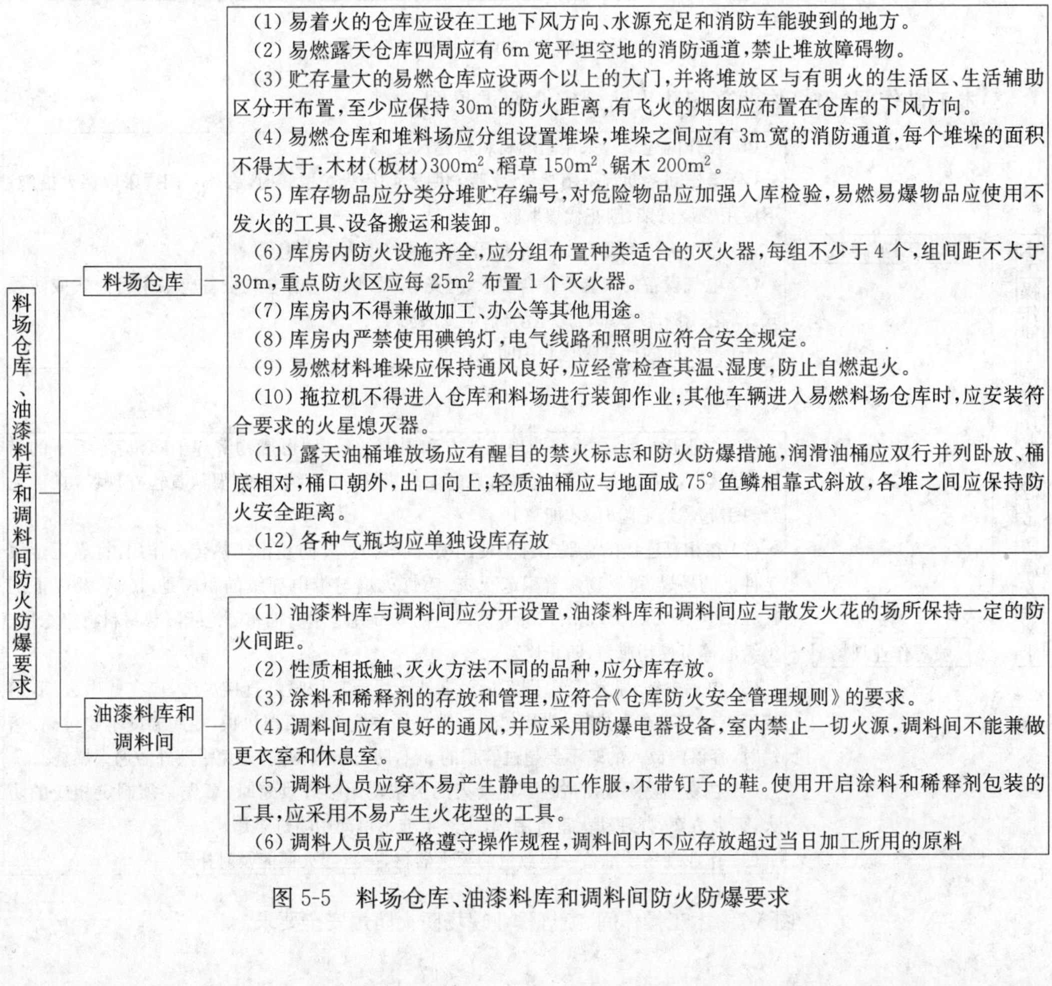

料场仓库、油漆料库和调料间防火防爆要求

料场仓库

(1) 易着火的仓库应设在工地下风方向、水源充足和消防车能驶到的地方。

(2) 易燃露天仓库四周应有 6m 宽平坦空地的消防通道，禁止堆放障碍物。

(3) 贮存量大的易燃仓库应设两个以上的大门，并将堆放区与有明火的生活区、生活辅助区分开布置，至少应保持 30m 的防火距离，有飞火的烟囱应布置在仓库的下风方向。

(4) 易燃仓库和堆料场应分组设置堆垛，堆垛之间应有 3m 宽的消防通道，每个堆垛的面积不得大于：木材(板材)$300m^2$、稻草 $150m^2$、锯木 $200m^2$。

(5) 库存物品应分类分堆贮存编号，对危险物品应加强入库检验，易燃易爆物品应使用不发火的工具、设备搬运和装卸。

(6) 库房内防火设施齐全，应分组布置种类适合的灭火器，每组不少于 4 个，组间距不大于 30m，重点防火区应每 $25m^2$ 布置 1 个灭火器。

(7) 库房内不得兼做加工、办公等其他用途。

(8) 库房内严禁使用碘钨灯，电气线路和照明应符合安全规定。

(9) 易燃材料堆垛应保持通风良好，应经常检查其温、湿度，防止自燃起火。

(10) 拖拉机不得进入仓库和料场进行装卸作业；其他车辆进入易燃料场仓库时，应安装符合要求的火星熄灭器。

(11) 露天油桶堆放场应有醒目的禁火标志和防火防爆措施，润滑油桶应双行并列卧放、桶底相对，桶口朝外，出口向上；轻质油桶应与地面成 75° 鱼鳞相靠式斜放，各堆之间应保持防火安全距离。

(12) 各种气瓶均应单独设库存放

油漆料库和调料间

(1) 油漆料库与调料间应分开设置，油漆料库和调料间应与散发火花的场所保持一定的防火间距。

(2) 性质相抵触、灭火方法不同的品种，应分库存放。

(3) 涂料和稀释剂的存放和管理，应符合《仓库防火安全管理规则》的要求。

(4) 调料间应有良好的通风，并应采用防爆电器设备，室内禁止一切火源，调料间不能兼做更衣室和休息室。

(5) 调料人员应穿不易产生静电的工作服，不带钉子的鞋。使用开启涂料和稀释剂包装的工具，应采用不易产生火花型的工具。

(6) 调料人员应严格遵守操作规程，调料间内不应存放超过当日加工所用的原料

图 5-5 料场仓库、油漆料库和调料间防火防爆要求

2)电石库、乙炔站防火防爆安全要求见图 5-6。

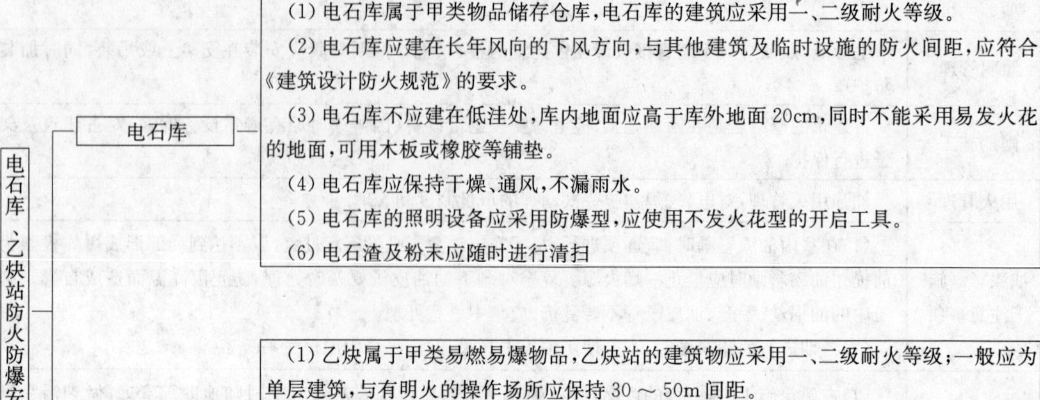

电石库、乙炔站防火防爆安全要求

电石库

(1) 电石库属于甲类物品储存仓库,电石库的建筑应采用一、二级耐火等级。

(2) 电石库应建在长年风向的下风方向,与其他建筑及临时设施的防火间距,应符合《建筑设计防火规范》的要求。

(3) 电石库不应建在低洼处,库内地面应高于库外地面 20cm,同时不能采用易发火花的地面,可用木板或橡胶等铺垫。

(4) 电石库应保持干燥、通风,不漏雨水。

(5) 电石库的照明设备应采用防爆型,应使用不发火花型的开启工具。

(6) 电石渣及粉末应随时进行清扫

乙炔站

(1) 乙炔属于甲类易燃易爆物品,乙炔站的建筑物应采用一、二级耐火等级;一般应为单层建筑,与有明火的操作场所应保持 30 ~ 50m 间距。

(2) 乙炔站泄压面积与乙炔站容积的比值应采用 0.05 ~ 0.22m^2/m^3。房间和乙炔发生器操作平台应有安全出口,应安装百叶窗和出气口,门应向外开启。

(3) 乙炔房与其他建筑物和临时设施的防火间距,应符合《建筑设计防火规范》的要求。

(4) 乙炔房宜采用不发生火花的地面,金属平台应铺设橡皮垫层。

(5) 有乙炔爆炸危险的房间与无爆炸危险的房间(更衣室、值班室) 不能直通。

(6) 操作人员不应穿着带铁钉的鞋及易产生静电的服装进入乙炔站

图 5-6 电石库、乙炔站防火防爆安全要求

3)木工操作间、喷灯作业现场防火防爆安全要求见图 5-7。

木工操作间、喷灯作业现场防火防爆安全要求

木工操作间

(1) 操作间建筑应采用阻燃材料搭建。

(2) 操作间冬期宜采用暖气(水暖) 供暖,如用火炉取暖时,必须在四周采取挡火措施;不应用燃烧劈柴、刨花代煤取暖。

(3) 每个火炉都要有专人负责,下班时要将余火彻底熄灭。

(4) 电气设备的安装要符合要求。抛光、电锯等部位的电气设备应采用密封式或防爆式。刨花、锯末较多部位的电动机,应安装防尘罩。

(5) 操作间内严禁吸烟和用明火作业

喷灯作业现场

(1) 作业开始前,要将作业现场下方和周围的易燃、可燃物清理干净,清除不了的易燃、可燃物要采取浇湿、隔离等可靠的安全措施。作业结束时,要认真检查现场,在确无余热引起燃烧危险时,才能离开。

(2) 在相互连接的金属工件上使用喷灯烘烤时,要防止由于热传导作用,将靠近金属工件上的易燃、可燃物烤着引起火灾。喷灯火焰与带电导线的距离是:10kV 及以下的 1.5m;20 ~ 35kV 的 3m;110kV 及以上的 5m,并应用石棉布等绝缘隔热材料将绝缘层、绝缘油等可燃物遮盖,防止烤着。

(3) 电话电缆,常常需要干燥芯线,芯线干燥严禁用喷灯直接烘烤,应在蜡中去潮,熔蜡不应在工程车上进行,烘烤蜡锅的喷灯周围应设三面挡风板,控制温度不要过高。熔蜡时,容器内放入的蜡不要超过容积的 3/4,防止熔蜡渗漏,避免蜡液外溢遇火燃烧。

(4) 在易燃易爆场所或在其他禁火的区域使用喷灯烘烤时,事先必须制定相应的防火、灭火方案,办理动火审批手续,未经批准不得动用喷灯烘烤。

(5) 作业现场要准备一定数量的灭火器材,一旦起火便能及时扑灭

图 5-7 木工操作间、喷灯作业现场防火防爆安全要求

(3)重点工种防火防爆要求。

1)仓库保管、用电防火防爆安全管理见图 5-8。

仓库保管、用电防火防爆安全管理

仓库保管

(1) 仓库保管员,要牢记《仓库防火安全管理规则》。

(2) 熟悉存放物品的性质、储存中的防火要求及灭火方法,要严格按照其性质、包装、灭火方法、储存防火要求和密封条件等分别存放。性质相抵触的物品不得混存在一起。

(3) 严格按照"五距"储存物资。即垛与垛间距不小于 1m,垛与墙间距不小于 0.5m,垛与梁、柱的间距不小于 0.3m,垛与散热器、供暖管道的间距不小于 0.3m,照明灯具垂直下方与垛的水平间距不得小于 0.5m。

(4) 库存物品应分类、分垛储存,主要通道的宽度不小于 2m。

(5) 露天存放物品应当分类、分堆、分组和分垛,并留出必要的防火间距。甲、乙类桶装液体,不宜露天存放。

(6) 物品入库前应当进行检查,确定无火种等隐患后,方准入库。

(7) 库房门窗等应当严密,物资不能储存在预留孔洞的下方。

(8) 库房内照明灯具不准超过 60W,并做到人走断电、锁门。

(9) 库房内严禁吸烟和使用明火。

(10) 库房管理人员在每日下班前,应对经管的库房巡查一遍,确认无火灾隐患后,关好门窗,切断电源后方准离开。

(11) 随时清扫库房内的可燃材料,保持地面清洁。

(12) 严禁在仓库内兼设办公室、休息室或更衣室、值班室以及各种加工作业等

用电防火防爆

(1) 电工应经过专门培训,掌握安装与维修的安全技术,并经过考试合格后,方准独立操作。

(2) 施工现场暂设线路、电气设备的安装与维修应执行《施工现场临时用电安全技术规范》。

(3) 新设、增设的电气设备,必须由主管部门或人员检查合格后,方可通电使用。

(4) 各种电气设备或线路,不应超过安全负荷,且要是牢靠、绝缘良好和安装合格的保险设备,严禁用铜丝、铁丝等代替保险丝。

(5) 放置及使用易燃液体、气体的场所,应采用防爆型电气设备及照明灯具。

(6) 定期检查电气设备的绝缘电阻是否符合规定,发现隐患,应及时排除。

(7) 不可用纸、布或其他可燃材料做无骨架的灯罩,灯泡距可燃物应保持一定距离。

(8) 变(配)电室应保持清洁、干燥。变电室要有良好的通风。配电室内禁止吸烟、生火及保存与配电无关的物品(如食物等)。

(9) 当电线穿过墙壁、苇席或与其他物体接触时,应当在电线上套有磁管等非燃材料加以隔绝。

(10) 电气设备和线路应经常检查,发现可能引起火花、短路、发热和绝缘损坏等情况时,必须立即修理。

(11) 各种机械设备的电闸箱内,必须保持清洁,不得存放其他物品,电闸箱应配锁。

(12) 电气设备应安装在干燥处,各种电气设备应有妥善的防雨、防潮设施

图 5-8 仓库保管、用电防火防爆安全管理

2)煅炉、熬炼防火防爆安全管理见图 5-9。

煅炉、熬炼防火防爆安全管理

煅炉

(1) 煅炉宜独立设置,并应选择在距可燃建筑、可燃材料堆场 5m 以外的地点。

(2) 煅炉不能设在电源线的下方,其建筑应采用不燃或难燃材料修建。

(3) 煅炉建造好后,须经工地消防保卫或安全技术部门检查合格,并领取用火审批合格证后,方准进行操作及使用。

(4) 禁止使用可燃液体开火,工作完毕,应将余火彻底熄灭后,方可离开。

(5) 鼓风机等电器设备要安装合理,符合防火要求。

(6) 加工完的钎子要码放整齐,与可燃材料的防火间距应不小于 1m。

(7) 遇有 5 级以上的大风气候,应停止露天煅炉作业。

(8) 使用可燃液体或硝石溶液淬火时,要控制好油温,防止因液体加热而自燃。

(9) 煅炉间应配备适量的灭火器材

熬炼

(1) 熬沥青灶应设在工程的下风方向,不得设在电线垂直下方,距离新建工程、料场、库房和临时工棚等应在 25m 以外。现场窄小的工地有困难时,应采取相应的防火措施或尽量采用冷防水施工工艺。

(2) 沥青锅灶必须坚固、无裂缝,靠近火门上部的锅台,应砌筑 18～24cm 的砖沿,防止沥青溢出引燃。火口与锅边应有 70cm 的隔离设施,锅与烟囱的距离应大于 80cm,锅与锅的距离应大于 2m。锅灶高度不宜超过地面 60cm。

(3) 熬沥青应由熟悉此项操作的技工进行,操作人员不得擅离岗位。

(4) 不准使用薄铁锅或劣质铁锅熬制沥青,锅内的沥青一般不应超过锅容量的 3/4,不准向锅内投入有水分的沥青。配制冷底子油,不得超过锅容量的 1/2,温度不得超过 80℃。熬沥青的温度应控制在 275℃ 以下(沥青在常温下为固态,其闪点为 200～230℃,自燃点为 270～300℃)。

(5) 降雨、雪或刮 5 级以上大风时,严禁露天熬制沥青。

(6) 使用燃油灶具时,必须先熄灭火后再加油。

(7) 沥青锅处要备有铁质锅盖或铁板,并配备相适应的消防器材或设备,熬炼场所应配备温度计或测温仪。

(8) 沥青锅要随时进行检查,防止漏油。沥青熬制完毕后,要彻底熄灭余火,盖好锅盖后(防止雨雪浸入,熬油时产生溢锅引起着火),方可离开。

(9) 向熔化的沥青内添加汽油、苯等易燃稀释剂时,要离开锅灶和散发火花地点的下风方向 10m 以外,并应严格遵守操作程序。

(10) 施工人员应穿不易产生静电的工作服及不带钉子的鞋。

(11) 施工区域内禁止一切火源,不准与电、气焊同时间、同部位、上下交叉作业。

(12) 严禁在屋顶用明火熔化沥青

图 5-9 煅炉、熬炼防火防爆安全管理

3)电焊、气焊防火防爆安全管理见图 5-10。

电焊、气焊防火防爆安全管理

电焊

(1) 电焊工在操作前，要严格检查所用工具(包括电焊机设备、线路敷设、电缆线的接点等)，使用的工具均应符合标准，保持完好状态。

(2) 电焊机应有单独开关，装在防火、防雨的闸箱内，电焊机应设防雨棚(罩)。开关的保险丝容量应为该机的 1.5 倍，保险丝不准用铜丝或铁丝代替。

(3) 焊割部位必须与氧气瓶、乙炔瓶、乙炔发生器及各种易燃、可燃材料隔离，两瓶之间不得小于 5m，与明火之间不得小于 10m。

(4) 电焊机必须设有专用接地线，直接放在焊件上，接地线不准接在建筑物、机械设备、各种管道、避雷引下线和金属架上借路使用，防止接触火花，造成起火事故。

(5) 电焊机一、二次线应用线鼻子压接牢固，同时应加装防护罩，防止松动、短路放弧，引燃可燃物。

(6) 严格执行防火规定和操作规程，操作时采取相应的防火措施，与看火人员密切配合，防止引起火灾

气焊

(1) 乙炔发生器、乙炔瓶、氧气瓶和焊割具的安全设备必须齐全有效。

(2) 乙炔发生器、乙炔瓶、液化石油气罐和氧气瓶在新建、维修工程内存放，应设置专用房间单独分开存放并有专人管理，要有灭火器材和防火标志。

(3) 乙炔发生器和乙炔瓶等与氧气瓶应保持距离。在乙炔发生器旁严禁一切火源。夜间添加电石时，应使用防爆手电筒照明，禁止用明火照明。

(4) 乙炔发生器、乙炔瓶和氧气瓶不准放在高低压架空线路下方或变压器旁。在高空焊割时，也不要放在焊割部位的下方，应保持一定的水平距离。

(5) 乙炔瓶、氧气瓶应直立使用，禁止平放卧倒使用，以防止油类落在氧气瓶上；油脂或沾油的物品，不要接触氧气瓶、导管及其零部件。

(6) 氧气瓶、乙炔瓶严禁曝晒、撞击，防止受热膨胀。开启阀门时要缓慢开启，防止升压过速产生高温、产生火花引起爆炸和火灾。

(7) 乙炔发生器、回火阻止器及导管发生冻结时，只能用蒸气、热水等解冻，严禁使用火烤或金属敲打。测定气体导管及其分配装置有无漏气现象时，应用气体探测仪或用肥皂水等简单方法测试，严禁用明火测试。

(8) 操作乙炔发生器和电石桶时，应使用不产生火花的工具，在乙炔发生器上不能装有纯铜的配件。加入乙炔发生器中的水，不能含油脂，以免油脂与氧气接触发生反应，引起燃烧或爆炸。

(9) 防爆膜失去作用后，要按照规定规格型号进行更换，严禁任意更换防爆膜规格、型号，禁止使用胶皮等代替防爆膜。浮桶式乙炔发生器上面不准堆压其他物品。

(10) 电石应存放在电石库内，不准在潮湿场所和露天存放。

(11) 焊割时要严格执行操作规程和程序。焊割操作时先开乙炔气点燃，然后再开氧气进行调火。操作完毕时按相反程序关闭。瓶内气体不能用尽，必须留有余气。

(12) 工作完毕，应将乙炔发生器内电石、污水及其残渣清除干净，倒在指定的安全地点，并要排除内腔和其他部分的气体。禁止电石、污水到处乱放乱排

图 5-10　电焊、气焊防火防爆安全管理

4)木加工、油漆、喷灯操作防火防爆安全管理见图 5-11。

木加工、油漆、喷灯操作防火防爆安全管理

木加工

(1) 操作间只能存放当班的用料，成品及半成品要及时运走。木工应做到活完场地清，刨花、锯末每班都打扫干净，倒在指定地点。

(2) 严格遵守操作规程，对旧木料一定要经过检查，起出铁钉等金属后，方可上锯锯料。

(3) 配电盘、刀闸下方不能堆放成品、半成品及废料。

(4) 工作完毕应拉闸断电，并经检查确无火险后方可离开

油漆

(1) 喷漆、涂漆的场所应有良好的通风，防止形成爆炸极限浓度，引起火灾或爆炸。

(2) 喷漆、涂漆的场所内禁止一切火源，应采用防爆的电器设备。

(3) 禁止与焊工同时间、同部位的上下交叉作业。

(4) 油漆工不能穿易产生静电的工作服。接触涂料、稀释剂的工具应采用防火花型的。

(5) 浸有涂料、稀释剂的破布、纱团、手套和工作服等，应及时清理，不能随意堆放，防止因化学反应而生热，发生自燃。

(6) 对使用中能分解、发热自燃的物料，要妥善管理

喷灯操作

(1) 喷灯加油时，要选择好安全地点，并认真检查喷灯是否有漏油或渗油的地方，发现漏油或渗油，应禁止使用。因为汽油的渗透性和流散性极好，一旦加油不慎倒出油或喷灯渗油，点火时极易引起着火。

(2) 喷灯加油时，应将加油防爆盖旋开，用漏斗灌入汽油。如加油不慎，油洒在灯体上，则应将油擦干净，同时放置在通风良好的地方，使汽油挥发掉再点火使用。加油不能过满，加到灯体容积的 3/4 即可。

(3) 喷灯在使用过程中需要添油时，应首先把灯的火焰熄灭，然后慢慢地旋松加油防爆盖放气，待放尽气和灯体冷却以后再添油。严禁带火加油。

(4) 喷灯点火后先要预热喷嘴。预热喷嘴应利用喷灯上的贮油杯，不能图省事采取喷灯对喷的方法或用炉火烘烤的方法进行预热，防止造成灯内的油类蒸气膨胀，使灯体爆破伤人或引起火灾。放气点火时，要慢慢地旋开手轮，防止放气太急将油带出起火。

(5) 喷灯作业时，火焰与加工件应注意保持适当的距离，防止高热反射造成灯体内气体膨胀而发生事故。

(6) 高空作业使用喷灯时，应在地面上点燃喷灯后，将火焰调至最小，用绳子吊上去，不应携带点燃的喷灯攀高。作业点下面及周围不允许堆放可燃物，防止金属熔渣及火花掉落在可燃物上发生火灾。

(7) 在地下人井或地沟内使用喷灯时，应先进行通风，排除该场所内的易燃、可燃气体。严禁在地下人井或地沟内进行点火，若需点火也应在距离人井或地沟 1.5～2m 以外的地面点火，然后用绳子将喷灯吊下去使用。

(8) 使用喷灯，禁止与喷漆、木工等工序同时间、同部位、上下交叉作业。

(9) 喷灯连续使用时间不宜过长，发现灯体发烫时，应停止使用，进行冷却，防止气体膨胀，发生爆炸引起火灾。

(10) 使用喷灯的操作人员，应经过专门训练，其他人员不应随便使用喷灯。

(11) 喷灯使用一段时间后应进行检查和保养。手动泵应保持清洁，不应有污物进入泵体内，手动泵内的活塞应经常加少量机油，保持润滑，防止活塞干燥碎裂，加油防爆盖上装有安全防爆器，在压力 600 ～ 800Pa 范围内能自动开启关闭，在一般情况下不应拆开，以防失效。

(12) 煤油和汽油喷灯，应有明显的标志，煤油喷灯严禁使用汽油燃料。

(13) 使用后的喷灯，应冷却后，将余气放掉，才能存放在安全地点，不应与废棉纱、手套、绳子等可燃物混放在一起

图 5-11　木加工、油漆、喷灯操作防火防爆安全管理

第六节　其他安全资料

一、其他安全资料分类

工程项目其他安全资料的分类见表 5-19。

表 5-19　　　　其他安全资料的分类

类别编号	工程安全资料名称	表格编号（或资料来源）	保存单位				
			建设单位	监理单位	施工单位	租赁单位	拆装单位
C6	其他安全资料						
	安全技术交底	表 C6-1			●		
	应知应会考核表登记及试卷	施工单位			●		
	施工安全日志	表 C6-2			●		
	班组班前安全活动记录	表 C6-3			●		
	工程项目安全检查隐患整改记录	表 C6-4			●		
	工程项目环境管理方案	施工单位			●		
	施工噪声监测记录	表 C6-5	●		●		
	各阶段现场存放材料堆放平面图及责任划分	施工单位			●		
	材料保存、保管措施	施工单位			●		
	成品保护措施	施工单位			●		
	现场各种垃圾存放、消纳管理资料	施工单位			●		

二、其他安全资料内容与常用表格

1. 安全技术交底

分部分项工程施工前及有特殊风险的作业前，应对施工作业人员进行书面安全技术交底（表 C6-1），其内容应按照施工方案的要求，讲明操作者的安全注意事项，保证操作者的人身安全并按分部分项工程和针对作业条件的变化具体进行。

表 C6-1　　　　安全技术交底

编号：×××

<table>
<tr><td>工程名称</td><td colspan="5"></td></tr>
<tr><td>施工单位</td><td></td><td>交底部位</td><td></td><td>工种</td><td></td></tr>
<tr><td colspan="6">安全技术交底内容</td></tr>
<tr><td colspan="6"></td></tr>
<tr><td colspan="6">针对性交底：</td></tr>
<tr><td>交底人签字</td><td></td><td>职务</td><td></td><td>交底时间</td><td></td></tr>
<tr><td>接受交底人签名</td><td colspan="5"></td></tr>
</table>

注：1. 项目对操作人员进行安全技术交底时填写此表；

2. 签名处不够时，应将签到表附后。

2. 应知应会考核表登记及试卷

施工现场各类管理人员、作业人员必须对其所从事工作安全生产知识进行必要的培训教育，考核合格后方可上岗，项目经理部应将考核情况造表登记，并按照考核内容分类存档。

3. 施工安全日志

施工安全日志(表 C6-2)应由专职安全管理人员按照日常检查情况逐日记载，单独组卷，其内容应包括每日检查内容和安全隐患的处理情况。

施工安全日志

（　　年　月～　　年　月）

表 C6-2

工 程 名 称：________________

施 工 单 位：________________

安　全　员：________________

施工安全日志

编号：

年 月 日　　　　　　　　　　星期　　　　　　　　　　天气：

	检查部位	存在问题	处理情况
检查情况			
专职安全员：			

注：本表由施工单位填写，施工单位存一份。

4. 班组班前安全活动记录

各作业班组长于每班工作开始前必须对本班组全体人员进行班前安全活动交底，并填写《班组班前安全活动记录》(表 C6-3)，其内容应包括：本班组安全生产须知和个人应承担的责任；本班组作业中的危险点和采取的措施。

班组班前安全活动记录

（　　年　月～　　年　月）

表 C6-3

工程名称：____________________

总包单位：____________________

作业单位：____________________

班组名称：____________________

班组班前讲话记录

编号：

<table>
<tr><td colspan="2">工程名称</td><td></td><td>操作班组</td><td></td><td>年　月　日</td></tr>
<tr><td>当天作业部位</td><td>当天作业内容</td><td colspan="2">作业人数</td><td colspan="2">安全防护用品配备、使用</td></tr>
<tr><td></td><td></td><td colspan="2"></td><td colspan="2"></td></tr>
<tr><td>班前讲话内容</td><td colspan="5"></td></tr>
<tr><td>参加活动作业人员名单</td><td colspan="5"></td></tr>
</table>

注：本表由施工单位填写，施工单位存一份。

5. 工程项目安全检查隐患整改记录

工程项目安全检查人员在检查过程中，针对存在的安全隐患应填写《工程项目安全检查隐患整改记录》(表 C6-4)。

表 C6-4　　工程项目安全检查隐患整改记录

编号：＿＿＿＿

<table>
<tr><td>工程名称</td><td></td><td>施工单位</td><td></td></tr>
<tr><td>施工部位</td><td></td><td>作业单位</td><td></td></tr>
<tr><td colspan="4"></td></tr>
<tr><td colspan="4"></td></tr>
<tr><td colspan="4">整改要求

年　月　日</td></tr>
<tr><td>检查人员签名</td><td colspan="3"></td></tr>
<tr><td>复查意见</td><td colspan="3">复查人(签字)：　　　　年　月　日</td></tr>
</table>

注：本表由施工单位填写，施工单位存一份。

三、环境保护资料

1. 项目环境管理方案

应根据项目施工特点，对作业过程中可能出现的环境危害进行识别和评价，确定环境污染控制措施，编制项目环境保护管理措施。

2. 环境保护管理机构及职责划分

应成立由项目经理负责的环境保护管理机构，制定相关责任制度，明确责任人。

3. 施工噪声监测记录

施工现场作业过程中，各类设备产生的噪声在场界边缘应符合国家有关标准，项目经理部应定期在施工场地边界对噪声进行监测，并将结果记入《施工噪声监测记录表》(表 C6-5)。

C6-5　　施工噪声监测记录表

编号：________

工程名称		监测日期	年　月　日
监测仪器型号			
监　测　人		监测时间	时　分至　时　分
测　　点			
施工现场示意图 施工场地边界及测点位置			
备注			

注：本表由施工单位填写，建设单位、施工单位各存一份。

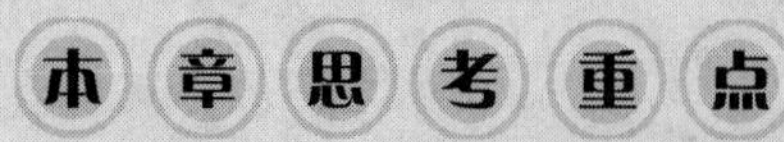

1. 简述施工单位施工现场安全资料的分类与内容。
2. 临时用电施工组织设计的基本程序与编制步骤是什么?
3. 施工机械安全资料有哪些?
4. 施工现场保卫消防资料包括哪些内容?
5. 环境保护资料的内容有哪些?

第六章　伤亡事故报告及调查处理

第一节　伤亡事故分类和处理程序

一、伤亡事故的概念

1. 事故

从广义的角度讲,事故是指人们在实现有目的的行动过程中,由不安全的行为、动作或不安全的状态所引起的、突然发生的、与人的意志相反且事先未能预料到的意外事件,它能造成财产损失,生产中断,人员伤亡。

2. 伤亡事故

从企业职工的角度将伤亡事故定义为:伤亡事故是指职工在劳动劳动生产过程中发生的人身伤害、急性中毒事故。

工程项目所发生的伤亡事故大致可分为两类:一是因工伤亡,即在施工项目生产过程中发生的伤亡;二是非因工伤亡,即与施工生产活动无关造成的伤亡。

二、伤亡事故分类

1. 伤亡事故等级

根据《生产安全事故报告和调查处理条例》,按照事故的严重程度,伤亡事故分为以下几种。

(1)特别重大事故,是指造成 30 人以上死亡,或者 100 人以上重伤(包括急性工业中毒,下同),或者 1 亿元以上直接经济损失的事故。

(2)重大事故,是指造成 10 人以上 30 人以下死亡,或者 50 人以上 100 以下重伤,或者 5000 万元以上 1 亿元以下直接经济损失的事故。

(3)较大事故,是指造成 3 人以上 10 人以上死亡,或者 10 人以上 50 人以下重伤,或者 1000 万元以上 5000 万元以下直接经济损失的事故。

(4)一般事故,是指造成 3 人以下死亡,或者 10 人以下重伤,或者 1000 万元以下直接经济损失的事故。

2. 伤亡事故类别

按照直接致使职工受到伤害的原因(即伤害方式)分类如下。

(1)物体打击,指落物、滚石、锤击、碎裂崩块、碰伤等伤害,包括因爆炸而引起的物体打击。

(2)车辆伤害,指本企业机动车辆引起的机械伤害事故。如机动车辆在行驶中的挤、压、撞车或倾覆等事故,在行驶中上下车、搭乘矿车或放飞车所引起的事故等。

(3)起重伤害,指起重设备或操作过程中所引起的伤害。

(4)机械伤害,指机械设备与工具引起的绞、辗、碰、割戳、切等伤害。如工件或刀具飞出伤人,切屑伤人,手或身体被卷入,手或其他部位被刀具碰伤,被转动的机构缠压住等。

(5)触电,包括雷击伤害。

(6)淹溺,指因大量水经口、鼻进入肺内,造成呼吸道阻塞,发生急性缺氧而窒息死亡的事故。

(7)灼烫,指强酸、强碱溅到身体引起的灼伤,或因火焰引起的烧伤,高温物体引起的烫伤,放射线引起的皮肤损伤等事故。

(8)火灾,指造成人身伤亡的企业火灾事故。不适用于非企业原因造成的火灾,比如居民火灾蔓延到企业。此类事故居于消防部门统计的事故。

(9)高处坠落,包括从架子、屋顶上坠落以及从平地坠入地坑等。

(10)坍塌,包括建筑物、堆置物、土石方倒塌等。

(11)冒顶片帮,矿井工作面、巷道侧壁由于支护不当、压力过大造成的坍塌,称为片帮;顶板垮落称为冒顶。二者常同时发生,简称为冒顶片帮。

(12)透水,指矿山、地下开采或其他坑道作业时,意外水源带来的伤亡事故。适用于井巷与含水岩层、地下含水带、溶洞或被淹巷道、地面水域相通时,涌水成灾的事故。

(13)放炮,指施工时,放炮作业造成的伤亡事故。如采石、采矿、采煤、开山、修路、拆除建筑物等工程进行的放炮作业引起的伤亡事故。

(14)火药爆炸,指生产、运输、储藏过程中发生的爆炸。

(15)瓦斯煤尘爆炸,包括煤粉爆炸。

(16)锅炉爆炸,指锅炉发生的物理性爆炸事故。适用于使用工作压力大于0.7表大气压(0.07MPa)、以水为介质的蒸汽锅炉(以下简称锅炉)。

(17)容器爆炸。容器(压力容器的简称)是指比较容易发生事故,且事故危害性较大的承受压力载荷的密闭装置。容器爆炸是压力容器破裂引起的气体爆炸。

(18)其他爆炸,包括锅炉爆炸、化学爆炸、炉膛、钢水包爆炸等。

(19)中毒和窒息,指人接触有毒物质,如误吃有毒食物或呼吸有毒气体引起的人体急性中毒事故,或在废弃的坑道、暗井、涵洞、地下管道等不通风的地方工作,因氧气缺乏,有时会发生突然晕倒,甚至死亡的事故称为窒息。两种现象合为一体,称为中毒和窒息事故。

(20)其他伤害,如扭伤、跌伤、野兽咬伤等。

三、伤亡事故处理

1. 迅速抢救伤员、保护事故现场

事故发生后,现场人员要有组织、听指挥,迅速做好两件事。

(1)抢救伤员,排除险情,制止事故蔓延扩大。抢救伤员时,要采取正确的救助方法,避免二次伤害;同时遵循救助的科学性和实效性,防止抢救阻碍或事故蔓延;对于伤员救治医院的选择要迅速、准确,减少不必要的转院,贻误治疗时机。

(2)为了事故调查分析需要,保护好事故现场。由于事故现场是提供有关物证的主要场所,是调查事故原因不可缺少的客观条件,要求现场各种物件的位置、颜色、形状及其物理、化学性质等尽可能保持事故结束时的原来状态。因此,在事故排险、伤员抢救过程中,要保护好事故现场,确因抢救伤员或为防止事故继续扩大而必须移动现场设备、设施时,现场负责人应组织现场人员查清现场情况,做好标志和记明数据,绘出现场示意图,任何单位和个人不得以抢救伤员等名义故意破坏或者伪造事故现场。必须采取一切可能的措施,防止人为或自然因素的破坏。

发生事故的项目,其生产作业场所仍然存在危及人身安全的事故隐患时,要立即停工,进行全面的检查和整改。

2. 伤亡事故报告

(1)伤亡事故报告程序。伤亡事故报告程序如图 6-1 所示。

伤亡事故发生后,负伤者或者事故现场相关人员应当立即直接或者逐级报告企业负责人。

↓

企业负责人接到重伤、死亡、重大死亡事故报告后,应当立即报告企业主管部门和企业所在地劳动部门、公安部门、人民检察院、工会。

↓

企业主管部门和劳动部门接到死亡、重大死亡事故报告后,应立即按系统逐级上报,死亡事故报至省、自治区、直辖市企业主管部门和劳动部门;重大死亡事故报至国务院有关主管部门、劳动部门。

↓

发生死亡、重大死亡事故的企业应当保护事故现场,并迅速采取必要措施抢救人员和财产,防止事故扩大。

↓

企业主管部门和当地劳动部门、工会收到《职工伤亡事故调查报告书》后,必须及时按系统逐级上报,其中重大和特大死亡事故的调查报告书需报至劳动部、国家有关主管部门和全国总工会。

↓

企业和企业主管部门对于《职工伤亡事故调查报告书》提出的改进措施所需的经费、物资和完成的时间必须给予保证。在改进措施完成后,厂长应会同工会主席检查验收,并在验收书上签字盖章,报当地劳动部门和工会备查。

↓

企业必须按照规定在每月终填写《企业职工伤亡事故月报表》及其文字说明报送当地企业主管部门和劳动部门。

↓

当地企业主管部门应根据上述月报表填写企业系统的《职工伤亡事故综合月报表》连同文字说明,逐级上报,直至企业主管部门。

↓

各级企业主管部门的《职工伤亡事故综合月报表》应同时分送同级劳动部门和工会组织;各级劳动部门的《职工伤亡事故综合月报表》应同时分送同级统计部门,并抄送同级工会。

↓

当地劳动部门应根据企业主管部门的《职工伤亡事故综合月报表》和企业直接报来的《企业职工伤亡事故月报表》,填写地区性的《职工事故综合月报表》,逐级上报,直到省劳动部门。

↓

省级劳动部门和国务院有关主管部门应当按照规定于每月终填写《职工伤亡事故综合月报表》报劳动部。

↓

在伤亡事故发生后一个月内,如果有负伤人死亡,企业应立即向主管部门、当地劳动部门和工会组织补报。

↓

企业主管部门、当地劳动部门如果在报出《职工伤亡事故综合月报表》以后才收到上述补报资料,可以在报送综合年报表时予以补正。

↓

各省、自治区、直辖市劳动部门和国务院有关主管部门须在每年 1 月底以前将上年度的年报表报送劳动部。

↓

企业发生职工伤亡事故,如有隐瞒、虚报或者故意延迟不报的,除责成补报外,对责任者应给予纪律处分,情节严重的要追究其法律责任。《企业职工死亡事故速报表》如有漏报、迟报的,要追究有关劳动局负责人的责任。

图 6-1 伤亡事故报告程序

(2)伤亡事故报告内容。

1)事故发生(或发现)的时间、详细地点。

2)发生事故的项目名称及所属单位。

3)事故类别、事故严重程度。

4)伤亡人数、伤亡人员基本情况。

5)事故简要经过及抢救措施。

6)报告人情况和联系电话。

(3)组织事故调查组。在接到事故报告后,企业主管领导应立即赶赴现场组织抢救,并迅速组织调查组开展事故调查。

1)轻伤事故,由项目经理牵头,项目经理部生产、技术、安全、人事、保卫、工会等有关部门的成员组成事故调查组。

2)重伤事故,由企业负责人或其指定人员牵头,企业生产、技术、安全、人事、保卫、工会、监察等有关部门的成员,会同上级主管部门负责人组成事故调查组。

3)死亡事故,由企业负责人或其指定人员牵头,企业生产、技术、安全、人事、保卫、工会、监察等有关部门的成员,会同上级主管部门负责人、政府安全监察部门、行业主管部门、公安部门、工会组织组成事故调查组。

4)重大死亡事故,按照企业的隶属关系,由省、自治区、直辖市企业主管部门或者国务院有关主管部门会同同级行政安全管理部门、公安部门、监察部门、工会组成事故调查组,进行调查。重大死亡事故调查组应邀请人民检察院参加,还可邀请有关专业技术人员参加。

(4)现场勘查。现场勘察是技术性很强的工作,涉及广泛的科技知识和实践经验,调查组对事故的现场勘察必须做到及时、全面、准确、客观。现场勘察的主要内容如下:

1)现场笔录。

①发生事故的时间、地点、气象等。

②现场勘察人员姓名、单位、职务。

③现场勘察起止时间、勘察过程。

④能量失散所造成的破坏情况、状态、程度等。

⑤设备损坏或异常情况及事故前后的位置。

⑥事故发生前劳动组合、现场人员的位置和行动。

⑦散落情况。

⑧重要物证的特征、位置及检验情况等。

2)现场拍照。

①方位拍照,能反映事故现场在周围环境中的位置。

②全面拍照,能反映事故现场各部分之间的联系。

③中心拍照,反映事故现场中心情况。

④细目拍照,提示事故直接原因的痕迹物、致害物等。

⑤人体拍照,反映伤亡者主要受伤和造成死亡的伤害部位。

3)现场绘图。根据事故类别和规模以及调查工作的需要绘出示意图,示意图内容如下。

①建筑物平面图、剖面图。

②事故时人员位置及活动图。

③破坏物立体图或展开图。

④涉及范围图。

⑤设备或工具、器具构造简图等。

4)事故资料。

①事故单位的营业证照及复印件。

②有关经营承包经济合同。

③安全生产管理制度。

④技术标准、安全操作规程、安全技术交底。

⑤安全培训材料及安全培训教育记录。

⑥项目安全施工资质和证件。

⑦伤亡人员证件(包括特种作业证、就业证、身份证)。

⑧劳务用工注册手续。

⑨事故调查的初步情况(包括伤亡人员的自然情况、事故的初步原因分析等)。

⑩事故现场示意图。

(5)事故调查分析。

1)事故调查分析的主要任务。

①查清事故发生经过。通过现场留下的痕迹,空间环境的变化,对事故见证人及受害者的询问及对有关现象的仔细观察以及必要的科学实验等方式或手段来弄清事故发生的前后经过,并用简短文字准确表达出来。

②找出事故原因。从人的因素、管理因素、环境因素以及机器设备本质安全因素等方面进行综合分析,找出事故发生的直接原因和间接原因。找出事故原因是事故调查分析的中心任务。

③分清事故责任。通过事故调查,划清与事故事实有关的法律责任,并对有关责任者提出处理建议,包括行政处分,经济处罚。构成犯罪的,由司法机关依法追究刑事责任。

④吸取事故教训,提出预防措施,防止类似事故的重复发生。这是事故调查分析的最终目的。

2)事故调查程序。事故调查具体程序如下:

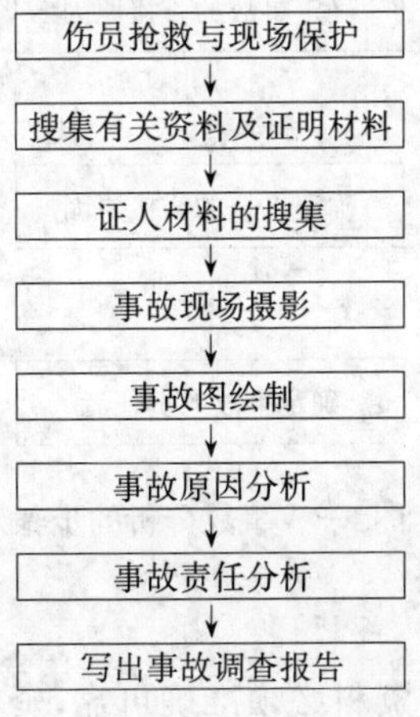

图 6-2　事故调查程序

四、伤亡事故分析

1. 事故性质

(1)责任事故。是指由于人的过失造成的事故。

(2)非责任事故。即由于人们不能预见或不可抗力的自然条件变化所造成的事故,或是在技术改造、发明创造、科学试验活动中,由于科学技术的限制而发生的无法预料的事故。但是,对于能够预见并可以采取措施加以避免的伤亡事故,或者没有经过认真研究解决技术问题而造成的事故,不能包括在内。

(3)破坏性事故。即为达到既定目的而故意制造的事故。对已确定为破坏性事故的,由公安机关认真追查破案,依法处理。

2. 事故原因

(1)直接原因。根据《企业职工伤亡事故分类标准》(GB 6441—1986)附录 A,直接导致伤亡事故发生的机械、物质和环境的不安全姿态,以及人的不安全行为,是事故的直接原因。

(2)间接原因。事故中属于技术和设计上的缺陷,教育培训不够,未经培训,缺乏或不懂安全操作技术知识,劳动组织不合理,对现场工作缺乏检查或指导错误,没有安全操作规程或不健全,没有或不认真实施事故防范措施,对事故隐患整改不利等原因,是事故的间接原因。

(3)主要原因。导致事故发生的主要因素,是事故的主要原因。

3. 事故分析的步骤

事故分析的步骤见图 6-3。

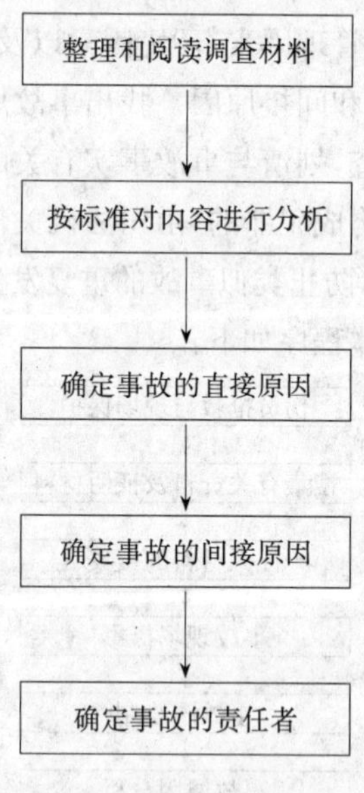

图 6-3 事故分析的步骤

4. 事故分析的方法

进行事故分析必须做到:收集的资料必须准确可靠;资料整理时必须进行科学的分类和汇总;统计图表清晰明了,且便于分析和比较。

常用的分析方法有以下几种。

(1)数理统计和统计表。把统计调查所得的数字资料,通过汇总整理,按一定的顺序填列在一定的表格之内。通过表中的数字、比例可以进行安全动态分析,研究对策,实现安全生产动态控制。

(2)图表分析法。它是以统计数字为基础,用几何图形等绘制的各种图形来表达统计结果。

(3)系统安全分析法。这种方法既能作综合分析,也可作个别案例分析。这种方法科学、逻辑性强,较直观和形象,考虑问题比较系统、全面。

五、事故责任分析及结案处理

1. 事故责任分析

在查清伤亡事故原因后,必须对事故进行责任分析,目的在于使事故责任者、单位领导人和广大职工群众吸取教训,接受教育,改进工作。

责任分析可以通过事故调查所确认的事实,根据事故发生的直接和间接原因,按有关人员的职责、分工、工作状态和在具体事故中所起的作用,追究其所应负的责任;按照有关组织管理人员及生产技术因素,追究最初造成不安全状态的责任;按照有关技术规定的性质、明确程度、技术难度,追究属于明显违反技术规定的责任;不追究属于未知领域的责任。根据事故性质、事故后果、情节轻重、认识态度等,提出对事故责任者的处理意见。

确定责任者的原则为:因设计上的错误和缺陷而发生的事故,由设计者负责;因施工、制造、安装和检修上的错误或缺陷而发生的事故,分别由施工、制造、安装、检修及检验者负责;因缺少安全规章制度而发生的事故,由生产组织者负责;已发生事故未及时采取有效措施,致使类似事故重复发生的,由有关领导负责。

根据对事故应负责任的程度不同,事故责任者分为直接责任者、主要责任者、重要责任者和领导责任者。对事故责任者的处理,在以教育为主的同时,还必须按责任大小、情节轻重等,根据有关规定,分别给予经济处罚、行政处分,直至追究刑事责任。对事故责任者的处理意见形成之后,企业有关部门必须按照人事管理的权限尽快办理报批手续。

2. 事故报告书

事故调查组在查清事实、分析原因的基础上,组织召开事故分析会,按照“四不放过”的原则,对事故原因进行全面调查分析,制订出切实可行的防范措施,提出对事故有关责任人员的处理意见,填写《企业职工因工伤亡事故调查报告书》(表 6-1),经调查组全体人员签字后报批。如调查组内部意见有分歧,应在弄清事实的基础上,对照法律法规进行研究,统一认识。对个别仍持有不同意见的允许保留,并在签字时写明意见。

在报批《企业职工因工伤亡事故调查报告书》时,应将下列资料作为附件,一同上报:

(1)企业营业执照复印件。

(2)事故现场示意图。

(3)反映事故情况的相关照片。

(4)事故伤亡人员的相关医疗诊断书。

(5)负责本事故调查处理的政府主管部门要求提供的与本事故有关的其他材料。

表 6-1　　企业职工因工伤亡事故调查报告书

一、企业详细名称

地址：

电话：

二、经济类型

国民经济类型：

隶属关系：

直接主管部门：

三、事故发生时间

四、事故发生地点

五、事故类别

六、事故原因

其中直接原因：

七、事故严重级别

八、伤亡人员情况

姓名	性别	年龄	文化程度	用工形式	工种及级别	本工种工龄	安全教育情况	伤害部位	伤害程度	损失工作日

九、本次事故损失工作日总数

十、本次事故经济损失

其中直接经济损失：

十一、事故详细经过

十二、事故原因分析

1. 直接原因：

2. 间接原因：

3. 主要原因：

十三、预防事故重复发生的措施

十四、事故责任分析和对事故责任者的处理

十五、事故调查的有关资料

十六、事故调查组成员名单

3. 事故结案

事故调查处理结论应经有关机关审批后，方可结案。伤亡事故处理工作一般应当在 90 天内结案，特殊情况不得超过 180 天。

(1)事故案件的审批权限，同企业的隶属关系及人事管理权限一致。

(2)对事故责任者的处理，应根据其情节轻重和损失大小，谁有责任，主要责任，次要责任，重要责任，一般责任，还是领导责任等，按规定给予处分。

(3)企业接到政府机关的结案批复后，进行事故建档，并接受政府主管部门的行政处罚。事故档案登记应包括：

1)员工重伤、死亡事故调查报告书，现场勘察资料(记录、图纸、照片)。

2)技术鉴定和试验报告。

3)物证、人证调查材料。

4)医疗部门对伤亡者的诊断结论及影印件。

5)事故调查组人员的姓名、职务，并签字。

6)企业或其主管部门对该事故所作的结案报告。

7)受处理人员的检查材料。

8)有关部门对事故的结案批复等。

六、事故的预测和预防

1. 事故的预测

事故预测的目的就是为安全技术和安全管理提供决策的依据，进而为工程规划、发展计划提供先决条件。

根据因果论的观点，事故的发生总是由于过去或现在一连串人的操作失误和机器的失效引起的，而这些失误和失效表现的形式也很复杂，有些是显现的，如人的误操作。机器的破损，有些是潜在的，以逐渐量变的形式向危险逼近的，如人的识别差错、机器泄漏等。事故预测就是对引发事故的各种因素、各种因素发生的可能性及各种因素对造成事故的危险程度进行预测，从而找出控制事故发生的最佳方案，为安全技术措施确定重点工程，为安全生产管理工作提供系统管理的目标。

目前进行事故预测最成熟的技术就是事故树分析(FTA)，用事故树分析作事故预测可以分为以下四个层次：

(1)系统薄弱环节预测，简称概略性预测。

(2)基本事件结构重要性预测，简称结构性预测。

(3)事故发生可能性预测，简称概率性预测。

(4)事故危险性预测，简称危险性预测。

上述前两个层次的预测是以事故树定性分析为基础，后两个层次的预测是以事故树定量分析为基础。

2. 事故的预防

为了切实达到预防事故和减少事故损失，应采取以下安全技术措施。

(1)改进生产工艺，实现机械化、自动化。随着科学技术的发展，建筑企业不断改进生产工艺，加快了实现机械化、自动化的过程，促进了生产的发展，提高了安全技术水平，大大减轻了工人的劳动强度，保障了职工的安全和健康。如采取机械化的喷涂抹灰，提高了工效2～4倍，不但保证了工程质量，还减轻了工人的劳动强度，保护了施工人员的安全。

因此，在编施工组织设计时，应尽量优先考虑采用新工艺、机械化、自动化的生产手段，为安全生产、预防事故创造条件。

(2)设置安全装置。

1)防护装置。防护装置就是用屏保方法与手段把人体与生产活动中出现的危险部位隔离开来的设施和设备。施工活动中的危险部位主要有“四口”(指楼梯口、电梯井口、预留洞口、通道口)、机具、车辆、暂设电器、高温、高压容器及原始环境中遗留下来的不安全因素等。

防护装置的种类繁多,企业购入的设备应该有严密的安全防护装置,但由于建筑业流动性大、人员繁杂及生产厂家多的问题,均可能造成无防护或缺少、遗失的现象。因此,应随时检查增补,做到防护严密。在“四口”、“五临边”处理上要按部颁标准设置水平及立体防护,使劳动者有安全感;在机械设备上做到轮有罩、轴有套,使其转动部分与人体绝对隔离开来;在施工用电中,要做到“四级”保险;遗留在施工现场的危险因素,要有隔离措施,如:高压线路的隔离防护设施等。项目经理和管理人员应经常检查并教育施工人员正确使用安全防护装置并严加保护。

2)保险装置。保险装置是指机械设备在非正常操作和运行中能够自动控制和消除危险的设施设备。也可以说它是保障设施设备和人身安全的装置。如锅炉、压力容器的安全阀,供电设施的触电保安器,各种提升设备的断绳保险器等。

3)信号装置。信号装置是利用人的视、听觉反应原理制造的装置。它是应用信号指示或警告工人该做什么、该躲避什么。信号装置的本身无排除危险的功能,它仅是提示工人注意,遇到不安全状况立即采取有效措施脱离危险区或采取预防措施。因此,它的效果取决于工人的注意力和识别信号的能力。

信号装置可分为颜色信号、音响信号、仪表信号三种。颜色信号,如指挥起重工的红、绿手旗,场内道路上的红、绿、黄灯。音响信号,如塔吊上的电铃,指挥吹的口哨等。指示仪表信号,如压力表、水位表、温度计等。

4)危险警示标志。是警示工人进入施工现场应注意或必须做到的统一措施。通常它以简短的文字或明确的图形符号予以显示。如:禁止烟火! 危险! 有电! 等。各类图形通常配以红、蓝、黄、绿颜色。红色表示危险禁止,蓝色表示指令,黄色表示警告,绿色表示安全。国家发布的安全标志对保持安全生产起到了促进作用,必须按标准予以实施。

(3)机械设备的维修保养和有计划的检修。随着施工机械化的发展,各种先进的大、中、小型机械设备进入工地,但由于建筑施工要经常变换施工地点和条件,机械设备不得不经常拆卸、安装。就机械设备本身而言,各零部件也会产生自然和人为的磨损,如果不及时地发现和处理,就会导致事故发生,轻者影响生产,重者将会机毁人亡,给企业乃至社会造成无法弥补的损失。为了保持设备的良好状态,提高其使用期限和效率,有效地预防事故就必须进行经常性的维修保养。

1)机械设备的维修保养。各种机械设备是根据不同的使用功能设计生产出来的,除了一般的要求外,还具有特殊的要求。即要严格坚持机械设备的维护保养规则,要按照其操作过程进行保护,使用后需及时加油清洗,使其减少磨损,确保正常运转,尽量延长寿命,提高完好率和使用率。

2)计划检修。为了确保机械设备正常运转,对每类机械设备均应建立档案(租赁的设备由设备产权单位建档),以便及时地按每台机械设备的具体情况,进行定期的大、中、小修,在检修中要严格遵守规章制度,遵守安全技术规定,遵守先检查后使用的原则,绝不允许为了赶进度,违章指挥、违章作业、让机械设备“带病”工作。

(4)预防性的机械强度试验和电气绝缘检验。

1)预防性的机械强度试验。施工现场的机械设备,特别是自行设计组装的临时设施和各种材料、构件、部件均应进行机械强度试验。必须在满足设计和使用功能时方可投入正常使用。有些还须定期或不定期地进行试验,如施工用的钢丝绳、钢材、钢筋、机件及自行设计的吊栏架、外挂架子等,在使用前必须做承载试验,这种试验是确保施工安全的有效措施。

(2)电气绝缘检验。电气设备的绝缘是否可靠,不仅关系到电业人员的安全,也关系到整个施工现场财产、人员的设施。由于施工现场多工种联合作业,使用电器设备的工种不断增多,更应重视电气绝缘问题。因此,要保证良好的作业环境,使机电设施、设备正常运转,不断更新老化及被损坏的电气设备和线路是必须采取的预防措施。为及时发现隐患,消除危险源,则要求在施工前、施工中、施工后均应对电气绝缘进行检验。

(5)文明施工。当前开展文明安全施工活动,已纳入各种政府及主管部门对企业考核的重要指标之一。一个工地是否科学组织生产,规范化、标准化管理现场,已成为评价一个企业综合管理素质的主要因素之一。

实践证明,一个施工现场如果做到整体规划有序、平面布置合理、临时设施整洁划一,原材料、构配件堆放整齐,各种防护齐全有效,各种标志醒目、施工生产管理人员遵章守纪,那么这个施工企业一定获得较大的经济效益、社会效益和环境效益。反之,将会造成不良的影响。因此,文明施工也是预防安全事故,提高企业素质的综合手段。

(6)合理使用劳动保护用品。适时地供应劳动保护用品,是在施工生产过程中预防事故、保护工人安全和健康的一种辅助手段。它虽不是主要手段,但在一定的地点、时间条件下确能起到不可估量的作用。不少企业和施工现场曾多次出现有惊无险的事例,也出现了不少不适时发放和不正确使用劳保用品而丧生的例子。因此统一采购,妥善保管,正确使用防护用品也是预防事故、减轻伤害程度不可缺少的措施之一。

(7)强化民主管理,认真执行操作规程,普及安全技术知识教育。随着改革开放,大量农村富余劳动力以各种形式进入了施工现场,从事他们不熟悉的工作,他们十分缺乏建筑施工安全知识。因此,绝大多数事故发生在他们身上,据有关部门统计,一般因工伤亡事故的农民工占80%以上,有的企业100%出现在他们身上,如果能从招工审查、技术培训、施工管理、行政生活上严格加强民主管理,将事故减少50%以上,则许多生命将被挽救。因此这是当前以及将来预防事故的一个重要方面。

随着国家法制建设的不断加强,建筑企业施工的法律、规程、标准已经大量出台。只要认真地贯彻安全技术操作规程,并不断补充完善其实施细则,建筑业落实“安全第一,预防为主”的方针就会实现,大量的伤亡事故就会减少和杜绝。

根据对事故原因的分析,制定防止类似事故再次发生的预防措施,在防范措施中,应把改善劳动生产条件、作业环境和提高安全技术措施水平放在首位,力求从根本上消除危险因素。

此外,还应做到“三不放过”原则。

“三不放过”是指在调查处理工伤事故时,必须坚持事故原因分析不清不放过,事故责任者和群众没有受到教育不放过,没有采取切实可行的防范措施不放过的原则。

“三不放过”第一个含义是要求调查处理事故时,首先要把事故原因分析清楚,找出真正的事故原因,并搞清各因素之间的因果关系才算达到事故原因分析的目的。

第二个含义是要求调查处理事故时,不仅要查明事故原因,还必须要使事故责任者和职工群众了解事故的原因及造成的危害,从事故中吸取教训,以更好重视安全生产。

第三个含义是要求必须针对事故发生的原因,提出防止相同或类似事故发生的切实可行的预防措施,并督促企业认真实施。只有这样,才能达到事故调查处理的目的。

七、事故案例原因分析及预防措施

1. 高处坠落事故分析

(1)事故起因及概况。1996年8月11日,某单位在承接的原国家经贸委二期工程施工中,外檐装修采用的是可分段式整体提升脚手架。由于该脚手架设计获有专利权，且使用情况特殊，升降难度较大，故将其脚手架的全部安装升降作业，以工程分包的形式交给了该脚手架的设计单位进行。当日，在进行降架作业时，突然两个机位的承重螺栓断裂，造成连续5个机位上的10条承重螺栓相继被剪切，楼南侧51m长的架体与支撑架脱离，自44.3m高度坠落至地面，致使在架体上和地面上作业的20名工人，除一人从架体上跳入室内幸免外，其余19人中有8人死亡，11人受伤。在此事故处理中，对3名直接责任者追究了刑事责任，判处有期徒刑3～4年，对另外涉及到的5名有关责任人分别给予了撤职、记过等行政处分。

(2)事故分析。事故原因分析主要有以下几点：

1)承重螺栓安装不合理，造成螺栓实际承受的载荷远远超过材料能够承受的载荷；脚手架整体超重，实际载荷是原设计载荷的2.7倍，这是事故发生的直接原因。

2)施工管理混乱，规章制度不落实，在事故调查中，发现该设计施工方案与现场实际情况不符；盲目和擅自变更施工方案；发现事故隐患不及时整改；提升机承力架未与工程结构固定；施工队伍管理松弛是造成事故发生的主要原因。

3)可分段式整体提升脚手架这一专项技术本身存在重大缺陷。该脚手架没有完整的防下坠安全装置；架体承重螺栓强度的安全裕度不足，也是造成事故的一个重要因素。

综合多年高处坠落案例，其原因统计排列图见图6-4。

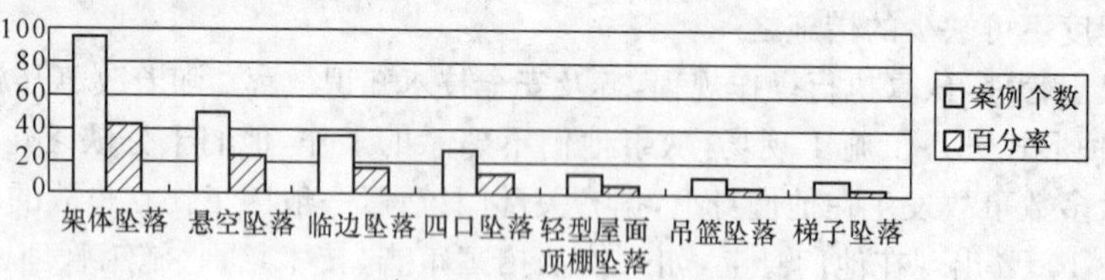

图6-4　高处坠落事故点分布排列图

(3)事故预防措施。

1)预防架体上坠落的措施。

①各种类型的脚手架必须由架子工进行搭设及拆除，架子工高处作业必须系挂安全带。

②脚手架的搭设和拆除必须认真把好9道关口，见表6-2。

表6-2　"9道关口"内容

名称	内容
安全交底关	搭设和拆除脚手架之前，工长必须向架子工进行详细安全技术交底，明确架子类型、用途及搭拆标准和安全作业要求
材质检查关	严格按照规范规定的质量和规格选择架材
搭设尺寸关	严格按照规范规定的间距尺寸搭设脚手架的立杆、大横杆、小横杆、剪刀撑等
铺板关	脚手架作业层脚手板必须铺满、铺稳，离开墙面120～150mm；板与板之间不得有空隙和探头板、飞跳板；脚手板搭接长度不得小于200mm，脚手板对接时应架设双排小横杆，间距不大于300mm；在架子转弯处的脚手扳应交叉搭接，脚手板应用木块垫平并要钉牢，不得用砖垫板；上料斜道的铺设宽度不得小于1.5m，坡度不得大于1∶3，防滑条的间距不得大于30cm，并要经常清除架板上的杂物、冰雪，保持清洁、平整、畅通
护栏关	脚手架外侧、斜道(跑道)两侧、卸料台周边设1m高的防护栏杆和挡脚板，或者设防护栏杆，立挂安全网，下口封严

（续）

名　称	内　容
连接关	脚手架自身连接牢固和脚手架与构筑物连接牢固程度，直接关系到架子的稳定性，必须达到架子不摇晃；脚手架两端、转角处以及每隔 6～7 根立杆应设一组剪刀撑，自下而上循序连续设置到顶，每组剪刀撑纵向长度 9m 为宜；最下面的撑与地面的角度不得大于 60°，与立杆的连接点离地面不得大于 30cm，剪刀撑杆的接长，应用搭接方法，搭接长度不小于 40cm，用两只转向扣件锁紧，禁止用对接扣件；脚手架两端、转角处以及每隔 6～7 根立杆应设支杆，支杆与地面角度不得大于 60°，支杆底端要埋入地下不小于 30cm，架子高度在 7m 以上或无法设支杆时，每高 4m，水平每隔 7m，脚手架必须同建筑物连接牢固，拆除脚手架时从上至下随拆架同时拆除连接点
承重关	脚手架的均布荷载，不得超过 270kg/m^2 时，在脚手架中堆砖，只允许堆放单行侧摆三层，用于装修工程的脚手架均布荷载不得超过 200kg/m^2，如必须超载，应按施工方案采取加固措施，以保证安全
上下关	搭设各类脚手架，均必须为施工人员上下架子搭设斜道（跑道）或阶梯，严禁施工人员从架子爬上爬下
保险关	吊篮架子和桥式架子是一种工具式脚手架，设计、制造、安装质量直接关系到能否保证安全使用，因此必须对吊篮架子和桥式架子的设计图纸、制造工艺及安装质量进行严格的检查、试验。使用期间，必须经常检查吊篮的防护措施、挑梁、手扳葫芦、倒链、吊索、钢丝绳，发现问题立即解决，严禁工人在有隐患的吊篮内作业。除此之外，在使用中一定要装好、用好吊篮安全保险绳，每次放绳不得超过 1m 长并卡牢所有卡子，吊篮上的吊钩必须设保险措施，防止吊索脱钩，升降吊篮的手扳葫芦，最好采用带保险装置的手扳葫芦。在使用期间，要对桥式架立柱与构筑物的联结、升降倒链、钢丝绳吊索、联结卡具等进行经常性检查，发现隐患立即解决，严禁使用有隐患的桥式架

2）预防悬空坠落的措施。

①从事悬空作业人员，每年要定期进行一次身体检查。凡患有高血压、心脏病、低血压、贫血、癫痫病、神经衰弱及四肢有残缺的人员，饮酒以后及年龄不满 18 周岁人员，均不得从事悬空作业。

②6 级以上的大风及雷暴雨天，禁止在露天进行悬空作业。

③夜间施工，照明光线不足，不得从事悬空作业。

④悬空作业人员，必须佩戴符合国家标准并具有检验合格证的安全帽，系牢帽带，以保护头部。

⑤凡从事 2m 以上悬空作业人员，必须佩带符合国家标准并有检验机关检验合格证的安全带。每次使用安全带之前，必须对安全带进行详细检查，确无损坏，方准使用。上下高处时，应把安全带的系绳盘绕在身上，防止碰挂。悬空作业前必须把安全带的系绳挂在牢固的结构物、吊环或安全拉绳上，且应认真复查，严防发生虚挂、脱钩等现象。

⑥使用安全带系绳长度需要 3m 以上时，应购买加有缓冲器装置的专用安全带。

⑦使用安全带应高挂低用，减少坠落时的冲击高度。

⑧安全带使用两年后，应按批量购入情况抽验一次。悬空安全带以 80kg 重量做自由坠落试验，若不破断，该批安全带可继续使用。对抽试过的样品，必须更换悬挂的安全系绳后才能继续使用。

⑨安全带的使用期为 3～5 年，使用期中如发现异常现象，应提前报废。

⑩悬空作业上方，凡无处挂安全带时，工长或施工负责人应为工人专设挂安全带的安全拉绳、安全栏杆等。如：施工厂房的行车梁上部、吊装屋架的上部均系悬空，工人行走或作业，安全带无处挂，因此，必须在其上方设置安全拉绳或栏杆，以保证工人行走和作业时的安全。

3)预防临边坠落的防护措施。

①外脚手架防护措施。在高层建筑施工中，往往采用双排外脚手架，操作层满铺脚手板，操作面外侧设两道护身栏杆和一道挡脚板或设一道护身栏杆、立挂安全网。下口封严，防护高度应为1.2m。

②外护架防护措施。外护架，是根据构筑物楼层，每一层楼搭设一层保护层，平铺、立设脚手板，护架外侧设立网密封。这种外护架在工程上主体时不作为操作架，主要是防止施工楼面作业人员从周边向外侧坠落。当装饰工程开始时，可在两步架板之间，再搭一步架板，供外装修工人操作使用。

③插口架防护措施。有些高层建筑，采用外挂内浇或现浇钢筋混凝土剪力墙的施工方法。为了保护施工层临边作业人员的安全，起到结构施工的立体防护作用，并作为施工人员在高层外围的人行通道，采用了工具式插口架。即把事先预制好的插口架，用起重机械吊起插入作业层下一层的窗口处，在墙内用木方垫好、钢管扣件卡牢，并用钢丝绳将插口架与室内地面临时拉结牢固，插口架别杠应用10cm×10cm的木方，别杠每端应长于所别实墙20cm，插口架子上端的钢管应用双扣件锁牢。由于插口架保护高度超过一个楼层，防止施工层周边作业人员向外侧坠落效果比较好。

④外挂架防护措施。利用外挂架临边防护并提供临边作业面时，外挂架必须用有防脱钩装置的穿墙螺栓，里侧加垫板并用双螺母紧固。

⑤楼面斜挑架防护措施。有的混凝土框架高层建筑，由于起重设备不足，不便安装楼面护架，就利用施工楼层钢模板支撑，在构筑物施工楼面周边，搭设斜挑梁，垂直高度与施工楼层高度相同，挑杆上搭设大横杆，斜向满拉安全网。

⑥附着升降脚手架防护措施。在高层、超高层建筑工程结构中常使用由不同形式的架体、附着支撑结构、升降设备和升降方式组成的附着升降脚手架。该脚手架必须按照《建筑施工附着升降脚手架管理暂行规定》进行设计、加工制作，其构造和防倾覆、防坠落装置必须符合规范要求，其安全防护措施必须满足如下几点：

a. 架体外侧必须用密目安全网围档；密目安全网必须可靠固定在架体上。

b. 架体底层的脚手板必须铺设严密，且应用平网及密目安全网兜底。应设置架体升降时底层脚手板可折起的翻板构造，保持架体底层脚手板与建筑物表面在升降和正常使用中的间隙，防止物料坠落。

c. 在每一作业层架体外侧必须设置上、下两道防护栏杆（上杆高度1.2m，下杆高度0.6m）和挡脚板（高度180mm）。

d. 单片式和中间断开的整体式附着升降脚手架，在使用工况下，其断开处必须封闭并加设栏杆；在升降工况下，架体开口处必须有可靠的防止人员及物料坠落的措施。

在安装、使用和拆卸过程中，必须符合规定。

⑦临边作业防护措施。

a. 阳台栏板应随层安装。不能随层安装的，必须设两道防护栏杆或立挂安全网封闭。

b. 建筑物楼层临边四周无维护结构时，必须设两道防护栏杆或立挂安全网加一道防护栏杆。

c. 井字架、龙门架每层卸料平台应有防护门，两侧应绑两道护身栏杆，并设挡脚板。

4)"四口"防护措施。

①楼梯口的防护。楼梯踏步及休息平台处,要设两道牢固防护栏杆或用立挂安全网做防护。回转式楼梯间应支设首层水平安全网,每隔四层设一道水平安全网。

②电梯井口的防护。电梯井口必须设高度不低于1.2m的金属防护门。电梯井内首层和首层以上每隔四层设一道水平安全网,安全网应封闭严密。未经上级主管技术部门批准,电梯井内不得做垂直运输通道和垃圾通道。

③预留洞口的防护。1.5m×1.5m以下的孔洞,预埋通长钢筋网或加固定盖板。1.5m×1.5m以上的孔洞,四周设两道护身栏杆,中间支挂水平安全网。

④通道口的防护。建筑物的出入口搭设长3～6m,宽于出入通道两侧各1m的防护棚,棚顶应满铺不小于5cm厚的脚手板,非出入口和通道两侧必须封严。

5)使用梯子的防护措施。

①坠落事故普遍发生在1～5m之间,造成死亡事故主要是坠落时伤害了人的要害部位——头部。因此,必须克服作业点不高,必须坚持上梯作业前,把安全帽戴好,帽带系牢,万一架上人员向下坠落时,帽子不会滑落,可以保护坠落者的头部。

②各种梯子的制作,必须分别按国标《移动式木折梯安全要求》(GB 7059—2007)、《便携式金属梯安全要求》(GB 12142—2007)中的技术要求进行选材、制作和试验检查,防止因梯子不符合安全要求,使用时折断、造成坠落伤亡事故。

③凡是购买的梯子,必须严格按国标的技术要求,进行检查验收,不符合国标要求的,不准发给工人使用。

④梯子长度不应超过5m,宽度不应小于30cm,踏板间距为27.5～30cm,最下一个踏板与两梯梁底端的距离均为27.5cm。

⑤每部木直梯两端踏板的下面和木折梯底端踏板下面,必须用直径不小于5mm的钢杆加固,其螺母与梯梁接触面应加金属垫圈,所有梯子的梯踏板面应采用通用的合成橡胶(丁苯橡胶)制作防滑措施。

⑥各种梯子在使用前,使用者必须对梯子的梯梁、踏板、钢拉杆螺母、梯角防滑措施等进行认真检查,凡有损坏、松动等,必须进行加固后方准使用。

⑦各种梯子使用的工作角度为(75±5)°,角度太大容易倾倒,角度太小容易滑落。

⑧每部梯子上,只允许一个人在梯上作业,不准两人同时在一个梯子上操作。

⑨不准用梯子搭设临时操作架,也不准在脚手架上搭设小模杆代替爬梯。

⑩上折梯前,必须固定梯子工作角度。

⑪凡在梯上进行用力较大的操作,作业前应将梯子上端绑扎在构筑物上。在通道处使用梯子,应设专人在地面扶梯监护。

⑫在梯上作业人员应配带工具袋,上下梯前,应将工具装入工具袋内,双手抓住梯梁进行攀登,以防失手坠落。

2. 触电伤亡事故分析

(1)事故起因概况。××年10月3日,某公司汽车队在某路口清运工程废料作业中,违反起重吊装作业安全规程,在未达到吊装的安全距离时,盲目进行吊装作业,致使汽车吊大臂触及上方10kV高压线,造成2名配合吊装作业的工人被电流击倒。经抢救,1人死亡,1人受伤。在此事故处理中,对严重违反安全操作规程的责任人员,给予了行政处理。

(2)事故分析。

1)吊车司机与信号指挥人员在吊装作业中,违反安全操作规程,在未满足吊装作业安全距离的前提下，贸然进行作业，加之吊装上方树叶遮挡，视线不清，判断失误是造成事故发生的直接原因。

2)指挥人员思想麻痹，安全意识不强，对危险作业的行为不但没有予以制止，反而草率地发出指挥信号进行吊装作业，最终造成事故的发生。

根据统计，触电事故点排列图见图6-5。

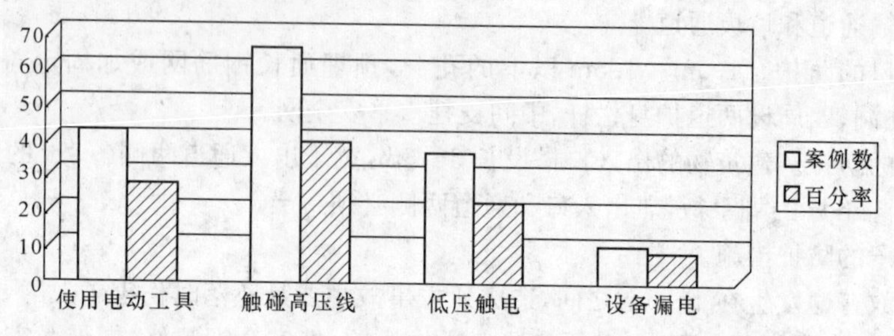

图6-5　触电事故点排列图

(3)事故预防措施。

1)预防手持式电动工具触电措施。

①根据工作场所的危险程度选用相应类别的手持式电动工具，并按规范要求，严格采取防触电措施。

②建筑施工现场内一般场所应采用Ⅱ类手持式电动工具，并应配置额定漏电动作电流不大于15mA、额定漏电动作时间小于0.1s的漏电保护器；若采用Ⅰ类工具，除上述措施外，工具本身还须做保护接零。

③在露天、潮湿场所或金属构架上(如轻钢龙骨顶棚)操作时，必须选用Ⅱ类手持式电动工具，并配置防漏电保护器；额定漏电动作电流和时间要求同前。

④在高度危险场所(如金属容器内，狭窄的地沟内等)，宜选用Ⅲ类手持式电动工具，由低压隔离变压器供电；若选用Ⅱ类工具，必须按前述要求配置漏电保护器。变压器和漏电保护器设在工作场所外，工作时应有人监护。

⑤手持式电动工具使用前，应对电源线、开关、外壳进行检查，不得有绝缘开裂破损现象，接头要牢固，开关要灵活。通电后要做空载检查，运转正常后方可正式作业。

⑥工具所用的电源插头、插座必须完好无损，内部接线不能松动，严禁不用插头接入电源，防止零线断线。

⑦插头、插座必须匹配，以保证插头插入时松紧适度，与插座接触紧密，不允许将两极插头插入四极插座接通电源。

⑧手持式电动工具的电源线必须符合《手持式电动工具的管理、使用、检查和维修安全技术规程》(GB/T 3787—2006)，不得任意接长或更换，其中的绿/黄双色线在任何情况下都只能作保护接零线。

⑨工具的电源插座安装要牢固，以便取拔插头时不致被带动。为了防止插头损坏、接头松动，不要在拔插头时扯电源线。转移工作场所时，电源线应整理收齐，不能在地上拖拉。

⑩工具配电必须采用“一机一闸一漏电”，禁止一闸多用。闸刀的漏电保护器应设在有门有盖的电箱内。

⑪检修应由专人进行。在检修时，应先将电源插头取下，断电后再进行作业。检修结束，工

具原有的绝缘件不得拆除和漏装。

⑫工具存入库房后，由保管人员进行日常检查，专职人员进行定期检查，检查的项目和内容按《手持式电动工具的管理、使用、检查和维修安全技术规程》(GB/T 3787—2006)规定执行。

2)防止高压触电的措施。

①防止人员触及电力线路的措施。

a. 对外侧有电力线路的建筑工程，在施工前应按规范要求进行现场勘察，电力线路与建筑物外侧的水平距离不得小于表6-3规定，否则应采取隔离防护措施。

表6-3 电力线路与建筑物水平安全距离表

电力线路电压/kV	1以下	1～10	35～110	154～220	330～500
最小安全操作距离/m	4	6	8	10	15

b. 隔离防护措施可以是隔离棚架、屏障、遮栏、围栏或保护网，并应悬挂醒目的警告标志牌。

c. 隔离防护架的结构要求，可参照相应的脚手架搭设规定执行。所用材料必须是竹、木等绝缘材料，绑扎材料也须采用竹篾、棕绳等绝缘物，防护架应采用竹笆片等材料密封。

d. 防护架搭设应牢固，与建筑物拉结，其高度和宽度应能保证保护整个操作面。工程竣工，最后拆除防护架。

e. 不能按前述要求进行防护时，必须与有关部门协商，采取停电、迁移线路或变更工程地址等措施，否则不得施工。

f. 在高压线路和设备上进行检修工作，必须完成停电、验电、放电、悬挂接地线和装设遮栏标志牌等措施。

g. 高压线路和设备检修工作，其停送电必须严格执行工作票制度，工作终结后恢复送电制度；不得采用传口信、打手势、灯光联络等方法停送电，这样容易发生误送电错误。

h. 严禁在高压线下搭设建筑物或堆放材料。

②防止吊车触及高压线的措施。

a. 施工现场机动车道与外电线路交叉时的垂直距离不得小于表6-4规定，机动车辆在高压线下方通过时，应有防止车上设备、材料意外触及或接近高压线的措施。

表6-4 车道与高压线路交叉时垂直距离表

外电线路电压/kV	1以下	1～10	35
最小垂直距离/m	6	7	7

b. 塔吊、汽车吊等进行吊运作业时，其臂杆、吊物、钢丝绳等与1kV高压线的最小安全距离不得小于2m。

c. 必须在高压线下吊运作业，应设置牢固的隔离防护措施或改变作业方式，否则不能施工。

d. 当吊车已发生高压触电事故时，应立即停止吊车动作，作业人员撤离事故点，并通知有关部门立即采取停电措施。

e. 当发生高压线断线落地后，非检修人员在室内要远离断落地点4m以外，在室外要远离断落地点8m以外，以防跨步电压危害。

3)预防低压线路和设施的触电措施。

①预防线路触电措施。

a. 建筑施工现场内，建筑物外侧距1kV以下线路的最小水平安全距离不小于4m，距道路垂直距离不小于6m,应采取防护隔离措施。

b. 线路架设,必须用绝缘子固定在电杆上,严禁利用脚手架、树干和其他构架作支持点,电缆线路可沿围墙敷设,高度不低于7.5m。

c. 线路所用导线不得有绝缘破裂和老化现象。每一架空线路,在一个挡距内不得有两个接头;同一挡距内接头数,不应超过导线数的50%。

d. 施工用临时线路穿墙过洞,应加绝缘导管保护,线路导线或电缆不能随地拖拉,以防意外事故发生。断线后应及时修复,不能徒手拾起线头。

e. 室内线路采用绝缘导线敷设,应设绝缘物固定,高度不低于2.5m;采用电缆敷设,高度不低于1.8m。线路绑扎固定不得采用金属裸线。

f. 施工现场供电线路,必须采用工作零线和保护零线分设的方式架设。

g. 线路检修应严格遵守停送电制度和停电检修制度,在电源断开点应悬挂醒目的警告标志牌。

②预防配电设施触电措施。

a. 配电箱内熔断器、开关等电器应完好无损,开关灵活,接触紧密。

b. 箱内各电器绝缘外壳,不能因高温而变色、裂纹、缺损,且无带电体外露,必须设有专用工作和保护接零端子。

c. 箱内接线,必须排列整齐,不得有松动;各电源支路应有标志铭牌,以便保证在紧急情况下,准确切断电源。

③照明线路及灯具防触电措施。

a. 非电工人员不得私自乱接、乱拉灯头线路,在灯头损坏时,应通知电工及时更换。

b. 在地下室等危险场所施工,应使用安全电压照明,普通照明灯具不能代替工作行灯使用。

c. 金属照明灯具外壳应作保护接零,室内灯具高度不低于2.5m,室外不低于3m。

d. 现场内施工和生活照明均应设漏电保护器。

e. 螺旋灯头中心舌片应接相线,照明灯开关应控制相线。开关不能设在床头,搬把开关不能与插座装在同一处,以防失误触电。

④预防电动设备触电事故。

a. 电工要熟悉所管辖范围内的用电设备及其配电设备的电气性能,坚持巡回检查制度,发现隐患及时处理。

b. 进入设备的电源线应穿管保护;管口密封,防止油污或水滴入管内。严禁任何带电线路通过设备;应注意导线绝缘损坏时设备漏电。

c. 设备的一、二次回路各接线头应接牢固,不得有散股、松动;对有振动的设备,其接线端子要配备弹簧垫圈。

d. 当设备需带电进行试车或检修时,必须由持证电工担任,并严格执行带电作业安全制度,采取有效的安全保护措施。移动设备,必须断电。

e. 对设备的一、二次回路各种绝缘套管、垫片、接线盒盖等附件,如有损坏遗失,应立即更换配齐,出现电气故障,应及时维修,严禁带病运转。

f. 设备的过载、短路、漏电等电器保护装置必须齐全有效灵敏。在运行中,不能随意调整保护装置的额定值,保护装置动作后,应查明原因,排出故障,不得将保护装置短路,强行运行。

g. 设备的保护接零(地)要连接牢固,引线截面要符合要求,不得采用2.5mm^2以下单芯铝线,接线端头应用螺帽,配以弹簧垫圈;当设备安装漏电保护器时,保护接零(地)必须保留。

h. 设备的保护接零由专用保护接零线提供,不得将设备的工作零线代替保护零线,更不允许利用设备本身代替工作零线。

八、工伤保险条例

《工伤保险条例》经2003年4月16日国务院第5次常务会议讨论通过，自2004年1月1日起施行。

1. 原则

(1)为了保障因工作遭受事故伤害或者患职业病的职工获得医疗救治和经济补偿，促进工伤预防和职业康复，分散用人单位的工伤风险，制订本条例。

(2)中华人民共和国境内的各类企业、有雇工的个体工商户(以下称用人单位)应当依照本条例规定参加工伤保险，为本单位全部职工或者雇工(以下称职工)缴纳工伤保险费。

中华人民共和国境内的各类企业的职工和个体工商户的雇工，均有依照条例的规定享受工伤保险待遇的权利。

有雇工的个体工商户参加工伤保险的具体步骤和实施办法，由省、自治区、直辖市人民政府规定。

(3)工伤保险费的征缴按照《社会保险费征缴暂行条例》关于基本养老保险费、基本医疗保险费、失业保险费的征缴规定执行。

(4)用人单位应当将参加工伤保险的有关情况在本单位内公示。

用人单位和职工应当遵守有关安全生产和职业病防治的法律法规，执行安全卫生规程和标准，预防工伤事故发生，避免和减少职业病危害。

职工发生工伤时，用人单位应当采取措施使工伤职工得到及时救治。

(5)国务院劳动保障行政部门负责全国的工伤保险工作。县级以上地方各级人民政府劳动保障行政部门负责本行政区域内的工伤保险工作。

劳动保障行政部门按照国务院有关规定设立的社会保险经办机构(以下称经办机构)具体承办工伤保险事务。

(6)劳动保障行政部门等部门制订工伤保险的政策、标准，应当征求工会组织、用人单位代表的意见。

2. 工伤保险基金

(1)工伤保险基金由用人单位缴纳的工伤保险费、工伤保险基金的利息和依法纳入工伤保险基金的其他资金构成。

(2)工伤保险费根据以支定收、收支平衡的原则，确定费率。国家根据不同行业的工伤风险程度确定行业的差别费率，并根据工伤保险费使用、工伤发生率等情况在每个行业内确定若干费率档次。行业差别费率及行业内费率档次由国务院劳动保障行政部门会同国务院财政部门、卫生行政部门、安全生产监督管理部门制订，报国务院批准后公布施行。

统筹地区经办机构根据用人单位工伤保险费使用、工伤发生率等情况，适用所属行业内相应的费率档次确定单位缴费费率。

(3)国务院劳动保障行政部门应当定期了解全国各统筹地区工伤保险基金收支情况，及时会同国务院财政部门、卫生行政部门、安全生产监督管理部门提出调整行业差别费率及行业内费率档次的方案，报国务院批准后公布施行。

(4)用人单位应当按时缴纳工伤保险费。职工个人不缴纳工伤保险费。用人单位缴纳工伤保险费的数额为本单位职工工资总额乘以单位缴费费率之积。

(5)工伤保险基金在直辖市和设区的市实行全市统筹,其他地区的统筹层次由省、自治区人民政府确定。跨地区、生产流动性较大的行业,可以采取相对集中的方式异地参加统筹地区的工伤保险。具体办法由国务院劳动保障行政部门会同有关行业的主管部门制订。

(6)工伤保险基金存入社会保障基金财政专户,用于本条例规定的工伤保险待遇、劳动能力鉴定以及法律、法规规定的用于工伤保险的其他费用的支付。任何单位或者个人不得将工伤保险基金用于投资运营、兴建或者改建办公场所、发放奖金,或者挪作其他用途。

(7)工伤保险基金应当留有一定比例的储备金,用于统筹地区重大事故的工伤保险待遇支付;储备金不足支付的,由统筹地区的人民政府垫付。储备金占基金总额的具体比例和储备金的使用办法,由省、自治区、直辖市人民政府规定。

3. 工伤认定

(1)职工有下列情形之一的,应当认定为工伤:

1)在工作时间和工作场所内,因工作原因受到事故伤害的;

2)工作时间前后在工作场所内,从事与工作有关的预备性或者收尾性工作受到事故伤害的;

3)在工作时间和工作场所内,因履行工作职责受到暴力等意外伤害的;

4)患职业病的;

5)因工外出期间,由于工作原因受到伤害或者发生事故下落不明的;

6)在上、下班途中,受到机动车事故伤害的;

7)法律、行政法规规定应当认定为工伤的其他情形。

(2)职工有下列情形之一的,视同工伤:

1)在工作时间和工作岗位,突发疾病死亡或者在48h之内经抢救无效死亡的;

2)在抢险救灾等维护国家利益、公共利益活动中受到伤害的;

3)职工原在军队服役,因战、因公负伤致残,已取得革命伤残军人证,到用人单位后旧伤复发的。

职工有前款第1)项、第2)项情形的,按照条例的有关规定享受工伤保险待遇。

职工有前款第3)项情形的,按照本条例的有关规定享受除一次性伤残补助金以外的工伤保险待遇。

(3)职工有下列情形之一的,不得认定为工伤或者视同工伤:

1)因犯罪或者违反治安管理伤亡的;

2)醉酒导致伤亡的;

3)自残或者自杀的。

(4)职工发生事故伤害或者按照职业病防治法规定被诊断、鉴定为职业病,所在单位应当自事故伤害发生之日或者被诊断、鉴定为职业病之日起30日内,向统筹地区劳动保障行政部门提出工伤认定申请。遇有特殊情况,经报劳动保障行政部门同意,申请时限可以适当延长。

用人单位未按前款规定提出工伤认定申请的,工伤职工或者其直系亲属、工会组织在事故伤害发生之日或者被诊断、鉴定为职业病之日起1年内,可以直接向用人单位所在地统筹地区劳动保障行政部门提出工伤认定申请。

按照本条第一款规定应当由省级劳动保障行政部门进行工伤认定的事项,根据属地原则由用人单位所在地的设区的市级劳动保障行政部门办理。

用人单位未在本条第一款规定的时限内提交工伤认定申请,在此期间发生符合本条例规定的工伤待遇等有关费用由该用人单位负担。

(5)提出工伤认定申请应当提交下列材料:

1)工伤认定申请表;

2)与用人单位存在劳动关系(包括事实劳动关系)的证明材料；

3)医疗诊断证明或者职业病诊断证明书、职业病诊断鉴定书。

工伤认定申请表应当包括事故发生的时间、地点、原因以及职工伤害程度等基本情况。

工伤认定申请人提供材料不完整的，劳动保障行政部门应当一次性书面告知工伤认定申请人需要补正的全部材料。申请人按照书面告知要求补正材料后，劳动保障行政部门应当受理。

(6)劳动保障行政部门受理工伤认定申请后，根据审核需要可以对事故伤害进行调查核实，用人单位、职工、工会组织、医疗机构以及有关部门应当予以协助。职业病诊断和诊断争议的鉴定，依照职业病防治法的有关规定执行。对依法取得职业病诊断证明书或者职业病诊断鉴定书的，劳动保障行政部门不再进行调查核实。

职工或者其直系亲属认为是工伤，用人单位不认为是工伤的，由用人单位承担举证责任。

(7)劳动保障行政部门应当自受理工伤认定申请之日起 60d 内作出工伤认定的决定，并书面通知申请工伤认定的职工或者其直系亲属和该职工所在单位。

劳动保障行政部门工作人员与工伤认定申请人有利害关系的，应当回避。

4. 劳动能力鉴定

(1)职工发生工伤，经治疗伤情相对稳定后存在残疾、影响劳动能力的，应当进行劳动能力鉴定。

(2)劳动能力鉴定是指劳动功能障碍程度和生活自理障碍程度的等级鉴定。

劳动功能障碍分为 10 个伤残等级，最重的为一级，最轻的为十级。

生活自理障碍分为 3 个等级：即生活完全不能自理、生活大部分不能自理和生活部分不能自理。

劳动能力鉴定标准由国务院劳动保障行政部门会同国务院卫生行政部门等部门制订。

(3)劳动能力鉴定由用人单位、工伤职工或者其直系亲属向设区的市级劳动能力鉴定委员会提出申请，并提供工伤认定决定和职工工伤医疗的有关资料。

(4)省、自治区、直辖市劳动能力鉴定委员会和设区的市级劳动能力鉴定委员会分别由省、自治区、直辖市和设区的市级劳动保障行政部门、人事行政部门、卫生行政部门、工会组织、经办机构代表以及用人单位代表组成。

劳动能力鉴定委员会建立医疗卫生专家库。列入专家库的医疗卫生专业技术人员应当具备下列条件：

1)具有医疗卫生高级专业技术职务任职资格；

2)掌握劳动能力鉴定的相关知识；

3)具有良好的职业品德。

(5)设区的市级劳动能力鉴定委员会收到劳动能力鉴定申请后，应当从其建立的医疗卫生专家库中随机抽取 3 名或者 5 名相关专家组成专家组，由专家组提出鉴定意见。设区的市级劳动能力鉴定委员会根据专家组的鉴定意见作出工伤职工劳动能力鉴定结论；必要时，可以委托具备资格的医疗机构协助进行有关的诊断。

设区的市级劳动能力鉴定委员会应当自收到劳动能力鉴定申请之日起 60d 内作出劳动能力鉴定结论，必要时，作出劳动能力鉴定结论的期限可以延长 30d。劳动能力鉴定结论应当及时送达申请鉴定的单位和个人。

(6)申请鉴定的单位或者个人对设区的市级劳动能力鉴定委员会作出的鉴定结论不服的，可以在收到该鉴定结论之日起 15d 内向省、自治区、直辖市劳动能力鉴定委员会提出再次鉴定申请。省、自治区、直辖市劳动能力鉴定委员会作出的劳动能力鉴定结论为最终结论。

(7)劳动能力鉴定工作应当客观、公正。劳动能力鉴定委员会组成人员或者参加鉴定的专家与当事人有利害关系的，应当回避。

(8)自劳动能力鉴定结论作出之日起1年后,工伤职工或者其直系亲属、所在单位或者经办机构认为伤残情况发生变化的,可以申请劳动能力复查鉴定。

5. 工伤保险待遇

(1)职工因工作遭受事故伤害或者患职业病进行治疗,享受工伤医疗待遇。

职工治疗工伤应当在签订服务协议的医疗机构就医,情况紧急时可以先到就近的医疗机构急救。

治疗工伤所需费用符合工伤保险诊疗项目目录、工伤保险药品目录、工伤保险住院服务标准的,从工伤保险基金支付。工伤保险诊疗项目目录、工伤保险药品目录、工伤保险住院服务标准,由国务院劳动保障行政部门会同国务院卫生行政部门、药品监督管理部门等部门规定。

职工住院治疗工伤的,由所在单位按照本单位因公出差伙食补助标准的70%发给住院伙食补助费;经医疗机构出具证明,报经办机构同意,工伤职工到统筹地区以外就医的,所需交通、食宿费用由所在单位按照本单位职工因公出差标准报销。

工伤职工治疗非工伤引发的疾病,不享受工伤医疗待遇,按照基本医疗保险办法处理。

工伤职工到签订服务协议的医疗机构进行康复性治疗的费用,符合本条第三款规定的,从工伤保险基金支付。

(2)工伤职工因日常生活或者就业需要,经劳动能力鉴定委员会确认,可以安装假肢、矫形器、义眼、假牙和配置轮椅等辅助器具,所需费用按照国家规定的标准从工伤保险基金支付。

(3)职工因工作遭受事故伤害或者患职业病需要暂停工作接受工伤医疗的,在停工留薪期内,原工资福利待遇不变,由所在单位按月支付。

停工留薪期一般不超过12个月。伤情严重或者情况特殊,经设区的市级劳动能力鉴定委员会确认,可以适当延长,但延长不得超过12个月。工伤职工评定伤残等级后,停发原待遇,按照本章的有关规定享受伤残待遇。工伤职工在停工留薪期满后仍需治疗的,继续享受工伤医疗待遇。

生活不能自理的工伤职工在停工留薪期需要护理的,由所在单位负责。

(4)工伤职工已经评定伤残等级并经劳动能力鉴定委员会确认需要生活护理的,从工伤保险基金按月支付生活护理费。

生活护理费按照生活完全不能自理、生活大部分不能自理或者生活部分不能自理3个不同等级支付,其标准分别为统筹地区上年度职工月平均工资的50%、40%或30%。

(5)职工因工致残被鉴定为一级至四级伤残的,保留劳动关系,退出工作岗位,享受以下待遇。

1)从工伤保险基金按伤残等级支付一次性伤残补助金,标准为:一级伤残为24个月的本人工资,二级伤残为22个月的本人工资,三级伤残为20个月的本人工资,四级伤残为18个月的本人工资。

2)从工伤保险基金按月支付伤残津贴,标准为:一级伤残为本人工资的90%,二级伤残为本人工资的85%,三级伤残为本人工资的80%,四级伤残为本人工资的75%。伤残津贴实际金额低于当地最低工资标准的,由工伤保险基金补足差额。

3)工伤职工达到退休年龄并办理退休手续后,停发伤残津贴,享受基本养老保险待遇。基本养老保险待遇低于伤残津贴的,由工伤保险基金补足差额。

职工因工致残被鉴定为一级至四级伤残的,由用人单位和职工个人以伤残津贴为基数,缴纳基本医疗保险费。

(6)职工因工致残被鉴定为五级、六级伤残的,享受以下待遇。

1)从工伤保险基金按伤残等级支付一次性伤残补助金,标准为:五级伤残为16个月的本人工资,六级伤残为14个月的本人工资。

2)保留与用人单位的劳动关系,由用人单位安排适当工作。难以安排工作的,由用人单位按月发给伤残津贴，标准为：五级伤残为本人工资的70%，六级伤残为本人工资的60%，并由用人单位按照规定为其缴纳应缴纳的各项社会保险费。伤残津贴实际金额低于当地最低工资标准的，由用人单位补足差额。

经工伤职工本人提出，该职工可以与用人单位解除或者终止劳动关系，由用人单位支付一次性工伤医疗补助金和伤残就业补助金。具体标准由省、自治区、直辖市人民政府规定。

(7)职工因工致残被鉴定为七级至十级伤残的，享受以下待遇。

1)从工伤保险基金按伤残等级支付一次性伤残补助金，标准为：七级伤残为12个月的本人工资，八级伤残为10个月的本人工资，九级伤残为8个月的本人工资，十级伤残为6个月的本人工资。

2)劳动合同期满终止，或者职工本人提出解除劳动合同的，由用人单位支付一次性工伤医疗补助金和伤残就业补助金。具体标准由省、自治区、直辖市人民政府规定。

(8)工伤职工工伤复发，确认需要治疗的，享受条例第(1)条、第(2)条和第(3)条规定的工伤待遇。

(9)职工因工死亡，其直系亲属按照下列规定从工伤保险基金领取丧葬补助金、供养亲属抚恤金和一次性工亡补助金。

1)丧葬补助金为6个月的统筹地区上年度职工月平均工资。

2)供养亲属抚恤金按照职工本人工资的一定比例发给由因工死亡职工生前提供主要生活来源、无劳动能力的亲属。标准为：配偶每月40%，其他亲属每人每月30%，孤寡老人或者孤儿每人每月在上述标准的基础上增加10%。核定的各供养亲属的抚恤金之和不应高于因工死亡职工生前的工资。供养亲属的具体范围由国务院劳动保障行政部门规定。

3)一次性工亡补助金标准为48个月至60个月的统筹地区上年度职工月平均工资。具体标准由统筹地区的人民政府根据当地经济、社会发展状况规定，报省、自治区、直辖市人民政府备案。

伤残职工在停工留薪期内因工伤导致死亡的，其直系亲属享受本条第一款规定的待遇。

一级至四级伤残职工在停工留薪期满后死亡的，其直系亲属可以享受本条第一款第1)项、第2)项规定的待遇。

(10)伤残津贴、供养亲属抚恤金、生活护理费由统筹地区劳动保障行政部门根据职工平均工资和生活费用变化等情况适时调整。调整办法由省、自治区、直辖市人民政府规定。

(11)职工因工外出期间发生事故或者在抢险救灾中下落不明的，从事故发生当月起3个月内照发工资，从第4个月起停发工资，由工伤保险基金向其供养亲属按月支付供养亲属抚恤金。生活有困难的，可以预支一次性工亡补助金的50%。职工被人民法院宣告死亡的，按照条例职工因工死亡的规定处理。

(12)工伤职工有下列情形之一的，停止享受工伤保险待遇：

1)丧失享受待遇条件的；

2)拒不接受劳动能力鉴定的；

3)拒绝治疗的；

4)被判刑正在收监执行的。

(13)用人单位分立、合并、转让的，承继单位应当承担原用人单位的工伤保险责任；原用人单位已经参加工伤保险的，承继单位应当到当地经办机构办理工伤保险变更登记。

用人单位实行承包经营的，工伤保险责任由职工劳动关系所在单位承担。

职工被借调期间受到工伤事故伤害的，由原用人单位承担工伤保险责任，但原用人单位与借调单位可以约定补偿办法。

企业破产的，在破产清算时优先拨付依法应由单位支付的工伤保险待遇费用。

(14)职工被派遣出境工作,依据前往国家或者地区的法律应当参加当地工伤保险的,参加当地工伤保险,其国内工伤保险关系中止;不能参加当地工伤保险的,其国内工伤保险关系不中止。

(15)职工再次发生工伤,根据规定应当享受伤残津贴的,按照新认定的伤残等级享受伤残津贴待遇。

6. 监督管理

(1)经办机构具体承办工伤保险事务,履行下列职责:

1)根据省、自治区、直辖市人民政府规定,征收工伤保险费;

2)核查用人单位的工资总额和职工人数,办理工伤保险登记,并负责保存用人单位缴费和职工享受工伤保险待遇情况的记录;

3)进行工伤保险的调查、统计;

4)按照规定管理工伤保险基金的支出;

5)按照规定核定工伤保险待遇;

6)为工伤职工或者其直系亲属免费提供咨询服务。

(2)经办机构与医疗机构、辅助器具配置机构在平等协商的基础上签订服务协议,并公布签订服务协议的医疗机构、辅助器具配置机构的名单。具体办法由国务院劳动保障行政部门分别会同国务院卫生行政部门、民政部门等部门制订。

(3)经办机构按照协议和国家有关目录、标准对工伤职工医疗费用、康复费用、辅助器具费用的使用情况进行核查,并按时足额结算费用。

(4)经办机构应当定期公布工伤保险基金的收支情况,及时向劳动保障行政部门提出调整费率的建议。

(5)劳动保障行政部门、经办机构应当定期听取工伤职工、医疗机构、辅助器具配置机构以及社会各界对改进工伤保险工作的意见。

(6)劳动保障行政部门依法对工伤保险费的征缴和工伤保险基金的支付情况进行监督检查。财政部门和审计机关依法对工伤保险基金的收支、管理情况进行监督。

(7)任何组织和个人对有关工伤保险的违法行为,有权举报。劳动保障行政部门对举报应当及时调查,按照规定处理,并为举报人保密。

(8)工会组织依法维护工伤职工的合法权益,对用人单位的工伤保险工作实行监督。

(9)职工与用人单位发生工伤待遇方面的争议,按照处理劳动争议的有关规定处理。

(10)有下列情形之一的,有关单位和个人可以依法申请行政复议;对复议决定不服的,可以依法提起行政诉讼:

1)申请工伤认定的职工或者其直系亲属、该职工所在单位对工伤认定结论不服的;

2)用人单位对经办机构确定的单位缴费费率不服的;

3)签订服务协议的医疗机构、辅助器具配置机构认为经办机构未履行有关协议或者规定的;

4)工伤职工或者其直系亲属对经办机构核定的工伤保险待遇有异议的。

7. 法律责任

(1)单位或者个人违反本条例规定挪用工伤保险基金,构成犯罪的,依法追究刑事责任;尚不构成犯罪的,依法给予行政处分或者纪律处分。被挪用的基金由劳动保障行政部门追回,并入工伤保险基金;没收的违法所得依法上缴国库。

(2)劳动保障行政部门工作人员有下列情形之一的,依法给予行政处分;情节严重,构成犯罪的,依法追究刑事责任:

1)无正当理由不受理工伤认定申请,或者弄虚作假将不符合工伤条件的人员认定为工伤职工的;

2)未妥善保管申请工伤认定的证据材料,致使有关证据灭失的;

3)收受当事人财物的。

(3)经办机构有下列行为之一的,由劳动保障行政部门责令改正,对直接负责的主管人员和其他责任人员依法给予纪律处分;情节严重,构成犯罪的,依法追究刑事责任;造成当事人经济损失的,由经办机构依法承担赔偿责任。

1)未按规定保存用人单位缴费和职工享受工伤保险待遇情况记录的;

2)不按规定核定工伤保险待遇的;

3)收受当事人财物的。

(4)医疗机构、辅助器具配置机构不按服务协议提供服务的,经办机构可以解除服务协议。

经办机构不按时足额结算费用的,由劳动保障行政部门责令改正;医疗机构、辅助器具配置机构可以解除服务协议。

(5)用人单位瞒报工资总额或者职工人数的,由劳动保障行政部门责令改正,并处瞒报工资数额1倍以上3倍以下的罚款。

用人单位、工伤职工或者其直系亲属骗取工伤保险待遇,医疗机构、辅助器具配置机构骗取工伤保险基金支出的,由劳动保障行政部门责令退还,并处骗取金额1倍以上3倍以下的罚款;情节严重,构成犯罪的,依法追究刑事责任。

(6)从事劳动能力鉴定的组织或者个人有下列情形之一的,由劳动保障行政部门责令改正,并处2000元以上1万元以下的罚款;情节严重,构成犯罪的,依法追究刑事责任。

1)提供虚假鉴定意见的;

2)提供虚假诊断证明的;

3)收受当事人财物的。

(7)用人单位依照本条例规定应当参加工伤保险而未参加的,由劳动保障行政部门责令改正;未参加工伤保险期间用人单位职工发生工伤的,由该用人单位按照本条例规定的工伤保险待遇项目和标准支付费用。

8. 附则

(1)条例所称职工,是指与用人单位存在劳动关系(包括事实劳动关系)的各种用工形式、各种用工期限的劳动者。

条例所称工资总额,是指用人单位直接支付给本单位全部职工的劳动报酬总额。

条例所称本人工资,是指工伤职工因工作遭受事故伤害或者患职业病前12个月平均月缴费工资。本人工资高于统筹地区职工平均工资300%的,按照统筹地区职工平均工资的300%计算;本人工资低于统筹地区职工平均工资60%的,按照统筹地区职工平均工资的60%计算。

(2)国家机关和依照或者参照国家公务员制度进行人事管理的事业单位、社会团体的工作人员因工作遭受事故伤害或者患职业病的,由所在单位支付费用。具体办法由国务院劳动保障行政部门会同国务院人事行政部门、财政部门规定。

其他事业单位、社会团体以及各类民办非企业单位的工伤保险等办法,由国务院劳动保障行政部门会同国务院人事行政部门、民政部门、财政部门等部门参照本条例另行规定,报国务院批准后施行。

(3)无营业执照或者未经依法登记、备案的单位以及被依法吊销营业执照或者撤销登记、备案的单位的职工受到事故伤害或者患职业病的,由该单位向伤残职工或者死亡职工的直系亲属给予一次性赔偿,赔偿标准不得低于本条例规定的工伤保险待遇;用人单位不得使用童工,用人单位使用童工造成童工伤残、死亡的，由该单位向童工或者童工的直系亲属给予一次性赔偿，赔偿标准不得低于本条例规定的工伤保险待遇。具体办法由国务院劳动保障行政部门规定。

前款规定的伤残职工或者死亡职工的直系亲属就赔偿数额与单位发生争议的，以及前款规定的童工或者童工的直系亲属就赔偿数额与单位发生争议的，按照处理劳动争议的有关规定处理。

第二节 伤亡事故资料

一、工伤事故登记表

工伤事故登记表的格式参见 6-5。

表 6-5 **工伤事故登记表**

工程名称：________________ 事故部位：________________

事故日期：________________ ___年_月_日_时_分

事故类别：________________ 气象情况：________________

伤害人姓名	伤害程度（死、重、伤）	工种及级别	性别	年龄	本工种工龄	受过何种教育	歇工总日期	经济损失		备注
								直接	间接	

事故经过原因：

预防事故重复发生的措施：

落实措施负责人：

项目负责人： 安全负责人： 填表人：

年 月 日

注：事故经过和原因如填写不下可另附纸。

二、职工伤亡事故综合年(月)报表

职工伤亡事故综合年(月)报表的格式参见6-6。

表 6-6　　职工伤亡事故综合年(月)报表

1. 本月全民所有制企业职工死亡事故____件,重伤事故____件,轻伤事故____件,歇工总日数____天。

2. 本月集体所有制企业职工死亡事故____件,重伤事故____件,轻伤事故____件,歇工总日数____天。

3. 企业职工死亡、重伤、轻伤事故情况。

部门 伤亡数字(人) 事故类别	合计			全民所有制施工企业																				
	死亡	重伤	轻伤	死亡	重伤	轻伤	死亡	重伤	轻伤	死亡	重伤	轻伤	死亡	重伤	轻伤	死亡	重伤	轻伤	死亡	重伤	轻伤	死亡	重伤	轻伤
自年初累计																								
本月合计																								
物体打击																								
车辆伤害																								
机械伤害																								
起重伤害																								
触　电																								
淹　溺																								
灼　烫																								
火　灾																								
高处坠落																								
坍　塌																								
冒顶片帮																								
透　水																								
放　炮																								
瓦斯爆炸																								
火药爆炸																								
锅炉爆炸																								
容器爆炸																								
其他爆炸																								
中毒和窒息																								
其　他																								

4. 估计财务损失____元,本月财务损失____元。

5. 企业职工以外人员:(一)民工:死亡____人,重伤____人。(二)生产实习人员,参加生产劳动的学生及其他人员,死亡____人,重伤____人。

6. 本月份平均职工人数。

7. 本月份负伤频率____‰。上月份负伤频率____‰。

8. 负伤者在本月份内歇工总日数。

填表人:　　　　　　　　　　　　　　　　　　____年____月____日

三、因工伤亡事故应急预案(范本)

为保护企业从业人员在生产经营活动中的身体健康和生命安全，保证在企业内部出现生产安全事故时，能够及时进行应急救援，最大限度降低生产安全事故给企业和企业从业人员所造成的损失，特制定本《生产安全应急预案》。

1. 成立公司应急救援领导委员会

公司应急救援领导委员会负责组织应急救援工作。具体成员名单如下：

(1)主任：总经理；

(2)副主任：主管经理、工会主席；

(3)成员：由相关部门负责人组成。

2. 领导委员会的职责和成员分工

(1)指挥领导小组的职责：

1)组织指挥救援队伍实施救援活动，向上级汇报事故情况(在必要时向有关单位发出救援请求)。

2)组织事故调查，总结应急救援工作经验教训。

3)日常工作：

①负责对本单位"预案"的制订、修订。

②监督所属单位组建应急救援队伍并组织进行应急救援演习。

③对下属单位的应急预案制定和落实情况，以及配备的应急救援器材和设施的维修、保养情况进行日常监督检查。

④检查督促做好重大事故的预防措施和应急救援的各项准备工作。

⑤建立健全应急救援档案。

(2)指挥领导小组成员的分工。

1)主任：组织主持全面的应急救援工作。

2)副主任：协助总指挥负责应急救援的具体指挥工作。

3)工会：对应急救援工程进行监督和提供法律依据。

4)办公室：负责应急救援过程中的通讯联络工作和信息的正确传递。

5)办公室：提供应急的医疗救助、负责日常的现场救护知识培训和职业病防治工作。

6)材料：提供应急救援器材、设施和调动应急救援所必需的水、电等特殊工种人员。

7)机械：提供交通运输工具和保证人员、物资、器材、设施及时调动。

8)安全：协助做好事故报警、情况通报及事故紧急应急处置工作。

9)保卫：负责灭火、警戒、治安、疏散、保证交通顺畅及现场保护工作。

10)生产：负责事故处理时生产系统工作和具体的应急救援抢救工作。

3. 生产安全事故应急救援程序

生产安全事故应急救援报告程序：生产安全事故现场第一发现人→现场值班室→兼职应急救援人员→项目部(分公司)应急救援组织→公司生产安全应急救援组织→集团公司生产安全应急救援组织→市级生产安全事故应急救援体系有关部门。

生产安全事故应急救援程序：生产安全事故→保护事故现场→控制事态→组织抢救→疏导人员→调查了解事故简况及伤亡人员情况→向公司应急救援组织报告→按照事故情况组成事故调查组→集团公司安全监管部。

一旦发生因工伤亡事故，应立即停止事故现场周边的作业，同时启动应急预案。首先要根据事故类别采取救助行动，迅速将伤者脱离危险区，对伤员进行救护，并安排人对现场进行拍照，在政府人员到来前做好现场保护工作。

因工伤亡事故调查资料目录（在政府主管部门到达前由基层单位提供）：

(1)事故简单经过。

(2)事故单位的营业证照及复印件。

(3)有关经营承包经济合同。

(4)安全生产管理制度。

(5)技术标准、安全操作规程、安全技术交底（和事故有关的）。

(6)安全培训材料及安全培训教育记录（和事故人有关的）。

(7)《施工企业安全资格审查认可证》、《安全施工许可证》（总、分包单位）。

(8)伤亡人员证件（包括特种作业证及身份证）。

(9)劳务用工注册手续。

(10)事故调查的初步情况（包括伤亡人员的自然情况、事故的初步原因分析等）。

(11)事故现场示意图、事故现场图片（数码图片）。

(12)案件调查人员要求提供的与事故有关的其他资料。

4. 信号规定

救援信号主要使用电话报警联络：

(1)公司值班电话；

(2)匪警：110；

(3)急救：120 或 999；

(4)火警：119；

(5)交通报警：122。

各项目部、分公司负责健全包括有当地劳动安全管理部门、消防、环保等相关政府部门及公司领导、相关科室、管理人员的通讯联络方式，并与消防、环保相关政府部门保持经常联系，以获取安全、环境方面的咨询。

事故发生后，发现人应立即报警（内部：上报上级单位说明出事时间、地点、伤亡人员情况、简单处理措施、初步事故原因、事故类型等；外部：报告出事时间、地点、单位、事故类型、电话及报告人姓名、单位、地址、电话。）

5. 有关规定和要求

为能在事故发生后，迅速正确、有条不紊地处理事故，尽可能减少事故造成的损失，各单位平时必须做好应急响应工作。具体措施有：

(1)生产安全事故应急救援人员的具体分工和职责。

(2)生产作业场所和员工宿舍区救援车辆行走和紧急情况下人员疏散路线，现场易燃、易爆物品存放处，设置的消防设施等位置。现场平面布置图上应用相应的安全色标明显标示，并在日常工作中保障畅通。

(3)受伤抢救方案。在进入现场时就根据周边情况确定 2～3 个最快捷的医院，并明确相关路线。由行政人事科培训的现场急救员进行现场紧急救护，对于触电事故必须先切断电源，然后采取救护措施。对于高空坠落、物体打击、机械伤害等，只能由医护人员采取救护。

(4)现场易燃易爆物品的储存和转移场所，以及转移过程中的安全保证措施。

(5)事故发生后各级人员的联系方式、联系人员和联系电话，值班室要明示本单位应急救援组织通讯联系的人员和电话。

(6)按照任务做好物资器材准备。如必要的通讯、报警、消防、抢修等器材及交通工具，并做好保管，定期检查。

(7)定期组织救援训练和学习。各项目部(分公司)每年组织消防、抢险队伍进行应急的技能培训，并针对每种紧急状态进行演练，使相关人员能够清楚自己的职责，掌握相关技能，做好相应记录。

(8)附件：主要部门通讯联络表、部门名称、地址、电话、联系人。

1. 伤亡事故的定义是什么？伤亡事故如何分类？
2. 伤亡事故的处理措施有哪些？
3. 简述事故责任分析及结案处理。
4. 事故的预测和预防措施有哪些？

第七章　施工现场卫生与文明施工

第一节　施工现场环境管理

一、环境管理体系

1. 环境管理体系相关术语

环境管理体系相关术语见表 7-1。

表 7-1　　环境管理体系相关术语

类　别	含　　义
环境	组织运行活动的外部存在，包括空气、水、土地、自然资源、植物、动物、人，以及它们之间的相关关系
环境因素	一个组织的活动、产品或服务中能与环境发生相互作用的要素
环境影响	全部或部分由组织的活动、产品或服务给环境造成的任何有害或有益的变化
环境目标	组织依据其环境方针规定自己所要实现的总体环境目的，如可行应予以量化
环境表现（行为）	组织基于其环境方针、目标和指标，对它的环境因素进行控制所取得的可测量的环境管理体系结果
环境方针	组织对其全部环境表现（行为）的意图与原则的声明，它为组织的行为及环境目标和指标的建立提供了一个框架
环境指标	直接来自环境目标，或为实现环境目标所需规定并满足的具体的环境表现（行为）要求，它们可适用于组织或其局部，如可行应予量化
环境管理体系	整个管理体系的一个组成部分，包括为制定、实施、实现、评审和保持环境方针所需的组织的结构、计划活动、职责、惯例、程序、过程和资源
环境管理体系审核	客观地获得审核证据并予以评价，以判断组织的环境管理体系是否符合规定的环境管理体系审核标准准则的一个以文件支持的系统化验证过程，包括将这一过程的结果呈报管理者
持续改进	强化环境管理体系的过程，目的是根据组织的环境方针，实现对整体环境表现（行为）的改进
相关方	关注组织的环境表现（行为）或受其环境表现（行为）影响的个人或团体
组织	具有自身职能和行政管理的公司、集团公司、商行、企事业单位、政府机构或社团，或是上述单位的部分结合体，无论其是否法人团体、公营或私营
污染预防	旨在避免、减少或控制污染而对各种过程、惯例、材料或产品的采用，可包括再循环、处理、过程更改、控制机制、资源的有效利用和材料替代等

2. 环境管理体系的内容

(1)环境管理的法律和其他要求、环境方针与环境因素见图 7-1。

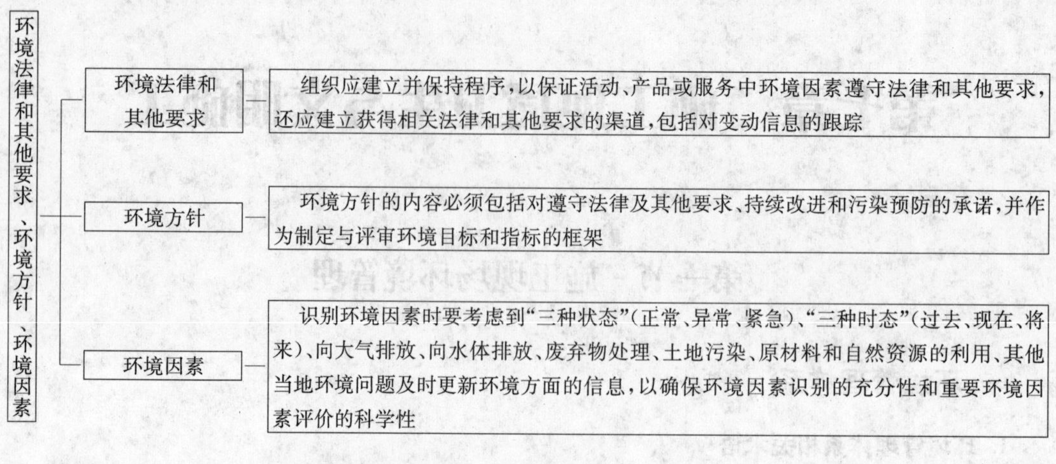

图 7-1 环境法律和其他要求、环境方针、环境因素

(2)环境管理的目标、方案、组织结构和职责见图 7-2。

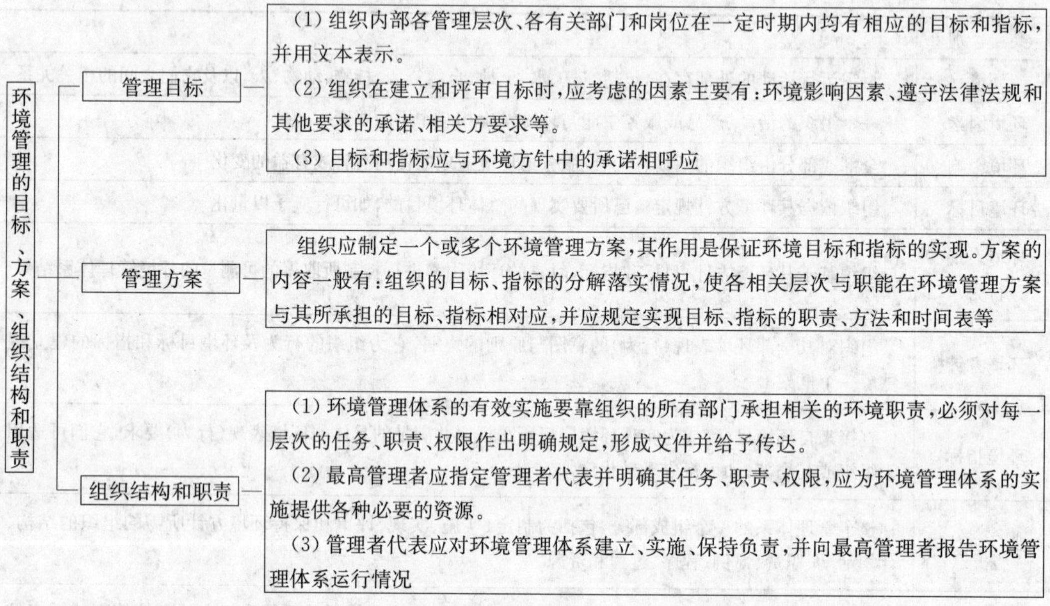

图 7-2 环境管理的目标、管理方案、组织结构和职责

(3)环境管理培训、信息交流、环境管理体系文件与运行控制见表 7-2。

表 7-2　　环境管理培训、信息交流、环境管理体系文件与运行控制

项　目	内　容
培训、意识和能力	组织应明确培训要求和需要特殊培训的工作岗位和人员，建立培训程序，明确培训应达到的效果，并对可能产生重大影响的工作，要有必要的教育、培训、工作经验、能力方面的要求，以保证他们能胜任所负担的工作
信息交流	组织应建立对内、对外双向信息交流的程序，其功能是：能在组织的各层次和职能间交流有关环境因素和管理体系的信息，以及外部相关方信息的接收、成文、答复，特别注意涉及重要环境因素的外部信息的处理并记录其决定

（续）

项 目	内 容
环境管理体系文件	环境管理体系文件应充分描述环境管理体系的核心要素及其相互作用，应给出查询相关文件的途径，明确查找的方法，使相关人员易于获取有效版本
文件控制	(1)组织应建立并保持有效的控制程序，保证所有文件的实施，注明日期(包括发布和修订日期)、字迹清楚、标志明确，妥善保管并在规定期间予以保留等要求；还应及时从发放和使用场所收回失效文件，防止误用，建立并保持有关制定和修改各类文件的程序。 (2)环境管理体系重在运行和对环境因素的有效控制，应避免文件过于繁琐，以利于建立良好的控制系统
运行控制	(1)对于组织的方针、目标和指标及重要环境因素有关的运行和活动，应确保它们在程序的控制下运行；当某些活动有关标准在第三层文件中已有具体规定的，程序可予以引用。 (2)对缺乏程序指导可能偏离方针、目标、指标的运行应建立运行控制程序，但并不要求所有的活动过程都建立相应的运行控制程序。 (3)应识别组织使用的产品或服务中的重要环境因素，并建立和保持相应的文件程序，将有关程序与要求通报供方和承包方，以促使他们提供的产品或服务符合组织的要求

(4)环境管理应急准备、监测及纠正与预防措施。

1)环境管理应急准备。

①组织应建立并保持一套程序，使之能有效确定潜在的事故或紧急情况，并在其发生前予以预防，减少可能伴随的环境影响；一旦紧急情况发生时作出响应，尽可能地减少由此造成的环境影响。

②组织应考虑可能会有的潜在事故和紧急情况，采取预防和纠正的措施应针对潜在的和发生的原因，必要时特别是在事故或紧急情况发生后，应对程序予以评审和修订，确保其切实可行。

③可行时，定期按程序有关规定定期进行实验或演练。

2)监测和测量。

①监测的内容通常包括：组织的环境绩效(如组织采取污染预防措施收到的效果，节省资源和能源的效果，对重大环境因素控制的结果等)、有关的运行控制(对运行加以控制，监测其执行程序及其运行结果是否偏离目标和指标)，以及目标、指标和环境管理方案的实现程度，为组织评价环境管理体系的有效性提供充分的客观依据。

②对监测活动，在程序中应明确规定：如何进行例行监测，如何使用、维护、保管监测设备，如何记录和保管记录，如何参照标准进行评价，什么时候向谁报告监测结果和发现的问题等。

③组织应建立评价程序，定期检查有关法律法规的持续遵循情况，以判断环境方针有关承诺的符合性。

3)纠正与预防措施。

①组织应建立并保持文件程序，用来规定有关的职责和权限，对不符合进行处理与调查的情况，采取措施减少由此产生的影响，并采取纠正与预防措施予以完成。

②对于旨在消除已存在和潜在不符合所采取纠正或预防措施，应分析原因并与该问题的严重性和伴随的环境影响相适应。

③对于纠正与预防措施所引起对程序文件的任何更改，组织均应遵守实施并予以记录。

(5)环境管理记录、环境管理体系的审核及管理评审见表7-3。

表 7-3　　环境管理记录、环境管理体系的审核及管理评审

项　目	内　　容
记录	(1)组织应建立对记录进行管理的程序,明确对环境管理的标识、保存、处置的要求。 (2)程序应规定记录的内容。 (3)对记录本身的质量要求是字迹清楚、标识清楚、可追溯
环境管理体系审核	(1)组织应制定、保持定期开展环境管理体系内部审核的程序、方案。 (2)审核程序和方案,目的是判定其是否满足符合性(即环境管理体系是否符合对环境管理工作的预定安排和规范要求)和有效性(即环境管理体系是否得到正确的实施和保持),向管理者报告管理结果。 (3)对审核方案的编制依据和内容要求,应立足于所涉及活动的环境的重要性和以前审核的结果。 (4)审核的具体内容,应规定审核的范围、频次、方法,对审核组的要求、审核报告的要求等
管理评审	(1)组织应按规定的时间间隔进行,评审过程要记录,结果要形成文件。 (2)评审的对象是环境管理体系,目的是保证环境管理体系的持续适用性、充分性、有效性。 (3)评审前要收集充分必要信息,作为评审依据

二、环境管理的工作内容与程序

1. 环境管理工作的内容

项目经理负责现场环境管理工作的总体策划和部署,建立项目环境管理组织机构,制订相应制度和措施,组织培训,使各级人员明确环境保护的意义和责任。

项目经理部的工作应包括以下几个方面。

(1)按照分区划块原则,搞好项目的环境管理,进行定期检查,加强协调,及时解决发现的问题,实施纠正和预防措施,保持现场良好的作业环境、卫生条件和工作秩序,做到污染预防。

(2)对环境因素进行控制,制订应急准备和相应措施,并保证信息通畅,预防可能出现非预期的损害。在出现环境事故时,应消除污染,并应制订相应措施,防止环境二次污染。

(3)应保存有关环境管理的工作记录。

(4)进行现场节能管理,有条件时应规定能源使用指标。

2. 环境管理的程序

企业应根据批准的建设项目环境影响报告,通过对环境因素的识别和评估,确定管理目标及主要指标,并在各个阶段贯彻实施。项目的环境管理应遵循下列程序:

(1)确定项目环境管理目标。

(2)进行项目环境管理策划。

(3)实施项目环境管理策划。

(4)验证并持续改进。

第二节　施工现场环境卫生管理

一、施工区卫生管理

为创造舒适的工作环境,养成良好的文明施工作风,保证职工的身体健康,施工区域和生活

区域应有明确划分，把施工区和生活区分成若干片，分片包干，建立责任区，从道路交通、消防器材、材料堆放到垃圾、厕所、厨房、宿舍、火炉、吸烟等都有专人负责，做到责任落实到人（名单上墙），使文明施工、环境卫生工作保持经常化、制度化。

二、生活区卫生管理

1. 宿舍卫生管理规定

(1)职工宿舍要有卫生管理制度，实行室长负责制，规定一周内每天卫生值日名单并张贴上墙，做到天天有人打扫，保持室内窗明地净，通风良好。

(2)宿舍内各类物品应堆放整齐，不到处乱放，做到整齐美观。

(3)宿舍内保持清洁卫生，清扫出的垃圾倒在指定的垃圾站堆放，并及时清理。

(4)生活废水应有污水池，二楼以上也要有水源及水池，做到卫生区内无污水、无污物，废水不得乱倒乱流。

(5)冬期取暖炉的防煤气中毒设施必须齐全、有效，建立验收合格证制度，经验收合格发证后，方准使用。

(6)未经许可一律禁止使用电炉及其他用电加热器具。

2. 办公室卫生管理规定

(1)办公室的卫生由办公室全体人员轮流值班，负责打扫，排出值班表。

(2)值班人员负责打扫卫生、打水，做好来访记录，整理文具。文具应摆放整齐，做到窗明地净，无蝇、无鼠。

(3)冬期负责取暖炉的看火，落地炉灰及时清扫，炉灰按指定地点堆放，定期清理外运，防止发生火灾。

未经许可一律禁止使用电炉及其他电加热加器具。

3. 食堂卫生管理规定

(1)新建、改建、扩建的集体食堂，在选址和设计时应符合卫生要求，远离有毒有害场所，30m内不得有露天坑式厕所、暴露垃圾堆(站)和粪堆率圈等污染源。

(2)需有与进餐人数相适应的餐厅、制作间和原料库等辅助用房。餐厅和制作间(含库房)建筑面积比例一般应为1∶1.5。其地面和墙裙的建筑材料，要用具有防鼠、防潮和便于洗刷的水泥等。有条件的食堂，制作间灶台及其周围要镶嵌白瓷砖，炉灶应有通风排烟设备。

(3)制作间应分为主食间、副食间、烧火间，有条件的可开设生间、摘菜间、炒菜间、冷荤间、面点间。做到生与熟，原料与成品、半成品，食品与杂物、毒物(严硝酸盐、农药、化肥等)严格分开。冷荤间应具备“五专”(专人、专室、专容器用具、专消毒、专冷藏)。

(4)食品加工机械、用具、炊具、容器应有防蝇、防尘设备。用具、容器和食用苫布(棉被)要有生、熟及反、正面标记，防止食品污染。

(5)采购运输要有专用食品容器及专用车。

(6)食堂应有相应的更衣、消毒、盥洗、采光、照明、通风和防蝇、防尘设备，以及通畅的上下水管道。

(7)餐厅应设有洗碗池、残渣桶和洗手设备。

(8)公用餐具应有专用洗刷、消毒和存放设备。

(9)食堂炊管人员(包括合同工、临时工)必须按有关规定进行健康检查和卫生知识培训并取得健康合格证和培训班。

(10)具有健全的卫生管理制度。单位领导要负责食堂管理工作，并将提高食品卫生质量、预防食物中毒，列入岗位责任制的考核评奖条件中。

(11)集体食堂的经常性食品卫生检查工作，各单位要根据《食品卫生法》有关规定和本地颁发的《饮食行业(集体食堂)食品卫生管理标准和要求》及《建筑工地食堂卫生管理标准和要求》，进行管理检查。

4. 厕所卫生管理规定

(1)施工现场要按规定设置厕所，厕所的方案设置合理；厕所的设置要离食堂 30m 以外，屋顶墙壁要严密，门窗齐全有效，便槽内必须铺设瓷砖。厕所要有专人管理，应有化粪池，严禁将粪便直接排入下水道或河流沟渠中，露天粪池必须加盖。

(2)厕所定期清扫制度：厕所设专人天天冲洗打扫，做到无积垢、垃圾及明显臭味，并应有洗手水源，市区工地厕所要有水冲设施保持厕所清洁卫生。

(3)厕所严防蝇蛆措施：厕所按规定采取冲水或加盖措施，定期打药或撒白灰粉，消灭蝇蛆。

三、环境卫生管理措施

(1)施工现场要天天打扫，保持整洁卫生，场地平整，各类物品堆放整齐，道路平坦畅通，无堆放物、无散落物，做到无积水、无黑臭、无垃圾，有排水措施。生活垃圾与建筑垃圾要分别定点堆放，严禁混放，并应及时清运。

(2)施工现场严禁大小便，发现有随地大小便现象要对责任区负责人进行处罚。施工区、生活区有明确划分，设置标志牌，标牌上注明责任人姓名和管理范围。

(3)卫生区的平面图应按比例绘制，并注明责任区编号和负责人姓名。

(4)施工现场零散材料和垃圾要及时清理，垃圾临时放不得超过 3 天，如违反本条规定要处罚工地负责人。

(5)办公室内做到天天打扫，保持整洁卫生，做到窗明地净，文具摆放整齐，达不到要求的对当天卫生值班员罚款。

(6)职工宿舍铺上、铺下做到整洁有序，室内和宿舍四周保持干净，污水和污物、生活垃圾集中堆放，及时外运，发现不符合此条要求，处罚当天卫生值班员。

(7)冬期办公室和职工宿舍取暖炉，必须有验收手续，合格后方可使用。

(8)楼内清理出的垃圾，要用容器或小推车，以塔吊或提升设备运下，严禁高空抛撒。

(9)施工现场的厕所，做到有顶、门窗齐全并有纱，坚持天天打扫，每周撒白灰或打药一两次，消灭蝇蛆，便坑须加盖。

(10)为了广大职工身体健康，施工现场必须设置保温桶(冬期)和开水(水杯自备)，公用杯子必须采取消毒措施，茶水桶必须有盖并加锁。

(11)施工现场的卫生要定期进行检查，发现问题，限期改正。

四、施工现场环境保护

1. 施工现场环境保护标准与规定

施工环境保护标准与规定如图 7-4 所示。

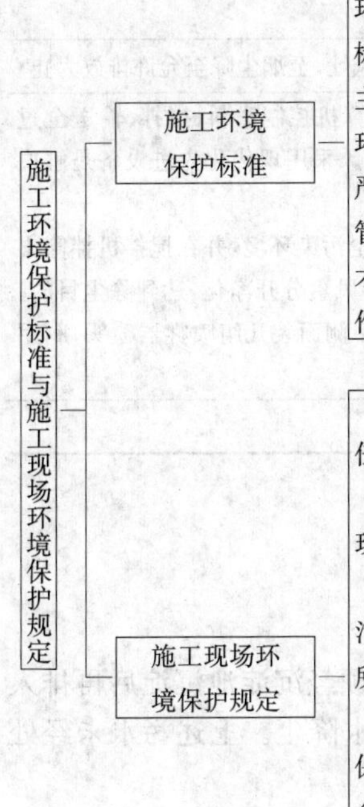

为了保障在一线作业的建筑施工工人的身体健康和生命安全，改善他们的工作生活环境，建设部制定出台了《建筑施工现场环境与卫生标准》，为建筑施工现场环境设置了标尺。该标准已于2005年3月1日开始实施。为了更好地推动标准的贯彻落实，环境保护主管部门首先应对建筑施工企业、监理单位和有关从业人员进行全面的建筑施工现场环境问题防治措施的要求与技术培训；其次应强化建筑施工现场环境监督管理；最后应严格落实标准对建筑工地主要环境卫生问题的防治措施的检查。这样通过环境保护主管部门、卫生部门和建设主管部门共同对《建筑施工现场环境与卫生标准》的贯彻实施，才能够逐步改善建筑工地的环境状况，为建设施工工人创造一个健康、卫生、舒心的工作和生活环境

（1）把环保指标以责任书的形式层层分解到有关单位和个人，列入承包合同和岗位责任制，建立一支懂行善管的环保自我监控体系。

（2）要加强检查，加强对施工现场粉尘、噪声、废气的监测和监控工作。要与文明施工现场管理一起检查、考核、奖罚，及时采取措施消除粉尘、废气和污水的污染。

（3）施工单位要制订有效措施，控制人为噪声、粉尘的污染和采取技术措施控制烟尘、污水、噪声污染。建设单位应该负责协调外部关系，同当地居委会、村委会、办事处、派出所、居民、施工单位、环保部门加强联系。

（4）要有技术措施，严格执行国家的法律、法规。在编制施工组织设计时，必须有环境保护的技术措施。在施工现场平面布置和组织施工过程中，都要执行国家、地区、行业和企业有关防治空气污染、水源污染、噪声污染等环境保护的法律、法规和规章制度。

（5）建筑工程施工由于技术、经济条件限制，对环境的污染不能控制在规定范围内的，建设单位应当同施工单位事先报请当地人民政府建设行政主管部门和环境行政主管部门批准

图 7-4　施工环境保护标准与施工现场环境保护规定

2. 防大气污染措施

防大气污染措施见表 7-4 所示。

表 7-4　　防大气污染措施

项　目	内　　容
垃圾清理	高层建筑物和多层建筑物清理施工垃圾时，要搭设封闭式专用垃圾道，采用容器吊运或将永久性垃圾道随结构安装好以供施工使用，严禁凌空随意抛散
施工现场道路施工材料	施工现场道路采用焦渣、级配砂石、粉煤灰级配砂石、沥青混凝土或水泥混凝土等，有条件的可利用永久性道路，并指定专人定期洒水清扫，形成制度，防止道路扬尘
水泥、白灰、粉煤灰的堆放与运输	袋装水泥、白灰、粉煤灰等易飞扬的细颗散粒材料，应库内存放。室外临时露天存放时，必须下垫上盖，严密遮盖，防止扬尘
车辆带泥砂处理	车辆不带泥沙出现场措施包括：可在大门口铺一段石子，定期过筛清理；做一段水沟冲刷车轮；人工拍土，清扫车轮、车帮；挖土装车不超装；车辆行驶不猛拐，不急刹车，防止撒土；卸土后注意关好车厢门；场区和场外安排人清扫洒水，基本做到不撒土、不扬尘，减少对周围环境污染
现场焚烧规定	除设有符合规定的装置外，禁止在施工现场焚烧油毡、橡胶、塑料、皮革、树叶、枯草、各种包皮等，以及其他会产生有毒、有害烟尘和恶臭气体的物质
机车排烟	机动车都要安装 PCA 阀，对那些尾气排放超标的车辆要安装净化消声器，确保不冒黑烟

（续）

项　目	内　　容
工地烟尘处理	工地茶炉、大灶、锅炉，尽量采用消烟除尘型茶炉、锅炉和消烟节能回风灶，至烟尘降至允许排放为止
工地搅拌站除尘	工地搅拌站除尘是治理的重点。有条件的要修建集中搅拌站，由计算机控制进料、搅拌、输送全过程，在进料仓上方安装除尘器，可使水泥、砂、石中的粉尘降低99%以上。采用现代化先进设备是解决工地粉尘污染的根本途径。 工地采用普通搅拌站，先将搅拌站封闭严密，尽量不使粉尘外泄、扬尘污染环境，并在搅拌机拌筒出料口安装活动胶皮罩，通过高压静电除尘器或旋风滤尘器等除尘装置将风尘分开净化，达到除尘目的。最简单易行的方法是将搅拌站封闭后，在拌筒的出料口上方和地上料斗侧面装几组喷雾器喷头，利用水雾除尘
旧建筑物拆除	拆除旧有建筑物时，应适当洒水，防止扬尘

3. 防水与防止噪声污染措施

(1)防水污染措施。

1)禁止将有毒、有害废弃物作土方回填。

2)施工现场搅拌站废水，现制水磨石的污水、电石(碳化钙)的污水须经沉淀池沉淀后再排入城市污水管道或河流。最好采取措施，将沉淀水回收利用用于工地洒水降尘。上述污水未经处理不得直接排入城市污水管道或河流中去。

3)现场存放油料时，必须对库房地面进行防渗处理，如采用防渗混凝土地面、铺油毡等。使用时，要采取措施，防止油料跑、冒、滴、漏，污染水体。

4)施工现场100人以上的临时食堂，污染排放时可设置简易有效的隔油池，定期掏油和杂物，防止污染。

5)工地临时厕所、化粪池应采取防渗漏措施。中心城市施工现场的临时厕所可采取水冲式厕所、蹲坑上加盖，并有防蝇、灭蝇措施，防止污染水体和环境。

6)化学药品、外加剂等要妥善保管，库内存放，防止污染环境。

(2)防噪声污染措施。

1)严格控制人为噪声，进入施工现场不得高声喊叫、无故甩打模板、乱吹哨，限制高音喇叭的使用，最大限度地减少噪声扰民。

2)凡在人口稠密区进行强噪声作业时，须严格控制作业时间，一般晚10点到次日早6点之间停止强噪声作业。确系特殊情况必须昼夜施工时，尽量采取降低噪声措施，并会同建设单位与当地居委会、村委会或当地居民协调，出安民告示，取得群众谅解。

3)尽量选用低噪声设备和工艺代替高噪声设备与加工工艺，如低噪声振捣器、风机、电动空压机、电锯等。

4)在声源处安装消声器消声，即在通风机、鼓风机、压缩机、燃气轮机、内燃机及各类排气放空装置等进出风管的适当位置设置消声器。常用的消声器有阻性消声器、抗性消声器、阻抗复合消声器、穿微孔板消声器等。具体选用哪种消声器，应根据所需消声量、噪声源频率特性和消声器的声学性能及空气动力特性等因素而定。

5)采取吸声、隔声、隔振和阻尼等声学处理的方法来降低噪声。

五、施工现场安全色标管理

1. 安全色与职业健康安全标志

(1)安全色。安全色是表达信息含义的颜色，用来表示禁止、警告、指令、指示等，其作用在于使人们能迅速发现或分辨职业健康安全标志，提醒人们注意，预防事故发生。

1)红色表示禁止、停止、消防和危险的意思。

2)蓝色表示指令，必须遵守的规定。

3)黄色表示通行、安全和提供信息的意思。

(2)安全标志。职业健康安全标志是指在操作人员容易产生错误，有造成事故危险的场所，为了确保职业健康安全所采取的一种标示。是用以表达特定职业健康安全信息的特殊标示，设置职业健康安全标志的目的，是为了引起人们对不安全因素的注意，预防事故发生。

1)禁止标志，是不准或制止人们的某种行为(图形为黑色，禁止符号与文字底色为红色)。

2)警告标志，是使人们注意可能发生的危险(图形警告符号及字体为黑色，图形底色为黄色)。

3)指令标志，是告诉人们必须遵守的意思(图形为白色，指令标志底色均为蓝色)。

4)提示标志，是向人们提示目标的方向，用于消防提示(消防提示标志的底色为红色，文字、图形为白色)。

2. 施工现场安全色标数量及位置

施工现场安全色标数量及位置见表 7-5。

表 7-5

工程名称：××大厦　　　　××年×月×日

类别		数量	位置	备注
禁止类(红色)	禁止吸烟	8个	材料库房、成品库、油料堆放处、易燃易爆场所、材料场地、木工棚、施工现场、打字复印室	施工现场应有吸烟处，办公室及公共场所不准吸烟
	禁止通行	7个	外架拆除、坑、沟、洞、槽、吊钩下方、危险部位	
	禁止攀登	6个	外用电梯出口、通道口、马道出入口	
	禁止跨越	6个	首层外架四面、栏杆、未验收的外架	
指令类(蓝色)	必须戴安全帽	7个	外用电梯出入口、现场大门口、吊钩下方、危险部位、马道出入口、通道口、上下交叉作业	
指令类(蓝色)	必须系安全带	5个	现场大门口、马道出入口、外用电梯出入口、高处作业场所、特种作业场所	
	必须穿防护服	5个	通道口、马道出入口、外用电梯出入口、电焊作业场所、油漆防水施工场所	
	必须戴防护眼镜	12个	通道口、马道出入口、外用电梯出入、通道出入口、马道出入口、车工操作间、焊工操作场所、抹灰操作场所、机械喷漆场所、修理间、电度车间、钢筋加工场所	
警告类(黄色)	当心弧光	1个	焊工操作场所	
	当心塌方	2个	坑下作业场所、土方开挖	
	机械伤人	6个	机械操作场所、电锯、电钻、电刨、钢筋加工现场、机械修理场所	
提示(绿色)	安全状态通行	5个	安全通道、行人车辆通道、外架施工层防护、人行通道、防护棚	

第三节 文明施工

一、文明施工工作内容

文明施工应包括下列工作：

(1)进行现场文化建设。

(2)规范场容、保持作业环境整洁卫生。

(3)创造有序生产的条件。

(4)减少对居民和环境的不利影响。

项目经理部应对现场人员进行培训教育，提高其文明意识和素质，树立良好的形象，并按照文明施工标准，定期进行评定、考核和总结。

二、文明施工基本要求

(1)工地主要入口要设置简朴规整的大门，门旁必须设立明显的标牌，标明工程名称，施工单位和工程负责人姓名等内容。

(2)建立文明施工责任制，划分区域，明确管理负责人，实行挂牌制，做到现场清洁整齐。

(3)施工现场场地平整，道路坚实畅通，有排水措施，基础、地下管道施工完后要及时回填平整，清除积土。

(4)现场施工临时水电要有专人管理，不得有长流水、长明灯。

(5)施工现场的临时设施，包括生产、办公、生活用房、仓库、料场、临时上下水管道以及照明、动力线路，要严格按施工组织设计确定的施工平面图布置、搭设或埋设整齐。

(6)工人操作地点和周围必须清洁整齐，做到活完脚下清，工完场地清，丢洒在楼梯、楼板上的砂浆混凝土要及时清除，落地灰要回收过筛后使用。

(7)砂浆、混凝土在搅拌、运输、使用过程中，要做到不洒、不漏、不剩，使用地点盛放砂浆、混凝土必须有容器或垫板，如有洒、漏要及时清理。

(8)要有严格的成品保护措施，严禁损坏污染成品，堵塞管道。高层建筑要设置临时便桶，严禁在建筑物内大小便。

(9)建筑物内清除的垃圾渣土，要通过临时搭设的竖井或利用电梯井或采取其他措施稳妥下卸，严禁从门窗口向外抛掷。

(10)施工现场不准乱堆垃圾及余物。应在适当地点设置临时堆放点，并定期外运。清运渣土垃圾及流体物品，要采取遮盖防漏措施，运送途中不得遗撒。

(11)应根据工程性质和所在地区的不同情况，采取必要的围护和遮挡措施，并保持外观整洁。

(12)针对施工现场情况设置宣传标语和黑板报，并适时更换内容，切实起到表扬先进、促进后进的作用。

(13)施工现场严禁居住家属，严禁居民、家属、小孩在施工现场穿行、玩耍。

(14)现场使用的机械设备，要按平面布置规划固定点存放，遵守机械安全规程，经常保持机身及周围环境的清洁，机械的标记、编号明显，安全装置可靠。

(15)清洗机械排出的污水要有排放措施，不得随地流淌。

(16)在用的搅拌机、砂浆机旁必须设有沉淀池，不得将浆水直接排放下水道及河流等处。

(17)塔吊轨道应按规定铺设整齐稳固,塔边要封闭,道渣不外溢,路基内外排水畅通。

(18)施工现场应建立不扰民措施,针对施工特点设置防尘和防噪声设施,夜间施工必须有当地主管部门的批准。

三、施工现场环境与卫生标准

建筑施工现场环境与卫生标准

JGJ 146—2004

1　总　则

1.0.1　为保障作业人员的身体健康和生命安全,改善作业人员的工作环境与生活条件,保护生态环境,防治施工过程对环境造成污染和各类疾病的发生,制定本标准。

1.0.2　本标准适用于新建、扩建、改建的土木工程、建筑工程、线路管道工程、设备安装工程、装修装饰工程及拆除工程。

1.0.3　本标准所指的施工现场包括施工区、办公区和生活区。

1.0.4　建筑施工现场环境与卫生除应执行本标准的规定外,尚应符合国家现行有关强制性标准的规定。

2　一般规定

2.0.1　施工现场的施工区域应与办公、生活区划分清晰,并应采取相应的隔离措施。

2.0.2　施工现场必须采用封闭围挡,高度不得小于1.8m。

2.0.3　施工现场出入口应标有企业名称或企业标识。主要出入口明显处应设置工程概况牌,大门内应有施工现场总平面图和安全生产、消防保卫、环境保护、文明施工等制度牌。

2.0.4　施工现场临时用房应选址合理,并应符合安全、消防要求和国家有关规定。

2.0.5　在工程的施工组织设计中应有防治大气、水土、噪声污染和改善环境卫生的有效措施。

2.0.6　施工企业应采取有效的职业病防护措施,为作业人员提供必备的防护用品,对从事有职业病危害作业的人员应定期进行体检和培训。

2.0.7　施工企业应结合季节特点,做好作业人员的饮食卫生和防暑降温、防寒保暖、防煤气中毒、防疫等工作。

2.0.8　施工现场必须建立环境保护、环境卫生管理和检查制度,并应做好检查记录。

2.0.9　对施工现场作业人员的教育培训、考核应包括环境保护、环境卫生等有关法律、法规的内容。

2.0.10　施工企业应根据法律、法规的规定,制定施工现场的公共卫生突发事件应急预案。

3　环境保护

3.1　防治大气污染

3.1.1　施工现场的主要道路必须进行硬化处理,土方应集中堆放。裸露的场地和集中堆放的土方应采取覆盖、固化或绿化等措施。

3.1.2　拆除建筑物、构筑物时,应采用隔离、洒水等措施,并应在规定期限内将废弃物清理完毕。

3.1.3　施工现场土方作业应采取防止扬尘措施。

3.1.4　从事土方、渣土和施工垃圾运输应采用密闭式运输车辆或采取覆盖措施;施工现场出入口处应采取保证车辆清洁的措施。

3.1.5 施工现场的材料和大模板等存放场地必须平整坚实。水泥和其他易飞扬的细颗粒建筑材料应密闭存放或采取覆盖等措施。

3.1.6 施工现场混凝土搅拌场所应采取封闭、降尘措施。

3.1.7 建筑物内施工垃圾的清运,必须采用相应容器或管道运输,严禁凌空抛掷。

3.1.8 施工现场应设置密闭式垃圾站,施工垃圾、生活垃圾应分类存放,并应及时清运出场。

3.1.9 城区、旅游景点、疗养区、重点文物保护地及人口密集区的施工现场应使用清洁能源。

3.1.10 施工现场的机械设备、车辆的尾气排放应符合国家环保排放标准的要求。

3.1.11 施工现场严禁焚烧各类废弃物。

3.2 防治水土污染

3.2.1 施工现场应设置排水沟及沉淀池,施工污水经沉淀后方可排入市政污水管网或河流。

3.2.2 施工现场存放的油料和化学溶剂等物品应设有专门的库房,地面应做防渗漏处理。废弃的油料和化学溶剂应集中处理,不得随意倾倒。

3.2.3 食堂应设置隔油池,并应及时清理。

3.2.4 厕所的化粪池应做抗渗处理。

3.2.5 食堂、盥洗室、淋浴间的下水管线应设置过滤网,并应与市政污水管线连接,保证排水通畅。

3.3 防治施工噪声污染

3.3.1 施工现场应按照现行国家标准《建筑施工场界噪声限值及其测量方法》(GB 12523~12524)制定降噪措施,并可由施工企业自行对施工现场的噪声值进行监测和记录。

3.3.2 施工现场的强噪声设备宜设置在远离居民区的一侧,并应采取降低噪声措施。

3.3.3 对因生产工艺要求或其他特殊需要,确需在夜间进行超过噪声标准施工的,施工前建设单位应向有关部门提出申请,经批准后方可进行夜间施工。

3.3.4 运输材料的车辆进入施工现场,严禁鸣笛,装卸材料应做到轻拿轻放。

4 环境卫生

4.1 临时设施

4.1.1 施工现场应设置办公室、宿舍、食堂、厕所、淋浴间、开水房、文体活动室、密闭式垃圾站(或容器)及盥洗设施等临时设施。临时设施所用建筑材料应符合环保、消防要求。

4.1.2 办公区和生活区应设密闭式垃圾容器。

4.1.3 办公室内布局应合理,文件资料宜归类存放,并应保持室内清洁卫生。

4.1.4 施工现场应配备常用药及绷带、止血带、颈托、担架等急救器材。

4.1.5 宿舍内应保证有必要的生活空间,室内净高不得小于2.4m,通道宽度不得小于0.9m,每间宿舍居住人员不得超过16人。

4.1.6 施工现场宿舍必须设置可开启式窗户,宿舍内的床铺不得超过2层,严禁使用通铺。

4.1.7 宿舍内应设置生活用品专柜,有条件的宿舍宜设置生活用品储藏室。

4.1.8 宿舍内应设置垃圾桶,宿舍外宜设置鞋柜或鞋架,生活区内应提供为作业人员晾晒衣物的场地。

4.1.9 食堂应设置在远离厕所、垃圾站、有毒有害场所等污染源的地方。

4.1.10 食堂应设置独立的制作间、储藏间，门扇下方应设不低于0.2m的防鼠挡板。制作间灶台及其周边应贴瓷砖，所贴瓷砖高度不宜小于1.5m，地面应做硬化和防滑处理。粮食存放台距墙和地面应大于0.2m。

4.1.11 食堂应配备必要的排风设施和冷藏设施。

4.1.12 食堂的燃气罐应单独设置存放间，存放间应通风良好并严禁存放其他物品。

4.1.13 食堂制作间的炊具宜存放在封闭的橱柜内，刀、盆、案板等炊具应生熟分开。食品应有遮盖，遮盖物品应有正反面标识。各种佐料和副食应存放在密闭器皿内，并应有标识。

4.1.14 食堂外应设置密闭式泔水桶，并应及时清运。

4.1.15 施工现场应设置水冲式或移动式厕所，厕所地面应硬化，门窗应齐全。蹲位之间宜设置隔板，隔板高度不宜低于0.9m。

4.1.16 厕所大小应根据作业人员的数量设置。高层建筑施工超过8层以后，每隔4层宜设置临时厕所。厕所应设专人负责清扫、消毒，化粪池应及时清掏。

4.1.17 淋浴间内应设置满足需要的淋浴喷头，可设置储衣柜或挂衣架。

4.1.18 盥洗设施应设置满足作业人员使用的盥洗池，并应使用节水龙头。

4.1.19 生活区应设置开水炉、电热水器或饮用水保温桶；施工区应配备流动保温水桶。

4.1.20 文体活动室应配备电视机、书报、杂志等文体活动设施、用品。

4.2　卫生与防疫

4.2.1 施工现场应设专职或兼职保洁员，负责卫生清扫和保洁。

4.2.2 办公区和生活区应采取灭鼠、蚊、蝇、蟑螂等措施，并应定期投放和喷洒药物。

4.2.3 食堂必须有卫生许可证，炊事人员必须持身体健康证上岗。

4.2.4 炊事人员上岗应穿戴洁净的工作服、工作帽和口罩，并应保持个人卫生。不得穿工作服出食堂，非炊事人员不得随意进入制作间。

4.2.5 食堂的炊具、餐具和公用饮水器具必须清洗消毒。

4.2.6 施工现场应加强食品、原料的进货管理，食堂严禁出售变质食品。

4.2.7 施工现场作业人员发生法定传染病、食物中毒或急性职业中毒时，必须在2小时内向施工现场所在地建设行政主管部门和有关部门报告，并应积极配合调查处理。

4.2.8 现场施工人员患有法定传染病时，应及时进行隔离，并由卫生防疫部门进行处置。

本章思考重点

1. 环境管理体系的内容有哪些？
2. 简述环境管理工作的内容与程序。
3. 简述环境卫生管理措施。
4. 防大气污染具体有哪些措施？
5. 施工现场安全色标管理内容有哪些？
6. 文明施工的基本要求是什么？

第八章　工程资料编制、组卷与归档

第一节　工程资料编制与组卷

一、工程资料的载体

1. 工程资料的载体形式

工程资料的载体有纸质载体和光盘载体两种；而工程档案可采用纸质载体、微缩品载体和光盘载体三种形式。采用纸质载体和光盘载体的工程资料应在过程中形成、收集和整理，包括工程音像资料。

2. 微缩品载体的工程档案

(1)在纸质载体的工程档案经城建档案馆和有关部门验收合格后，应持城建档案馆发给的准可微缩证明书进行微缩，证明书包括案卷目录、验收签章、城建档案馆的档号、胶片代数、质量要求等，并将证书缩拍在胶片“片头”上。

(2)报送微缩制品载体工程竣工档案的种类和数量，一般要求报送三代片，即：

第一代(母片)卷片一套，作长期保存使用；

第二代(拷贝片)卷片一套，作复制工作用；

第三代(拷贝片)卷片或者开窗卡片、封套片、平片，作提供日常利用(阅读或复原)使用。

(3)向城建档案馆移交的微缩卷片、开窗卡片、封套片、平片必须按城建档案馆的要求进行标注。

3. 光盘载体的电子工程档案

(1)纸质载体的工程档案经城建档案馆和有关部门验收合格后，进行电子工程档案的核查，核查无误后，进行电子工程档案的光盘刻制。

(2)电子工程档案的封套、格式必须按城建档案馆的要求进行标注。

二、工程资料的质量要求

工程资料的质量要求如下：

(1)工程资料须真实反映工程的实际情况，其必须符合国家有关工程勘察、设计、施工、监理等方面的技术规范标准和规程。具有永久和长期保存价值的文件材料必须保证工程完整、准确、系统。

(2)工程资料中文字材料幅面尺寸规格宜为 A4 幅面(297mm×210mm)，图纸宜采用国家标准图幅；工程资料应使用原件，因特殊原因不能使用原件的，应在复印件上加盖原件存放单位的公章、注明原件存放处，并有经办人签字及经办的时间。

(3)施工资料应字迹清楚、图样清晰、图表整洁、签字、盖章手续齐全。签字必须使用档案规定用笔，采用耐久性强的书写材料如碳素墨水、蓝黑墨水，不得使用易褪色的书写材料；计算机形成的工程资料应采用内容打印，手工签名的方式。

(4)施工资料的照片及声像档案，应图像清晰，声音清楚，文字说明或内容准确。

三、工程资料的组卷要求

1. 工程资料组卷的质量要求

组卷前要详细检查工程资料是否按要求收集齐全、完整。竣工图应图面整洁、线条清晰、字迹清楚，能满足计算机扫描要求。达不到质量要求的文字材料和图纸一律重做。

2. 工程资料组卷的基本原则

(1)工程资料应根据不同的收集和整理单位及资料类别分别进行组卷。

(2)卷内资料排列顺序要依据卷内的资料构成而定，一般顺序为封面、目录、文件部分、备考表、封底。

(3)卷内资料若有多种资料时，同类资料按日期顺序排序，不同资料之间的排列顺序应按资料的编号顺序排列。

(4)同专业图纸按图号顺序排列；既有文字材料又有图纸的案卷，文字材料排前，图纸排后。

(5)案卷不宜过厚，一般不超过 40mm。案卷内不应有重复资料，组成的案卷应美观、整齐。

四、工程资料封面与目录

1. 工程资料案卷总目录

(1)工程名称：填写工程建设项目竣工后使用名称。

(2)案卷序号：填写各案卷编制的顺序号，用阿拉伯数字开始依次标注。

(3)案卷名称：填写工程建设项目文件的使用名称。

(4)页数：填写相应各卷的总页数。

(5)编制单位：填写相应各卷档案的编制单位。

(6)编制日期：文件材料的形成时间，即文字材料为原文件形成日期，汇总表为汇总日期，竣工图为编制日期。

(7)备注：填写需要说明的问题。

表 8-1　　**工程资料案卷总目录**

工程名称					
案卷序号	案卷名称	页　数	编制单位	编制日期	备　注

2. 工程资料案卷封面

(1)案卷封面包括档号、档案馆代号、案卷题名、编制单位、起止日期、密级、保管期限、共几卷、第几卷。

(2)档号应由分类号、项目号和案卷号组成,档号由档案保管单位填写。

(3)档案馆代号应填写国家给定的本档案馆的编号,档案馆代号由档案馆填写。

(4)案卷题名:填写本卷卷名。第一行填写单位、子单位工程名称;第二行填写案卷内主要资料内容提示。

(5)编制单位应填写卷内文件材料的形成单位或主要责任者。

(6)起止日期应填写案卷内全部文件形成的起止日期。

(7)保管期限:由档案保管单位按照标准规定的保管期限进行填写。

(8)密级:由档案保管单位按照案级划分规定填写。

表 8-2　　工程资料案卷封面

工　程　资　料

名　　称:________________________________

案卷题名:________________________________

编制单位:________________________________

技术主管:________________________________

编制日期:________________________________

保管期限:______________　　密　　级:______________

保存档号:______________

共　　册　　　　第　　册

3. 工程资料卷内目录

工程资料卷内目录为每卷总的编目，目录内容包括序号、资料名称、编制单位、编制日期、页次和备注。卷内目录内容应与案卷内容相符，排列在封面之后。

表 8-3　　　　工程资料卷内目录

工程名称					
序　号	案卷名称	页　数	编制单位	编制日期	备　注

4. 工程资料卷内备考表

工程资料卷内备考表内容包括卷内文字资料张数、图样资料、照片张数，组卷单位的组卷人、审核人及接收单位的审核人接收人应签字。

(1)案卷审核备考表分为上下两栏，上一栏由立卷单位填写，下一栏由接收单位填写。

(2)上栏应标明本案卷已编号资料的总张数：指文字、图纸、照片等的张数；

审核说明填写立卷时资料的完整和质量情况，以及应归档而缺少的次数的名称和原因。组卷人由责任组卷人签名，审核人由案卷审查人签名。年月日应按组卷、审核时间分别填写。

(3)下栏由接收单位根据案卷的完成及质量情况标明审核意见。

技术审核人由接收单位工程档案技术审核人签名；档案接收人由接收单位档案管理接收人签名；年月日按审核、接收时间分别填写。

表 8-4 **工程资料卷内备考**

本案卷已编号的文件资料共______张，其中，文字资料______张，图样资料______张，照片______张。 对本案卷完整、准确情况的说明：**本案卷完整准确。** 组卷人：×××　　××年×月×日 审核人：×××　　××年×月×日
保存单位的审核人说明： **工程资料齐全、有效，符合规定要求。** 技术审核人：×××　　××年×月×日 档案接收人：×××　　××年×月×日

五、工程资料案卷的规格与装订

1. 案卷规格

归档的文字材料规格采用 A4 幅面（297mm×210mm），尺寸不同的要折叠或裱补成统一幅面。幅面小于 A4 幅面的资料要用 A4 的纸衬托。案卷不宜过厚，一般不超过 40mm。

2. 案卷装订

(1)案卷一般均采用工程所在地建设行政主管部门或城建档案部门统一监制的卷盒和卷夹两种形式。

卷盒的外表尺寸为 310mm×220mm，厚度分别为 20mm、30mm、40mm、50mm；卷夹的外表尺寸为 310mm×220mm，厚度一般为 20mm、30mm。

(2)文字材料必须装订成册，图纸材料最好也装订成册，但也可散装存放。

(3)案卷用棉线在左侧三孔装订，棉线装订结打在背面。装订线距左侧 20mm，上下两孔分别距中孔 80mm。

(4)装订时，须将封面、目录、备考表、封底与案卷一起装订。

3. 案卷脊背

案卷脊背的内容包括档号、案卷题名、式样，应符合《建设工程文件归档整理规范》(GB 50328—2001)。

第二节　工程资料验收与移交

一、工程资料验收

工程档案验收是工程竣工验收的重要内容，应提前或与工程竣工验收同步进行。凡档案内容与质量达不到要求的工程，不得通过档案验收；未通过档案验收或档案验收不合格的，不得进行或通过工程的竣工验收。

工程资料的验收要求如下：

(1)工程竣工验收前，各参建单位的主管（技术）负责人应对本单位形成的工程资料进行竣工审查。建设单位应按照国家验收规范的规定和城建档案管理的有关要求，对勘察、设计、监理、施工等单位汇总的工程资料进行验收，使其完整、准确、真实。

(2)单位（子单位）工程完工后，施工单位应自选组织有关人员进行检查评定，合格后填写《单位工程竣工预验收报验表》，并附相应的竣工资料（包括分包单位的竣工资料）报项目监理部，申请工程竣工预验收。

(3)单位工程竣工预验收通过后，应由建设单位（项目）负责人组织设计、监理、施工（含分包单位）等单位（项目）负责人进行单位（子单位）工程验收，形成《单位（子单位）工程质量竣工验收记录表》。

(4)对于国家或省市重点工程项目的预验收或验收会，应有城建档案馆的有关人员参加。

(5)工程竣工验收前，应由城建档案馆对工程档案进行预验收，并出具《建设工程竣工档案预验收意见》，见表 8-5。

(6)工程竣工验收后，工程档案须经城建档案馆验收，不合格的应由城建档案馆责成建设单位重新进行编制，符合要求后重新报送，直到符合要求为止。

表 8-5

建设工程竣工档案预验收意见

×××市城档建字×××号

工程名称	××大厦	工程地址	××区××街	规划许可证号	××××
建设单位	×××建筑集团公司	建筑面积	×××	施工许可证	××××
设计单位	××建筑设计院	结构类型	框　　架	建设单位联系人	×××
施工单位	××建筑工程有限公司	层　　数	××	电　　话	×××××××
监理单位	×××××监理公司	计划竣工日期	××年×月×日	实际竣工日期	××年×月×日

工程竣工档案内容与编审意见

根据国务院《建设工程质量管理条例》和建设部《城市建设档案管理规定》，经审查，本工程竣工档案的基建文件、监理文件、施工文件及竣工图已基本收集齐全，可以满足竣工档案编制需要。

建设单位已正式办理了竣工档案编制的委托合同，并已在城建档案管理部门备案。竣工档案应在××年×月×日之前向城建档案管理部门移交。

建设单位	城建档案馆
建设单位：　　　　（公章） 负责人：××× 联系电话：××××××× ××年×月×日	城建档案馆预验收意见： 该工程的工程档案已具备竣工验收条件，可以进行工程竣工验收。 （公章） 验收人：×××　　　　负责人：××× ××年×月×日

注：此表一式三份。一份交质量监督机构竣工备案，一份交城建档案管理部门，一份交建设单位。

二、工程资料移交与交接

1. 工程资料的移交

(1)施工、监理等有关单位应将工程资料按合同或协议约定的时间、套数移交给建设单位，办理工程资料移交手续,工程资料移交书见表 8-6,是工程资料进行移交的凭证,应有移交日期和移交单位、接收单位盖章和主管人员签字,并应附有工程资料移交目录。

(2)凡列入城建档案馆接收范围的工程,竣工验收后 3 个月内,建设单位都应将符合规定的工程档案移交给城建档案馆,并履行移交手续,城市建设档案移交书见表 8-7,是工程竣工档案进行移交的凭证,应有移交日期和移交单位、接收单位盖章和主管人员签字,并附有工程资料移交目录,见表 8-8。

表 8-6　　　　工程资料移交书

<table>
<tr><td colspan="2">

工程资料移交书

×××××建筑公司按有关规定向××建筑集团公司办理××大厦工程资料移交手续。共计××册。

其中文字资料×册,图样资料×册,其他资料×·×张(照片)。

附:工程资料移交目录

</td></tr>
<tr><td>移交单位(公章):</td><td>接收单位(公章):</td></tr>
<tr><td>单位负责人:</td><td>单位负责人:</td></tr>
<tr><td>技术负责人:</td><td>技术负责人:</td></tr>
<tr><td>移　交　人:</td><td>接　收　人:</td></tr>
<tr><td></td><td>移交日期:××年×月×日</td></tr>
</table>

表 8-7　　　　　　　　　　城市建设档案移交书

城市建设档案移交书

××建筑集团公司向城市建设档案馆移交××大厦共计××卷。其中：文字资料×卷，图样资料××卷，其他资料××张(照片)。

附：城市建设档案移交目录一式三份，共 3 张

移交单位(公章)：　　　　接收单位(公章)：

单位负责人：　　　　单位负责人：

移　交　人：　　　　接　收　人：

移交日期：××年×月×日

表 8-8　　**工程资料移交目录**

序　号	工程项目名称	×××大厦						
		资 料 数 量						备 注
		文 字 资 料		图 样 资 料		综 合 卷		
		卷	张	卷	张	卷	张	
1	建设单位资料	1	××					
2	施工技术资料	1	××					
3	施工检测资料	1	××					
4	隐蔽工程验收记录	1	××					
5	施工质量验收记录	1	××					
6	监理资料	3	××					
7	建筑竣工图			2	××			
8	结构竣工图			3	××			
9	给水竣工图			1	××			
10	排水竣工图			1	××			
11	采暖竣工图			1	××			
12	电气竣工图			1	××			
13	智能竣工图			1	××			

注：综合卷指文字和图样材料混装的案卷。

2. 工程档案的交接

工程档案的归档与移交必须编制档案目录。档案目录应为案卷级，并须填写工程档案交接单。交接双方应认真核对目录与实物，并由经手人签字、加盖单位公章确认。

工程档案的归档时间，可由项目法人根据实际情况确定。可分阶段在单位工程或单项工程完工后向项目法人归档，也可在主体工程全部完工后向项目法人归档。整个项目的归档工作和项目法人向有关单位的档案移交工作，应在工程竣工验收后三个月内完成。

档案交接单见表 8-9。

表 8-9　　档案交接单

(×××)工程

档　案　交　接　单

本单附有目录______张，包含工程档案资料______卷。

(其中永久______卷，长期______卷，短期______卷；在永久卷中包含竣工图______张)

归档或移交单位(签章)：

经手人：　　　　　　　　　　　　年　月　日

接收单位(签章)：

经手人：　　　　　　　　　　　　年　月　日

三、安全资料管理和保存

安全资料的归档和完善有利于企业各项安全生产制度的落实和强化施工全过程、全方位、动态的安全管理，对加强施工现场管理，提高安全生产、文明施工管理水平起到积极的推动作用。有利于总结经验、吸取教训，为更好地贯彻执行“安全第一、预防为主”的安全生产方针，保护职工在生产过程中的安全和健康，预防事故发生提供理论依据。

1. 安全资料的管理

(1)项目经理部应建立证明安全管理系统运行必要的安全记录，其中包括台帐、报表、原始记录等。资料的整理应做到现场实物与记录符合，行为与记录符合，以便更好地反映出安全管理的全貌和全过程。

(2)项目设专职或兼职安全资料员，应及时收集、整理安全资料。安全记录的建立、收集和整理，应按国家、行业、地方和上级的有关规定，确定安全记录种类、格式。

(3)当规定表格不能满足安全记录需要时，安全保证计划中应制定记录。

(4)确定安全记录的部门或相关人员，实行按岗位职责分工编写，按规定收集、整理包括分包单位在内的各类安全管理资料的要求，并装订成册。

(5)对安全记录进行标识、编目和立卷，并符合国家、行业、地方或上级有关规定。

2. 安全资料的保存

(1)安全资料按篇及编号分别装订成册，装入档案盒内。安全资料集中存放于资料柜内，加锁并设专人负责管理，以防丢失损坏。

(2)工程竣工后，安全资料须上交公司档案室保管、备查。

四、建设工程归档整理规范

1. 总则

1.0.1　为加强建设工程文件的归档整理工作，统一建设工程档案的验收标准，建立完整、准确的工程档案，制定本规范。

1.0.2　本规范适用于建设工程文件的归档整理以及建设工程档案的验收。专业工程按有关规定执行。

1.0.3　建设工程文件的归档整理除执行本规范外，尚应执行现行有关标准的规定。

2. 术语

2.0.1　建设工程项目(construction project)

经批准按照一个总体设计进行施工，经济上实行统一核算，行政上具有独立组织形式，实行统一管理的工程基本建设单位。它由一个或若干个具有内存联系的工程所组成。

2.0.2　单位工程(single project)

具有独立的设计文件，竣工后可以独立发挥生产能力或工程效益的工程，并构成建设工程项目的组成部分。

2.0.3　分部工程(subproject)

单位工程中可以独立组织施工的工程。

2.0.4　建设工程文件(construction project document)

在工程建设过程中形成的各种形式的信息记录，包括工程准备阶段文件、监理文件、施工文件、竣工图和竣工验收文件，也可简称为工程文件。

2.0.5 工程准备阶段文件(seedtime document of a construction project)

工程开工以前,在立项、审批、征地、勘察、设计、招投标等工程准备阶段形成的文件。

2.0.6 监理文件(project management document)

监理单位在工程设计、施工等监理过程中形成的文件。

2.0.7 施工文件(constructing document)

施工单位在工程设计、施工等监理过程中形成的文件。

2.0.8 竣工图(as-build drawing)

工程竣工验收后,真实反映建设工程项目施工结果的图样。

2.0.9 竣工验收文件(handing over document)

建设工程项目竣工验收活动中形成的文件。

2.0.10 建设工程档案(project archive)

在工程建设活动中直接形成的具有归档保存价值的文字、图表、声像等各种形式的历史记录,也可简称工程档案。

2.0.11 案卷(file)

由互有联系的若干文件组成的档案保管单位。

2.0.12 立卷(filing)

按照一定的原则和方法,将有保存价值的文件分门别类整理成案卷,亦称组卷。

2.0.13 归档(putting into record)

文件形成单位完成其工作任务后,将形成的文件整理立卷后.按规定移交档案管理机构。

3. 基本规定

3.0.1 建设、勘察、设计、施工、监理等单位应将工程文件的形成和积累纳入工程建设管理的各个环节和有关人员的职责范围。

3.0.2 在工程文件与档案的整理立卷、验收移交工作中,建设单位应履行下列职责:

1 在工程招标及勘察、设计、施工、监理等单位签订协议、合同时,应对工程文件的套数、费用、质量、移交时间等提出明确要求;

2 收集和整理工程准备阶段、竣工验收阶段形成的文件,并应进行立卷归档;

3 负责组织、监督和检查勘察、设计、施工、监理等单位的工程文件的形成、积累和立卷归档工作;

4 收集和汇总勘察、设计、施工、监理等单位立卷归档的工程档案;

5 在组织工程竣工验收前,应提请当地的城建档案管理机构对工程档案进行预验收;

未取得工程档案验收认可文件,不得组织工程竣工验收;

6 对列入城建档案馆(室)接收范围的工程,工程竣工验收后3个月内,向当地城建档案馆(率)移交一套符合规定的工程档案。

3.0.3 勘察、设计、施工、监理等单位应将本单位形成的工程文件立卷后向建设单位移交。

3.0.4 建设工程项目实行总承包的,总包单位负责收集、汇总各分包单位形成的工程档案,并应及时向建设单位移交;各分包单位应将本单位形成的,工程文件整理、立卷后及时移交总包单位。建设工程项目由几个单位承包,各承包单位负责收集、整理立卷其承包项目的工程文件,并应及时向建设单位移交。

3.0.5 城建档案管理机构应对工程文件的立卷归档工作进行监督、检查、指导。

4. 工程文件的归档范围及质量要求

4.1 工程文件的归档范围。

4.1.1　对与工程建设有关的重要活动、记载工程建设主要过程和现状、具有保存价值的各种载体的文件，均应收集齐全，整理立卷后归档。

4.2　归档文件的质量要求。

4.2.1　归档的工程文件应为原件。

4.2.2　工程文件的内容及其深度必须符合国家有关工程勘察、设汁、施工、监理等方面的技术规范、标准和规程。

4.2.3　工程文件的内容及其深度必须符合国家有关工程勘察、设计、施工、监理等方面的技术规范、标准和规程。

4.2.4　工程文件应采用耐久性强的书写材料，如碳素墨水、蓝黑墨水，不得使用易褪色的书写材料，如：红色墨水、纯蓝墨水、圆珠笔、复写纸、铅笔等。

4.2.5　工程文件应字迹清楚，图样清晰，图表整洁，签字盖章手续完备。

4.2.6　工程文件中文字材料幅面尺寸规格宜为 A4 幅面(297mm×210mm)。图纸宜采用国家标准图幅。

4.2.7　工程文件的纸张应采用能够长期保存的韧力大、耐久性强的纸张。图纸一般采用蓝晒图，竣工图应是新蓝图。计算机出图必须清晰，不得使用计算机出图的复印件。

4.2.8　所有竣工图均应加盖竣工图章。

1　竣工图章的基本内容应包括："竣工图"字样、施工单位、编制人、审核人、技术负责人、编制日期、监理单位、现场监理、总监。

2　竣工图章示例如下(图略)：

3　竣工图章尺寸为：50mm×80mm。

4　竣工图章应使用不易褪色的红印泥，应盖在图标栏上方空白处。

4.2.9　利用施工图改绘竣工图，必须标明变更修改依据；凡施工图结构、工艺、平面布置等有重大改变，或变更部分超过图面 1/3 的，应当重新绘制竣工图。

4.2.10　不同幅面的工裎图纸应按《技术制图复制图的折叠方法》(GB/T 10609.3—1989)统一折叠成 A4 幅面(297mm×210mm)，图标栏露在外面。

5. 工程文件的立卷

5.1　立卷的原则和方法。

5.1.1　立卷应遵循工程文件的自然形成规律，保持卷内文件的有机联系，便于档案的保管和利用。

5.1.2　一个建设工程由多个单位工程组成时，工程文件应按单位工程组卷。

5.1.3　立卷可采用如下方法：

1　工程文件可按建设程序划分为工程准备阶段的文件、监理文件、施工文件、竣工图、竣工验收文件 5 部分；

2　工程准备阶段文件可按建设程序、专业、形成单位等组卷；

3　监理文件可按单位工程、分部工程、专业、阶段等组卷；

4　施工文件可按单位工程、分部工程、专业、阶段等组卷；

5　竣工图可按单位、专业等组卷；

6　竣工验收文件按单位工程、专业等组卷。

5.1.4　立卷过程中宜遵循下列要求：

1　案卷不宜过厚，一般不超过 40mm.

2　案卷内不应有重份文件；不同载体的文件一般应分别组卷。

5.2 卷内文件的排列。

5.2.1 文字材料按事项、专业顺序排列。同一事项的请示与批复、同一文件的印本与定稿、主体与附件不能分开,并按批复在前、请示在后,印本在前、定额在后,主体在前、附件在后的顺序排列。

5.2.2 图纸按专业排列,同专业图纸按图号顺序排列。

5.2.3 既有文字材料又有图纸的案卷,文字材料排前,图纸排后。

5.3 案卷的编目。

5.3.1 编制卷内文件页号应符合下列规定:

1 卷内文件均按有书写内容的页面编号。每卷单独编号,页号从"1"开始。

2 页号编写位置:单面书写的文件在右下角;双面书写的文件,正面在右下角,背面在左下角。折叠后的图纸一律在下角。

3 成套图纸或印刷成册的科技文件材料,自成一卷的,原目录可代替卷内代替卷内目录,不必重新编写页码。

4 案卷封面、卷内目录、卷内备考表不编写页号。

5.3.2 卷内目录的编制应符合下列规定:

1 卷内目录式样宜符合本规范附录的要求。

2 序号:以一份文件为单位,用阿拉伯数字从1依次标注。

3 责任者:填写文件的直接形成单位和个人。有多个责任者时,选择两个主要责任者,秦用"等"代替。

4 文件编号:填写工程文件原有的文号或图号。

5 文件题名:填写文件标题的全称。

6 日期:填写文件形成的日期。

7 页次:填写文件在卷内文件首页之前。

5.3.3 卷内备考表的编制应符合下列规定:

1 卷内备考表的式样宜符合本规范附录C的要求。

2 卷内备考表主要标明卷内文件的总页数、各类文件页数(照片张数),以及立卷单位对案卷情况的说明。

3 卷内备考表排列在卷内文件的尾页之后。

5.3.4 案卷封面的编制应符合下列规定:

1 案卷封面印刷在卷盒、卷夹的正表面,也可采用内封面形式。案卷封面的式样宜符合附录D的要求。

2 案卷封面的内容应包括:档号、档案馆代号、案卷题名、编制单位、起止日期、密级、保管期限、共几卷、第几卷。

3 档号应由分类号、项目号和案卷号组成。档号由档案保管单位填写。

4 档案馆代号应填写国家给定的本档案馆的编号。档案馆代号由档案馆填写。

5 案卷题名应简明、准确地提示卷内文件的内容。案卷题名应包括工程名称、专业名称、卷内文件的内容。

6 编制单位应填写案卷内文件的形式单位或主要责任者。

7 起止日期应填写案卷内全部文件形成的起止日期。

8 保管期限分为永久、长期、短期三种期限。

永久是指工程档案需永久保存。

长期是指工程档案的保存期限等于该工程的使用寿命。

短期是指工程档案保存20年以下。

同一案卷内有不同保管期限的文件，该案卷保管期限应从长。

9 密级分为绝密、机密、秘密三种。同一案卷内有不同密级的文件，应以高密级为本卷密级。

5.3.5 案卷可采用装订与不装订两种形式。文字材料必须装订。既有文字材料，又有图纸的案卷应装订。装订应采用线绳三孔左侧装订法，要整齐、牢固，便于保管和利用。

5.4 案卷装订。

5.4.1 案卷可采用装订与不装订两种形式。文字材料必须装订。既有文字材料，又有图纸的案卷应装订。装订应采用线绳三孔左侧装订法，要整齐、牢固，便于保管和利用。

5.4.2 装订时必须剔除金属物。

5.5 卷盒、卷夹两种形式。

5.5.1 案卷装具一般采用卷盒、卷夹两种形式。

1 卷盒的外表尺寸为310mm×220mm，厚度分别为20、30、40、50mm。

2 卷夹的外表尺寸为310mm×220mm，厚度一般为20～30mm。

3 卷盒、卷夹应采用无酸纸制作。

5.5.2 案卷脊背。

案卷脊背的内容包括档号、案卷题名。

6 工程文件的归档。

6.0.1 归档应符合下列规定：

1 归档文件必须完整、准确、系统，能够反映工程建设活动的全过程。文件材料的质量符合4.2的要求。

2 归档的文件必须经过分类整理，并应组成符合要求的案卷。

6.0.2 归档时间应符合下列规定：

1 根据建设程序和工程特点，归档可以分阶段进行，也可以在单位或分部工程通过竣工验收后进行。

2 勘察、设计单位应当在任务完成时，施工、监理单位应当在工程竣工验收前，将各自形成的有关工程档案向建设单位归档。

6.0.3 勘察、设计、施工单位在收齐工程文件并整理立卷后，建设单位、监理单位应根据城建管理机构的要求对档案文件完整、准确、系统情况和案卷质量进行审查。审查合格后向建设单位移交。

6.0.4 工程档案一般不少于两套，一套由建设单位保管，一套（原件）移交当地城建档案馆（室）。

6.0.5 勘察、设计、施工、监理等单位向建设单位移交档案时，应编制移交清单，双方签字，盖章后方可交接。

6.0.6 凡设计，施工及监理单位需要向本单位归档的文件，应按国家有关规定要求单独立卷归档。

7 工程档案的验收与移交。

7.0.1 列入城建档案馆（室）档案接收范围的工程，建设单位在组织工程竣工验收前，应提请城建档案管理机构对工程档案进行预验收。建设单位款取得城建档案管理机构出具的认可文件，不得组织工程竣工验收。

7.0.2 城建档案管理机构在进行工程档案预验收时，应重点验收以下内容：

1 工程档案齐全、系统、完整；

2 工程档案的内容真实、准确地反映工程建设活动和工程实际状况；

3 工程档案已整理立卷，立卷符合本规范的规定；

4 竣工图绘制方法、图式及规格等符合专业技术要求，图面整洁，盖有竣工图章；

5 文件的形成，来源符合实际，要求单位或个人签章的文件，其签章手续完备；

6 文件材质、幅面、书写、绘图、用墨、托裱等符合要求。

7.0.3 列入城建档案馆（室）接收范围的工程，建设单位在工程竣工验收后 3 个月内，必须赂城建档案馆（室）移交一套符合规定的工程档案。

7.0.4 停建、缓建建设工程的档案，暂由建设单位保管。

7.0.5 对改建、扩建和维修工程，建设单位应当组织设计、施工单位据实修改、补充和完善原工程档案。对改变的部位，应当重新编制工程档案，并在工程验收后 3 个月内向城建档案馆（室）移交。

7.0.6 建设单位向城建档案馆（室）移交工程档案时，应力理移交手续，填写移交目录，双方签字、盖章后交接。

第三节　工程建设电子文件与电子档案管理

一、电子文件的代码标识

(1)电子文件的代码应包括稿本代码和类别代码，并应符合下列规定：

1)稿本代码应按表 8-10 标识。

表 8-10　稿本代码

稿　本	代　码
草稿性电子文件	M
非正式电子文件	U
正式电子文件	F

2)类别代码应按表 8-11 标识。

表 8-11　类别代码

文件类别	代　码
文本文件(Text)	T
图像文件(Image)	I
图形文件(Graphics)	G
影像文件(Video)	V
声音文件(Audio)	A
程序文件(Program)	P
数据文件(Data)	D

二、电子文件的通用格式

(1)各种不同类别电子文件的存储应采用通用格式。通用格式应符合表 8-12 的规定。

(2)各种不同类别电子文件的存储亦可采用国务院建设行政主管部门和信息化主管部门认可的,能兼容各种电子文件的通用文档格式。

(3)脱机存储电子档案的载体应采用一次写光盘、磁带、可擦写光盘、硬磁盘等。移动硬盘、U 盘、软磁盘等不宜作为电子档案长期保存的载体。

表 8-12　　各类电子文件的通用格式

文件类别	通用格式
文本文件	XML、DOC、TXT、RTF
表格文件	XLS、ET
图像文件	JPEG、TIFF
图形文件	DWG
影像文件	MPEG、AVI
声音文件	WAV、MP3

三、电子文件的收集与积累

1. 收集积累的范围

(1)凡是在工程建设活动中形成的具有重要凭证、依据和参考价值的电子文件和数据等都应属于建设系统业务管理电子文件的收集范围。

(2)凡是记录与工程建设有关的重要活动,记载工程建设主要过程和现状的具有重要凭证、依据和参考价值的电子文件和相关数据等都应属于建设工程电子文件的收集范围。

2. 收集积累的要求

(1)建设电子文件形成单位必须做好电子文件的收集积累工作。

(2)建设电子文件的内容必须真实、准确。工程电子文件的内容必须与工程实际相符合,且内容及其深度必须符合国家有关工程勘察、设计、施工、监理、测量等方面的技术规范、标准和规程。

(3)记录了重要文件的主要修改过程和办理情况,有参考价值的建设电子文件的不同稿本均应保留。

(4)凡是属于收集积累范围的建设电子文件,收集积累时均应进行登记。登记时应按照表 8-13和表 8-14 的要求,填写建设电子文件(档案)的案卷级和文件级登记表。

(5)应采取严密的安全措施,保证建设电子文件在形成和处理过程中不被非正常改动。积累过程中更改建设系统业务管理电子文件或建设工程电子文件应按要求填写《建设电子文件更改记录表》(表 8-15)。

表 8-13　　　　　　建设电子文件(档案)案卷(或项目)级登记表

<table>
<tr><td rowspan="6">文件特征</td><td>内容</td><td colspan="5"></td></tr>
<tr><td>工程地点</td><td colspan="5"></td></tr>
<tr><td rowspan="2">单位</td><td>名　称</td><td colspan="4"></td></tr>
<tr><td>联系方式</td><td colspan="4"></td></tr>
<tr><td>归档时间</td><td colspan="5"></td></tr>
<tr><td>载体类型</td><td colspan="2"></td><td>载体编号</td><td colspan="2"></td></tr>
<tr><td rowspan="4">设备环境特征</td><td>硬件环境(主机、网络服务器型号、制造厂商等)</td><td colspan="5"></td></tr>
<tr><td rowspan="3">软件环境(型号、版本等)</td><td colspan="2">操作系统</td><td colspan="3"></td></tr>
<tr><td colspan="2">数据库系统</td><td colspan="3"></td></tr>
<tr><td colspan="2">相关软件(文字处理工具、浏览器、压缩或解密软件等)</td><td colspan="3"></td></tr>
<tr><td rowspan="4">文件记录特征</td><td rowspan="2">记录结构(物理、逻辑)</td><td rowspan="2"></td><td rowspan="2">记录类型</td><td rowspan="2">□定长
□可变长
□其他</td><td>记录总数</td><td></td></tr>
<tr><td>总字节数</td><td></td></tr>
<tr><td>记录字符、图形、音频、视频文件格式</td><td colspan="5"></td></tr>
<tr><td>文件载体</td><td colspan="2">型号：
数量：
备份数：</td><td colspan="3">□一件一盘　□多件一盘
□一件多盘　□多件多盘</td></tr>
<tr><td rowspan="2">制表审核</td><td colspan="6">填表人(签名)
年　月　日</td></tr>
<tr><td colspan="6">审核人(签名)
年　月　日</td></tr>
</table>

表 8-14　　建设电子文件(档案)文件级登记表

文件编号	文件名	文件稿本代码	文件类别代码	形成时间	载体编号	保管期限	备注

表 8-15　　建设电子文件更改记录表

序号	电子文件名	更改单号	更改者	更改日期	备注

(6)应定期备份建设电子文件,并应存储于能够脱机保存的载体上。对于多年才能完成的项目,应实行分段积累,宜一年拷贝一次。

(7)对通用软件产生的建设电子文件,应同时收集其软件型号、名称、版本号和相关参数手册、说明资料等。专用软件产生的建设电子文件应转换成通用型建设电子文件。

(8)对内容信息是由多个子电子文件或数据链接组合而成的建设电子文件,链接的电子文件或数据应一并归档,并保证其可准确还原;当难以保证归档建设电子文件的完整性与稳定性时,可采取固化的方式将其转换为一种相对稳定的通用文件格式。

(9)与建设电子文件的真实性、完整性、有效性、安全性等有关的管理控制信息(如电子签章等)必须与建设电子文件一同收集。

(10)对采用统一套用格式的建设电子文件,在保证能恢复原格式形态的情况下,其内容信息可不按原格式存储。

(11)计算机系统运行和信息处理等过程中涉及与建设电子文件处理有关的著录数据、元数据等必须与建设电子文件一同收集。

3. 收集积累的程序

(1)收集积累建设电子文件,均应进行登记,并应符合下列规定:

1)工作人员应按本单位文件归档和保管期限的规定,从电子文件生成起对需归档的电子文件性质、类别、期限等进行标记。

2)应运用建设电子文件归档与管理系统对每份建设电子文件进行登记,电子文件登记表应与电子文件同时保存。

(2)对已登记的建设电子文件必须进行初步鉴定,并将鉴定结果录入建设电子文件归档与管理系统。

(3)对经过初步鉴定的建设电子文件应进行著录,并将结果录入建设电子文件归档与管理系统。

(4)对已收集积累的建设电子文件,应按业务案件或工程项目来组织存储。

(5)对存储的建设电子文件的命名,宜由三位阿拉伯数字或三位阿拉伯数字加汉字组成,数字是本文件保管单元内电子文件的编排顺序号,汉字部分则体现本电子文件的内容及特征或图纸的专业名称和编号。建设电子文件保管单元的命名规则可按照建设电子文件的命名规则进行。

(6)建设电子文件与相应的纸质文件应建立关联,在内容、相关说明及描述上应保持一致。

四、电子文件的整理、鉴定与归档

1. 整理

(1)建设电子文件的形成单位应做好电子文件的整理工作。

(2)对于建设系统业务管理电子文件或建设工程电子文件,业务案件办理完结或工程项目完成后,应在收集积累的基础上,对该案件或项目的电子文件进行整理。

(3)整理应遵循建设系统业务管理电子文件或建设工程电子文件的自然形成规律,保持案件或项目内建设电子文件间的有机联系,便于建设电子档案的保管和利用。

(4)同一个保管单元内建设电子文件的组织和排序可按相应的建设纸质文件整理要求进行。

2. 鉴定

(1)鉴定工作应贯穿于建设电子文件归档与电子档案管理的全过程。电子文件的鉴定工作,应包括对电子文件的真实性、完整性、有效性的鉴定及确定归档范围和划定保管期限。

(2)归档前,建设电子文件形成单位应按照规定的项目,对建设电子文件的真实性、完整性和有效性进行鉴定。

(3)建设电子文件的归档范围、保管期限应按照国家关于建设纸质文件材料归档范围、保管期限的有关规定执行。建设电子文件元数据的保管期限应与内容信息的保管期限一致。

3. 归档

(1)建设电子文件形成单位应定期把经过鉴定合格的电子文件向本单位档案部门归档移交。

(2)归档的建设电子文件应符合下列要求:

1)应按电子档案管理要求的格式将其存储到符合保管要求的脱机载体上。

2)必须完整、准确、系统,能够反映建设活动的全过程。

(3)建设电子文件的归档方式包括在线式归档和离线式归档。可根据实际情况选择其中的一种或两种方式进行电子文件的归档。

(4)建设系统业务管理电子文件的在线式归档可实时进行;离线式归档应与相应的建设系统

业务管理纸质或其他载体形式文件归档同时进行。工程电子文件应与相应的工程纸质或其他载体形式的文件同时归档。

(5)建设电子文件形成单位在实施在线式归档时,应将建设电子文件的管理权从网络上转移至本单位档案部门,并将建设电子文件及元数据等通过网络提交给档案部门。

(6)建设电子文件形成单位在实施离线式归档时,应按下列步骤进行:

1)将已整理好的建设电子文件及其著录数据、元数据、各种管理登记数据等分案件(或项目)按要求从原系统中导出。

2)将导出的建设电子文件及其著录数据、元数据、各种管理登记数据等按照要求存储到耐久性好的载体上,同一案件(或项目)的电子文件及其著录数据、元数据、各种管理登记数据等必须存储在同一载体上。

3)对存储的建设电子文件进行检验。

4)在存储建设电子文件的载体或装具上编制封面。封面内容的填写应符合表 8-16 的要求,同时存储载体应设置成禁止写操作的状态。

表 8-16　　建设电子文件(档案)载体封面

载体编号:________________　类别:________________

档　　号:________________　套别:________________

内　　容:____

地　　址:____

编制单位:________________　编制日期:________________

保管期限:________________　密级:________________

文件格式:____

软硬件平台说明:____________________________________

____

5)将存储建设电子文件并贴好封面的载体移交给本单位档案部门。

6)归档移交时,交接双方必须办理归档移交手续。档案部门必须对归档的建设电子文件进行检验,并按要求填写《建设电子档案移交、接收登记表》(表8-17)。交接双方负责人必须签署审核意见。当文件形成单位采用了某些技术方法保证电子文件的真实性、完整性和有效性时,则应把其技术方法和相关软件一同移交给接收单位。

表 8-17　　建设电子档案移交、接收登记表

<table>
<tr><td>载体编号</td><td colspan="2"></td><td>载体标识</td><td></td></tr>
<tr><td>载体类型</td><td colspan="2"></td><td>载体数量</td><td></td></tr>
<tr><td>载体外观检查</td><td>有无划伤</td><td></td><td>是否清洁</td><td></td></tr>
<tr><td rowspan="2">病毒检查</td><td>杀毒软件名称</td><td></td><td>版本</td><td></td></tr>
<tr><td colspan="4">病毒检查结果报告:</td></tr>
<tr><td rowspan="2">载体存储电子文件检验项目</td><td>载体存储电子文件总数</td><td></td><td>文件夹数</td><td></td></tr>
<tr><td>已用存储空间</td><td colspan="3">字节</td></tr>
<tr><td rowspan="3">载体存储信息读取检验项目</td><td>编制说明文件中相关内容记录是否完整</td><td colspan="3"></td></tr>
<tr><td>是否存有电子文件目录文件</td><td colspan="3"></td></tr>
<tr><td>载体存储信息能否正常读取</td><td colspan="3"></td></tr>
<tr><td colspan="2">移交人(签名)
年　月　日</td><td colspan="3">接收人(签名)
年　月　日</td></tr>
<tr><td colspan="2">移交单位审核人(签名)
年　月　日</td><td colspan="3">接收单位审核人(签名)
年　月　日</td></tr>
<tr><td colspan="2">移交单位(印章)
年　月　日</td><td colspan="3">接收单位(印章)
年　月　日</td></tr>
</table>

4. 检验

(1)建设系统业务管理电子文件形成部门在向本单位档案部门移交电子文件之前,以及本单位档案部门在接收电子文件之前,均应对移交的载体及其技术环境进行检验,检验合格后方可进行交接。

(2)勘察、设计、施工、监理、测量等单位形成的工程电子档案应由建设单位进行检验。检验审查合格后向建设单位移交。

(3)在对建设电子档案进行检验时,应重点检查以下内容:

1)建设电子档案的真实性、完整性、有效性;

2)建设电子档案与纸质档案是否一致、是否已建立关联；

3)载体有无病毒、有无划痕；

4)登记表、著录数据、软件、说明资料等是否齐全。

5. 汇总

建设单位应将勘察、设计、施工、监理、测量等单位提交的工程电子档案及相关数据与本单位形成的工程前期电子档案及验收电子档案一起按项目进行汇总，并对汇总后的工程电子档案按要求进行检验。

五、电子档案的移交与管理

1. 电子档案的移交

(1)建设系统业务管理电子档案的移交。

1)建设系统业务管理电子档案形成单位应按照有关规定，定期向城建档案馆(室)移交已归档的建设系统业务管理电子档案。移交方式包括在线式和离线式。

2)凡已向城建档案馆(室)移交建设系统业务管理电子档案的单位，如工作中确实需要继续保存纸质档案的，可适当延缓向城建档案馆(室)移交纸质档案的时间。

(2)建设工程电子档案的验收与移交。

1)建设单位在组织工程竣工验收前，提请当地建设(城建)档案管理机构对工程纸质档案进行预验收时，应同时提请对工程电子档案进行预验收。

2)列入城建档案馆(室)接收范围的建设工程，建设单位向城建档案馆(室)移交工程纸质档案时，应当同时移交一套工程电子档案。

3)停建、缓建建设工程的电子档案，暂由建设单位保管。

4)对改建、扩建和维修工程，建设单位应当组织设计、施工单位据实修改、补充、完善原工程电子档案。对改变的部位，应当重新编制工程电子档案，并和重新编制的工程纸质档案一起向城建档案馆(室)移交。

(3)办理移交手续。

1)城建档案馆(室)接收建设电子档案时，应按要求对电子档案再次检验，检验合格后，将检验结果按要求填入《建设电子档案移交、接收登记表》(表8-17)，交接双方签字、盖章。

2)登记表应一式两份，移交和接收单位各存一份。

2. 电子档案的管理

(1)脱机保管。

1)建设电子档案的保管单位应配备必要的计算机及软、硬件系统，实现建设电子档案的在线管理与集成管理。并将建设电子档案的转存和迁移结合起来，定期将在线建设电子档案按要求转存为一套脱机保管的建设电子档案，以保障建设电子档案的安全保存。

2)脱机建设电子档案(载体)应在符合保管条件的环境中存放，一式三套，一套封存保管，一套异地保存，一套提供利用。

3)脱机建设电子档案的保管，应符合下列条件：

①归档载体应做防写处理，不得擦、划、触摸记录涂层；

②环境温度应保持在17～20℃之间，相对湿度应保持在35％～45％之间；

③存放时应注意远离强磁场，并与有害气体隔离；

④存放地点必须做到防火、防虫、防鼠、防盗、防尘、防湿、防高温、防光；

⑤单片载体应装盒，竖立存放，且避免挤压。

(2)有效存储。

1)建设电子档案保管单位应每年对电子档案读取、处理设备的更新情况进行一次检查登记。设备环境更新时应确认库存载体与新设备的兼容性，如不兼容，必须进行载体转换。

2)对所保存的电子档案载体，必须进行定期检测及抽样机读检验，如发现问题应及时采取恢复措施。

3)应根据载体的寿命，定期对磁性载体、光盘载体等载体的建设电子档案进行转存。转存时必须进行登记，登记内容应按表 8-18 的要求填写。

4)在采取各种有效存储措施后，原载体必须保留三个月以上。

表 8-18　　建设电子档案转存登记表

<table>
<tr><td>存储设备更新
与兼容性检验
情况登记</td><td colspan="2"></td></tr>
<tr><td>光盘载体
转存登记</td><td colspan="2"></td></tr>
<tr><td>磁性载体
转存登记</td><td colspan="2"></td></tr>
<tr><td>填表人(签名)：

年　月　日</td><td>审核人(签名)：

年　月　日</td><td>单位(盖章)：

年　月　日</td></tr>
</table>

(3)迁移。

1)建设电子档案保管单位必须在计算机软、硬件系统更新前或电子文件格式淘汰前,将建设电子档案迁移到新的系统中或进行格式转换,保证其在新环境中完全兼容。

2)建设电子档案迁移时必须进行数据校验,保证迁移前后数据的完全一致。

3)建设电子档案迁移时必须进行迁移登记,登记内容应按表 8-19 的要求填写。

表 8-19　　**建设电子档案迁移登记表**

<table>
<tr><td>原系统
设备情况</td><td colspan="2">硬件系统:
系统软件:
应用软件:
存储设备:</td></tr>
<tr><td>目标系统
设备情况</td><td colspan="2">硬件系统:
系统软件:
应用软件:
存储设备:</td></tr>
<tr><td>被迁移归档
电子文件情况</td><td colspan="2">原文件格式:
目标文件格式:
迁移文件数:
迁移时间:</td></tr>
<tr><td>迁移检验情况</td><td colspan="2">硬件系统校验:
系统软件校验:
应用软件校验:
存储载体校验:
电子文件内容校验:
电子文件形态校验:</td></tr>
<tr><td>迁移操作者(签名):

年　月　日</td><td>迁移校验者(签名):

年　月　日</td><td>单位(盖章):

年　月　日</td></tr>
</table>

4)建设电子档案迁移后,原格式电子档案必须同时保留的时间不少于 3 年,但对于一些较为特殊必须以原始格式进行还原显示的电子档案,可采用保存原始档案电子图像的方式。

(4)利用。

1)建设电子档案保管单位应编制各种检索工具,提供在线利用和信息服务。

2)利用时必须严格遵守国家保密法规和规定。凡利用互联网发布或在线利用建设电子档案时,应报请有关部门审核批准。

3)对具有保密要求的建设电子档案采用联网的方式利用时,必须按照国家、地方及部门有关计算机和网络保密安全管理的规定,采取必要的安全保密措施,报经国家或地方保密管理部门审批,确保国家利益和国家安全。

4)利用时应采取在线利用或使用拷贝件,电子档案的封存载体不得外借。脱机建设电子档案(载体)不得外借,未经批准,任何单位或人员不得擅自复制、拷贝、修改、转送他人。

5)利用者对电子档案的使用应在权限规定范围之内。

(5)鉴定销毁。

建设电子档案的鉴定销毁,应按照国家关于档案鉴定销毁的有关规定执行。销毁建设电子档案必须在办理完审批手续后实施,并按要求填写《建设电子档案销毁登记表》(表 8-20)。

表 8-20　　建设电子档案销毁登记表

序号	文件名称	文件字号	归档日期	页次	销毁原因	销毁人签字	备注

1. 工程资料的质量要求是什么？
2. 工程资料组卷的基本原则有哪些？
3. 工程资料的验收要求是什么？
4. 安全资料的管理和保存的内容有哪些？
5. 电子文件的管理、鉴定与归档要求有哪些？

参 考 文 献

[1] 姬海君. 建筑施工安全知识[M]. 北京:机械工业出版社,2005.

[2] 陈宝义. 施工质量安全管理[M]. 北京:地质出版社,2002.

[3] 陈卫红,陈镜琼,史廷明. 职业危害与职业健康安全管理[M]. 北京:化学工业出版社,2006.

[4] 崔京洁. 工程建设安全管理[M]. 2 版. 北京:中国水利水电出版社,2005.

[5] 中华人民共和国建设部. JGJ 130—2001 建筑施工扣件式钢管脚手架安全技术规范[S]. 北京:中国建筑工业出版社,2001.

[6] 中华人民共和国建设部. JGJ 128—2000 建筑施工门式钢管脚手架安全技术规范[S]. 北京:中国建筑工业出版社,2000.

[7] 中华人民共和国建设部. JGJ 80—1991 建筑施工高处作业安全技术规范[S]. 北京:中国建筑工业出版社,1991.

[8] 中华人民共和国建设部. JGJ 147—2004 建筑拆除工程安全技术规范[S]. 北京:中国建筑工业出版社,2004.

[9] 中华人民共和国建设部. JGJ 46—2005 建筑施工临时用电安全技术规范[S]. 北京:中国建筑工业出版社,2005.

[10] 杨文柱. 建筑安全工程[M]. 北京:机械工业出版社,2004.

[11] 陈宝义. 施工质量安全管理[M]. 北京:地质出版社,2002.

[12]《工程项目施工安全管理便携手册》编委会. 工程项目施工安全管理便携手册[M]. 北京:地震出版社,2005.